JN059357

多変数微分積分入門

—現象解析の基礎 II—

曽我日出夫 著

学術図書出版社

まえがき

　微分積分は，現象の背後にある法則を見極めよう，それも単に「・・・である」という特徴（定性的法則）をいうだけでなく，数量的な関係をも明らかにしようという思いとともにつくられてきた．このことが最初に実行されたのは惑星の運行に対してである．17世紀後半，ニュートンは微分積分を導入して，惑星の運行を数理的に解析した．これによって，微分積分が「法則性の追求」（現象解析）に強力な手段になることが示されたのである．その後，微分積分を使った解析が，次々といろいろな物理現象に対して展開されていった．それとともに，微分積分はどんどん精密なものになっていった．この精密さは，私たちが現象をコントロールする際の強力な手段となっている．現代社会になくてはならない科学技術は，壮大な微分積分の理論なくしてはなりたたないものとなっている．たくさんの研究者によってつくられてきた微分積分を理解するのは努力のいることかもしれない．特に，創始者の意図まで感じ取ろうと思うと，かなりの苦労が必要になる．しかし，微分積分が現象解析にいかに有用かを知ると，この苦労は十分引き合うものである．さらには，創始者の思いを追体験することは感動的ですらある．

　ところが，実際の学校の授業は「感動」とはほど遠いものになっていることが多いのではないだろうか．「何のための数学（微分積分）か」「何がしたいのか分からない」という疑問を持ちながら，計算方法や問題解法をただただひたすら覚えているというのが現実ではないだろうか．さらに，こういう勉強に耐えられない学生は，数学にある種の嫌悪感すらもつようになっている気がする．本書は，こういう現実を少しでも改善したいという思いで書かれたものである．微分積分において，「何のためか」に答えるということは，これが現象解析にどのように使われるかをみることである．それは，微分積分をつくってきた人の思いを追体験することでもある．しかも，こうすることで，真の意味で勉強の意欲が湧いてくるものだと考えている．

　こういう考えのもとで，独立変数が1つのときの微分積分については，既に「『微分積分入門』─現象解析の基礎─」（学術図書出版社）で取り上げた．本書はこの続編であり，多変数の微分積分を関連する現象解析とともに解説しているものである．多変数（独立変数が複数個）の微分積分において，1つの山場はベクトル解析（ベクトル場の発散や回転など）であるだろう．本書では，このベクトル解析の定義や公式を具体的なイメージとともに理解できるように工夫している．さらに，ベクトル解析が使われる具体的な現象解析（電磁気現象など）についてもかなり詳しく触れている．

　本書は，一応自習を想定して物語風に記述している．そのため，辞書に対するように要点を簡潔に知りたい人には合わないであろう．しかし，この本は教科書として使えるようにも考慮

してある．予習を前提とするちょっと難しい目の授業を想定するならば，各章は概ね 1 回の授業（90 分）に相当するように分量を調整している．序章（0 章）を含めると，全体で 15 章となり，ちょうど半期分（半年分）の授業になるように構成している．もし，序章は必要ないということであれば，序章の代わりに第 15 章（補章）を入れて 15 章となる．しかし，ていねいに授業を進めると，半期で終えるのは無理で，各章を 2 回分の授業とし，通年（1 年間）の授業とするのがいいと思う．あるいは，内容を取捨選択したり，こみいった証明は省略するなど適当に工夫をして，半期で終えるというやり方も考えられる．一般によく使われている用語については太字にして注意をうながすようにしている．さらに，各章の末尾には，その章の理解を深めるための演習問題も用意している．

　この本にある結果自体は，標準的なものでほとんど既に知られていることばかりである．そのため，いくつか他の書籍を参考にさせていただいたけれども，特には明示していないことをお断りしておきたい．また，本書の執筆にあたって何人かの方から意見や注意をいただいた．その方々に感謝申し上げたい．

2024 年 3 月

著　者

目　　次

第 0 章

線型関係

現象や状況を解析する場合，何かの量が別の量とどういう関係になっているかを調べることが多い．これら 2 つの量がそれぞれ 1 種類のとき，最も単純で基本となる関係は比例関係であった．本書では，「何かの量」が複数種類のときを考えていく．このとき，比例関係に相当するものが線型関係である．この章では，線型関係に関わる基本事項をいくつか説明したい．それらは，以後の話の基礎となるものである．

0.1　線型関係と行列表示

現象には複数種類の値が決まると，それに応じて何かの値が定まるということが数多くある．すなわち，複数個の変数（多変数）の値を与えるごとにある数値が定まるということである．値を与える方の変数を**独立変数**とよび，$x = (x_1, \cdots, x_n)$ で表すことにし，定まる方の数値を $f(x) = f(x_1, \cdots, x_n)$ で表す．後の章では，変数 x を列ベクトルで表すこともある．列ベクトルであることを特に明示したいときは，$x = {}^t(x_1, \cdots, x_n)$ と表す[1]．$f(x)$ を（x の）関数，あるいは $y = f(x)$ とおき y を**従属変数**とよぶ．いくつか例をあげよう．

(1) 3 次元空間において，水平面（x_1x_2-平面）に傾斜した平面 P が交わっているとする．各位置 $x = (x_1, x_2)$ を決めるごとに P までの高さ $f(x)$ が定まる．

(2) 同じく x_1x_2-平面上に起伏のある曲面があるとする．各位置 $x = (x_1, x_2)$ を決めるごとに曲面までの高さ $g(x)$ が定まる．

(3) 微小な上下振動をしている弦があるとする．振動面を x_1x_2-平面とし，静止しているときの弦は x_1-軸とかさなっているとする．このとき，時刻 t と（静止時の）位置 x_1 を決めるごとに，そこでの弦の位置 $f(t, x_1)$ が定まる（つまり，弦の位置は $x_2 = f(t, x_1)$ にある）．

さらに，次のように，定まる数値も複数種類（数の組）あるいはベクトルという場合もある．

(4) x_1x_2-平面上に静かな水の流れがあるとする．各位置 $x (= (x_1, x_2))$ ごとに表面の水（粒子）の速度 $v(x)$（2 つの成分をもつベクトル）が定まる．

---

[1]) ${}^t(x_1, \cdots, x_n)$ の ^{t} は $(x_1, \cdots, x_n)$ を行列とみて，列ベクトルは行ベクトルの転置行列とみているのである（^{t} は 転置を意味する transposed の略である）．

(5) 太陽が $x_1x_2x_3$-空間内の原点にあるとし，各位置 $x\ (=(x_1,x_2,x_3))$ ごとに太陽から惑星が受ける引力 $F(x)$（3 つの成分をもつベクトル）が定まる．

(6) $x_1x_2x_3$-空間において各時刻 t，各位置 $x\ (=(x_1,x_2,x_3))$ ごとに磁力 $B(t,x)$（3 つの成分をもつベクトル）が定まる．

(1)〜(3) のように従属変数が 1 個の場合すなわち，スカラー値の関数 $f(x)\ (x=(x_1,\cdots,x_n))$ が与えられている場合を考えよう．$n=1$ のとき最も単純で基本となったのは比例式 $f(x_1)=ax_1$ であった．$n\geq2$ のときこれに相当するものは

$$f(x_1,\cdots,x_n)=a_1x_1+\cdots+a_nx_n$$

である．

(4)〜(6) のような場合は，変数 $x_1,\ldots,x_n$ に対して定まる値が複数個 $f_1(x_1,\cdots,x_n),\ldots,$ $f_m(x_1,\cdots,x_n)$ あるということである．ベクトルについては，成分表示されていて数の組が定まると考える．この場合，「比例関係」に相当するものは

$$f_1(x_1,\cdots,x_n)=a_{11}x_1+\cdots+a_{1n}x_n,$$
$$f_2(x_1,\cdots,x_n)=a_{21}x_1+\cdots+a_{2n}x_n,$$
$$\cdots,$$
$$f_m(x_1,\cdots,x_n)=a_{m1}x_1+\cdots+a_{mn}x_n$$

である．上記の式が成立しているとき，$f_1(x_1,\cdots,x_n),\ldots,f_m(x_1,\cdots,x_n)$ は $(x_1,\cdots,x_n)$ と**線型関係**にあるという．これは，しばしば次のように行列を使った形で表される．

$$(0.1)\qquad\begin{pmatrix}f_1(x_1,\cdots,x_n)\\\vdots\\f_m(x_1,\cdots,x_n)\end{pmatrix}=\begin{pmatrix}a_{11}&\cdots&a_{1n}\\\vdots&&\vdots\\a_{m1}&\cdots&a_{mn}\end{pmatrix}\begin{pmatrix}x_1\\\vdots\\x_n\end{pmatrix}.$$

行列の表示のときは，添字が何を表しているかをよく意識する必要がある．上の表示で言えば，各 a_{ij} が行列の i 行 j 列の成分であることに注意しよう．

上記の行列を A，成分が $x_1,\ldots,x_n$ である列ベクトルを x（行列の式をあつかうときは，x は行ベクトルではなく，列ベクトルであるとする），成分が $f_1(x),\ldots,f_m(x)$ である列ベクトルを $f(x)$ と書くと，すなわち $f(x)={}^t(f_1(x),\ldots,f_m(x))$ とおくと，(0.1) は単純に

$$f(x)=Ax$$

と表せる．行列が使われる一つの理由は表記がスカラーのときのように単純になるからである．これは考えやすくするという点で重要なことである．さらに，$b={}^t(b_1,\cdots,b_m)$ とすると，スカラー値のときの 1 次式に相当する式は，同じような形

$$f(x)=Ax+b$$

で表される．これは**アフィン式**（あるいは「1 次式」）とよばれる．

一般の関数 $f(x)$ を 1 次式で近似することは非常によく行われる．この近似は **1 次 (式) 近似** あるいは**線型近似**などとよばれる．$n = m = 1$ のときは，$f(x)$ を $f'(a)(x - a) + f(a)$ で近似するということを言っている．多変数のとき，この $f'(a)$ に相当するものは何かということは非常に基本的な問題である（第 3 章であつかう）．

0.2 平面の方程式

数の組 $(x_1, \cdots, x_n)$ の全体，すなわち集合 $\{(x_1, \cdots, x_n) \mid x_i \in \mathbb{R}, \ i = 1, \ldots, n\}$（$\mathbb{R}$ は実数全体の集合を表す）を（n 次元）空間とよび，$x_1 \cdots x_n$-空間と書くことにする．さらに，本章では，$x = (x_1, \cdots, x_n)$ という前提で，$x_1 \cdots x_n$-空間を $\mathbb{R}^n_x$ で表す[2]こともある．$n = 2, 3$ のときは普通日常で言うところの平面および空間を意味する．さらに，各 $(x_1, \cdots, x_n)$ を点と呼び，行ベクトル $(x_1, \cdots, x_n)$ あるいは列ベクトル ${}^t(x_1, \cdots, x_n)$，（混乱が起こらないときは）どちらも同じ記号 x で表す．本書では，x は点を表すと同時にその点の位置を表すものとみて，x を位置ベクトルともよぶことにする．また，x の各成分 x_i は，点 x の座標とみることもできることに注意しよう．

今関数 $f(x_1, \cdots, x_{n-1})$ が与えられているとする．$(x_1, \cdots, x_{n-1})$ の値をいろいろに動かしたとき，$x_1 \cdots x_n$-空間における点 $(x_1, \cdots, x_{n-1}, f(x_1, \cdots, x_{n-1}))$ は $x_1 \cdots x_n$-空間の中のある集合をつくる．この集合を $f(x_1, \cdots, x_{n-1})$ の**グラフ**という，あるいは曲面 $x_n = f(x_1, \cdots, x_{n-1})$ という書き方もする．$n = 3$ のときは，日常のイメージの（3 次元）空間内にある（2 次元）曲面を表している．関数の性質などを調べるとき，この（3 次元）空間でのグラフを図示することが多い．これは，定理などの内容を理解する上で非常に役立つものである．

$f(x_1, \cdots, x_{n-1})$ が 1 次式のときそのグラフはどんなものになるか考えてみよう．結論を言えば平面になるのだが，実は $x_1 \cdots x_n$-空間での平面とは何かがはっきりしていない．まず $x_1 x_2 x_3$-空間のときを考えてみよう．平面のイメージをよく反映している定義として次のようなものがある．

(0.2) 　　　　点 P と定点 A を結んだ線分 PA が定直線（定ベクトル）に直交しているような点 P の全体

この定義は次のものと同等である．

(0.3) 　　　　座標 x_1, x_2, x_3 が何か 1 次方程式をみたしている点の全体

上記の定義 (0.2) は，次のように点 P の位置ベクトル x を使って言い換えができる．証明は読者に任せたい（章末問題 0.2 を参照）．

(0.4) 　　　　定ベクトル a, b があって，$a \cdot (x - b) = 0$ となっている点 x の全体

ここで，上記の記号「$\cdot$」は内積を表し，$x = (x_1, \cdots, x_n)$，$y = (y_1, \cdots, y_n)$ に対して $x \cdot y =$

---

　[2] $\mathbb{R}^n$ は $\mathbb{R} \times \cdots \times \mathbb{R}$ ということであり，数の組の集合（直積）を意味する．

$\displaystyle\sum_{i=1}^{n} x_i y_i$ である．$n = 2, 3$ のときは，x と y のなす角を θ として $x \cdot y = |x||y| \cos\theta$ でもある．

(0.3) と (0.4) のどちらを平面の定義としてもいいのだが，ここでは (0.4) を採用する．さらに，この定義は $x_1 \cdots x_n$-空間のものとしても採用できる．

さて，今 $f(x_1, \cdots, x_{n-1})$ が次のように 1 次式であるとしよう．

$$(0.5) \qquad f(x_1, \cdots, x_{n-1}) = a_1 x_1 + \cdots + a_{n-1} x_{n-1} + b_1$$

$f(x_1, \cdots, x_{n-1})$ のグラフとは集合 $\{(x_1, \cdots, x_{n-1}, x_n)|\ x_n = f(x_1, \cdots, x_{n-1})\}$ のことであるから，$x_1, \cdots, x_{n-1}, x_n$ について

$$a_1 x_1 + \cdots + a_{n-1} x_{n-1} - x_n + b_1 = 0$$

が成立する．したがって，$x = {}^t(x_1, \cdots, x_n)$, $a = {}^t(a_1, \cdots, a_{n-1}, -1)$, $b = {}^t(0, \cdots, 0, b_1)$ とおくと $a \cdot (x - b) = 0$ が得られる．すなわち，$f(x_1, \cdots, x_{n-1})$ のグラフは平面であるということである．

(0.5) において，各 a_i は変数 x_i のみを動かしたときの $f(x_1, \ldots, x_{n-1})$ の変化率を表している．$n = 3$ として，このことの図形的意味を考えてみよう．$f(x_1, x_2)$ のグラフ（= 平面 H）を x_1-軸と x_3-軸に平行な平面 P で切ってみる（図参照）．切り口 l は直線になる．また，P 上を点が移動するときその x_2 座標は変わらない．したがって，P 上の点を x_1-軸の向きに動かしたとすると，この動きからみたときの l の傾き（勾配）は $f(x_1, x_2)$ を x_2 を固定して x_1 のみ動かしたときの変化率（= a_1）に一致している．つまり，a_1 は x_1-軸方向の動きに対するグラフの傾きを表している．

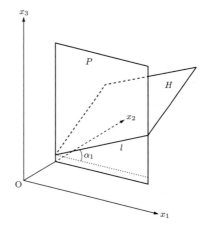

例題 0.1 $f(x) = a_1 x_1 + \cdots + a_m x_m + b_1$ $(x = (x_1, \cdots, x_m))$ とする．x を $\theta = (\theta_1, \cdots, \theta_m)$ $(|\theta| = \sqrt{\theta_1^2 + \cdots + \theta_m^2} = 1)$ の向きに動かしたとき，$f(x)$ の値の変化率は，$a \cdot \theta$ であることを示せ．

---

x を x^0 から θ の向きに距離 h だけ変化させたとすると，$x = x^0 + h\theta$ となる．よって，

$$f(x^0 + h\theta) - f(x^0) = h a_1 \theta_1 + \cdots + h a_m \theta_m$$

である．したがって，この変化率（$h = 1$ としたときの変化量）は $a_1 \theta_1 + \cdots + a_m \theta_m = a \cdot \theta$ である．

（例題 0.1 の説明終り）

例題 0.1 より，一次式については，変化の様子（変化率）は，数の組 $(a_1, \cdots, a_m)$ が分かればよいということになる（各 a_i は変数 x_i の係数であるから当然なことではあるが）．関数の

分析手段である「微分積分」では，関数を局所的に一次式で近似して考えられたものが多い．例えば，関数の「変化率」というものも，一次式近似の発想のものである．すなわち，一次式でない関数に対して極限値を持ち込むことで，この「変化率」を考えよう（定義しよう）とするのである．一般の関数に対して例題 0.1 と同種のことがなりたつ（具体的には第 1 章の定理 1.1 を参照）．

———————————— 章末問題 ————————————

0.1 2 種類の食品 A，B がある．A は成分 V_P，V_Q（例えばある種のビタミン）をそれぞれ 100 g あたり 20 mg，30 mg 含んでいる．B については，それぞれ 50 mg，40 mg である．A を x_1 g，B を x_2 g 食べたときの成分 V_P，V_Q の摂取量をそれぞれ y_1 mg，y_2 mg とする．$^t(x_1, x_2)$ と $^t(y_1, y_2)$ の関係を行列を使って表せ．V_P，V_Q は体内に入ると，どちらも成分 V_R に変化する．V_R の体内での摂取量を x_1, x_2 で表せ．

0.2 $x_1 x_2 x_3$-空間において，次の 2 つの平面の定義（(0.2) および (0.3) を参照）が同等であることを示せ．

 (1) 定点 A と点 P ($\neq$ A) とを結んだ線分 AP が定直線（定ベクトル）に直交しているような点 P の全体に A を含めたもの

 (2) 座標 x_1, x_2, x_3 が何か 1 次方程式をみたしている点の全体

0.3 $x_1 x_2 x_3$-空間に $(0, 0, 1)$ を通り，ベクトル $^t(1, 2, 1)$ に垂直な平面がある．この平面と $x_1 x_2$-座標面との交線の方程式を x_1, x_2 の式で表せ．

0.4 $x_1 x_2 x_3$-空間において，次の条件をみたす平面を x_1, x_2, x_3 の方程式で表せ．$x_1 x_2$-平面との共通部分が直線 $x_1 + x_2 = 1$（かつ $x_3 = 0$）であり，ベクトル $(1, 1, -1)$ に垂直になっている．

第 1 章

多変数関数の微分

独立変数が複数個になっている関数（多変数関数）があるとする．このとき，関数の値の変化率をどのように表せばいいだろうか．変数が複数個ある場合は，変化させる方向がいろいろあり得るので，その方向を指定した上で変化率（微分）を考えるというのが自然な発想であるだろう．この方向ごとの変化率は，結局，複数個ある変数1つ1つを単独で動かしたときの微分（偏微分とよぶ）の組み合わせで表せることが分かる．つまり，偏微分が分かれば，方向ごとの微分は計算できるということになる．本章では，このようなことに関する基礎事項を説明したい．

1.1 方向微分と偏微分

3次元空間において，水平面（$x_1 x_2$-平面）上に山があるとする（図参照）．$x_1 x_2$-平面の各点 (x_1, x_2) における山の高さは $g(x_1, x_2)$ であるとする．点 (x_1, x_2) を点 (a_1, a_2) から (θ_1, θ_2) の方向（$\sqrt{\theta_1^2 + \theta_2^2} = 1$ とする）に変化させたとき，その方向の勾配（すなわち $g(x_1, x_2)$ の変化率）はどのように表せばいいだろうか．点 (x_1, x_2) と点 (a_1, a_2) の距離を h とすれば，$x_i = a_i + h\theta_i$ $(i = 1, 2)$ となるから，この変化率として

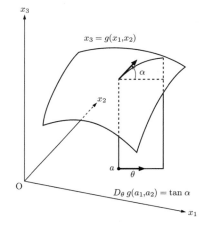

$$\lim_{h \to 0} \frac{g(a_1 + h\theta_1, a_2 + h\theta_2) - g(a_1, a_2)}{h}$$

を考えればいいだろう．

このような極限は独立変数が n 個の関数 $f(x)$ $(x = (x_1, x_2, \ldots, x_n))$ に対しても考えられる．すなわち，$a = (a_1, \ldots, a_n)$, $\theta = (\theta_1, \cdots, \theta_n)$ $(|\theta| = \sqrt{\theta_1^2 + \cdots + \theta_n^2} = 1)$ として，次の極限 $D_\theta f(a)$ が考えられる．

$$D_\theta f(a) = \lim_{h \to 0} \frac{f(a + h\theta) - f(a)}{h}.$$

これを $f(x)$ の θ-方向微分とよぶ．特に，θ を x_i-軸方向にとったとき，x_i に関する**偏微分**とよ

び，$\dfrac{\partial f}{\partial x_i}(a)$，$\partial_{x_i}f(a)$，$f_{x_i}(a)$ などと書く．つまり

$$\frac{\partial f}{\partial x_i}(a) = \partial_{x_i}f(a) = \lim_{h \to 0} \frac{f(a_1, \ldots, a_i + h, \ldots, a_n) - f(a_1, \ldots, a_i, \ldots, a_n)}{h}$$

である．本書では，記号 ∂_{x_i} を使うことが多い．上述の極限値 $D_\theta f(a)$ がどの向き θ に対しても存在するとき，$f(x)$ は a で微分可能であるいう．各 x に対してそこでの偏微分を考えると，新しい関数 $\partial_{x_i}f(x)$ が得られる．これを（1階）**偏導関数**とよび，偏導関数を求めることを偏微分するという．1階偏導関数をさらに偏微分して得られる関数を2階偏導関数という．これを n 回繰り返して得られる関数を n 階偏導関数という．以下では（以後の章でも），何も言わなければ，関数は連続であり[1]，さらに任意の a において何回でも微分可能であるとし，偏導関数もすべて連続であるとする．

さて，次に θ をいろいろ変えたとき，θ-方向微分 $D_\theta f(a)$ が最大になるのはどの向きでそのときの値はどうなるかを考えてみよう．これは結局次の定理を使うと分かるので，まずこの定理を証明することにする．

定理 1.1 $\theta = (\theta_1, \cdots, \theta_n)$ は $|\theta| = 1$ をみたすとする．$D_\theta f(a)$ に対してつぎの等式がなりたつ．

$$D_\theta f(a) = \frac{\partial f}{\partial x_1}(a)\theta_1 + \cdots + \frac{\partial f}{\partial x_n}(a)\theta_n.$$

証明 まず，次の等式がなりたつことに注意しよう．

$f(a + h\theta) - f(a)$

$= f(a_1 + h\theta_1, a_2 + h\theta_2, \ldots, a_n + h\theta_n) - f(a_1, a_2 + h\theta_2, \ldots, a_n + h\theta_n)$

$\quad + f(a_1, a_2 + h\theta_2, a_3 + h\theta_3, \ldots, a_n + h\theta_n) - f(a_1, a_2, a_3 + h\theta_3, \ldots, a_n + h\theta_n)$

$\quad + \cdots$

$\quad + f(a_1, \ldots, a_{n-1}, a_n + h\theta_n) - f(a_1, \ldots, a_{n-1}, a_n).$

したがって，$i = 1, \ldots, n$ に対して次のことがなりたつことを示すとよい．

$$\lim_{h \to 0} \frac{1}{h}\big\{ f(a_1, \ldots, a_i + h\theta_i, a_{i+1} + h\theta_{i+1}, \ldots, a_n + h\theta_n)$$
$$- f(a_1, \ldots, a_i, a_{i+1} + h\theta_{i+1}, \ldots, a_n + h\theta_n)\big\}$$
$$= \frac{\partial f}{\partial x_i}(a)\theta_i.$$

x_i のみを動かすことにして，$g(x_i) = f(a_1, \ldots, a_{i-1}, x_i, a_{i+1} + h\theta_{i+1}, \ldots, a_n + h\theta_n)$ とおくと，$g(x_i)$ に対して1変数の微分積分の諸定理がすべてなりたつことになる．したがって，平

---

[1] 任意の a に対して $\lim_{x \to a} f(x) = f(a)$ となる．

均値の定理[2] より

(1.1)
$$\frac{g(x_i) - g(a_i)}{x_i - a_i} = \frac{dg}{dx_i}(c)$$

となる c が a_i と x_i の間に存在する．これより（$x_i = a_i + h\theta_i$ とおいて）

$$\frac{1}{h}\{f(a_1,\ldots,a_i + h\theta_i, a_{i+1} + h\theta_{i+1},\ldots,a_n + h\theta_n)$$
$$-f(a_1,\ldots,a_i,a_{i+1} + h\theta_{i+1},\ldots,a_n + h\theta_n)\}$$
$$= \partial_{x_i} f(a_1,\ldots,c,a_{i+1} + h\theta_{i+1},\ldots,a_n + h\theta_n)\theta_i$$

が成立する．$h \to 0$ のとき $c \to a_i$ となるから，$\partial_{x_i} f(x)$ の連続性から $\lim_{h\to 0} \partial_{x_i} f(a_1,\ldots,c,$ $a_{i+1} + h\theta_{i+1},\ldots,a_n + h\theta_n)\theta_i = \partial_{x_i} f(a)\theta_i$ が得られる．よって定理 1.1 が成立する．

（証明終り）

ここで，定理 1.1 の前で述べた問題「$D_\theta f(a)$ が最大になるのは，θ がどんなときか」について考えてみよう．まず，$n = 2$ のときをみよう．$\partial_x f(a) = (\partial_{x_1} f(a), \partial_{x_2} f(a))$ とし，このベクトルと θ とのなす角を α とすると，$\partial_x f(a)$ と θ の内積 $\partial_x f(a)\cdot\theta$ は $|\partial_x f(a)||\theta|\cos\alpha$ である．これが最大になるのは，θ が $\partial_x f(a)$ と同じ向き（すなわち，$\theta = |\partial_x f(a)|^{-1}\partial_x f(a)$）のときである．一方，$\partial_x f(a)\cdot\theta = (\partial_{x_1} f(a))\theta_1 + (\partial_{x_2} f(a))\theta_2$ であるから，定理 1.1 より，

$\theta = |\partial_x f(a)|^{-1}\partial_x f(a)$ のとき $D_\theta f(a)$ は最大になり，最大値は $|\partial_x f(a)|$ である．

このことは $n \geq 3$ のときでもなりたつ．証明は次の補題を使えばよい．

シュワルツの不等式

補題 1.1 ベクトル $x = (x_1,\cdots,x_n)$, $y = (y_1,\cdots,y_n)$ の内積 $x\cdot y$ $\left(= \sum_{i=1}^n x_i y_i\right)$ に対して

(1.2)
$$|x \cdot y| \leq |x||y|$$

が成立する．さらに，等号が成立するのは，$x = 0$ または $y = 0$ のときか，$x \neq 0$ かつ $y \neq 0$ で x, y の方向が同じとき（すなわち，$y = |y||x|^{-1}x$ または $= -|y||x|^{-1}x$ のとき）である．

証明は後ほど行う．

以上の考察より，$\partial_x f(a) = (\partial_{x_1} f(a),\cdots,\partial_{x_n} f(a))$ には次のような具体的な意味があることわかる．

$\partial_x f(a)$ の向きは，方向微分 $D_\theta f(a)$ が最大となる θ の向きを表し，

$\partial_x f(a)$ の大きさは，θ をいろいろ動かしたときの $D_\theta f(a)$ の最大値に等しい．

このことより，$\partial_x f(a)$ を $f(x)$ の a における**勾配**とよぶ．また，$\text{grad}\,f(a)$[3]，$\nabla f(a)$[4] などとも書く．

---

[2] 例えば，「微分積分入門－現象解析の基礎－」(曽我日出夫著　学術図書出版社) の第 11 章をみよ．
[3] 「grad」は英語の勾配を表す gradient の略記である
[4] ∇ はナブラとよぶ．

例題 1.1　3次元空間において，水平面（x_1x_2-平面）上に曲面があるとし，各 $x\,(=(x_1,x_2))$ における曲面までの高さ $f(x)$ は

$$(1.3) \qquad f(x) = \begin{cases} 100 - \left(\dfrac{|x|}{20}\right)^2 & (|x| \le 200), \\ 0 & (|x| \ge 200) \end{cases}$$

であるとする．点 $(-100,-100)$ における $f(x)$ の勾配を求めよ．

　点 $(-100,-100)$ は $|x| \le 200$ の範囲にあるので，その周辺では $f(x) = 100 - \left(\dfrac{|x|}{20}\right)^2$ であり，$\partial_{x_i} f(x_1,x_2) = -\dfrac{2x_i}{20^2}\ (i=1,2)$ である．したがって $\mathrm{grad}\, f(-100,-100) = \left(\dfrac{1}{2}, \dfrac{1}{2}\right)$ となる．

（例題 1.1 の説明終り）

補題 1.1 の証明　x または y が 0 であるときは明らかなのでともに 0 でないとする．ベクトル $\tilde{x}$ が何であっても $\tilde{x} \cdot \tilde{x}\,(=|\tilde{x}|^2) \ge 0$ であるから，任意の実数 t に対して

$$(tx+y)\cdot(tx+y) = |x|^2 t^2 + 2(x\cdot y)t + |y|^2 \ge 0$$

である．t の 2 次式がこのような状況になるのは，$2^2(x\cdot y)^2 - 4|x|^2|y|^2$（判別式）$\le 0$ のときである．よって，補題 1.1 の不等式がなりたつ．

　また，(1.2) の等号が成立しているならば，すなわち，$x\cdot y = |x||y|$ または $x\cdot y = -|x||y|$ ならば $(tx+y)\cdot(tx+y) = (t|x|+|y|)^2$ または $(tx+y)\cdot(tx+y) = (t|x|-|y|)^2$ が成立する．したがって，$t = -|x|^{-1}|y|$ または $t = |x|^{-1}|y|$ とおくことで，$(-|x|^{-1}|y|x+y)\cdot(-|x|^{-1}|y|x+y) = 0$ または $(|x|^{-1}|y|x+y)\cdot(|x|^{-1}|y|x+y) = 0$ が得られる．よって $y = |y||x|^{-1}x$ または $y = -|y||x|^{-1}x$ が成立する．これは，x と y の方向が等しいことを意味する．逆に，x と y の方向が等しいならば，$x\cdot y = x\cdot |y||x|^{-1}x$ または $x\cdot y = -x\cdot |y||x|^{-1}x$ が成立するから，$x\cdot y = \sum_{i=1}^n x_i y_i = \sum_{i=1}^n x_i |y||x|^{-1}x_i = |y||x|$ または $x\cdot y = -|x||y|$ が得られる．すなわち，(1.2) の等号が成立する．

　以上により，補題 1.1 のすべてが証明された．

（証明終り）

1.2　偏微分の順序交換

　関数 $f(x)\ (x=(x_1,\cdots,x_n))$ の偏導関数は変数の個数と同じ種類だけ存在する（つまり $\partial_{x_1}f,\ldots,\partial_{x_n}f$）．したがって，2 回偏微分するときは，$n^2$ 個のものが存在するはずである．ところが，次の定理で示すように，微分操作 $\partial_{x_i},\ \partial_{x_j}\ (i\ne j)$ は交換可能であるので，n^2 より少ないものしか存在しない．

定理 1.2 微分操作 ∂_{x_i}, ∂_{x_j} $(i, j = 1, \ldots, n;\ i \neq j)$ は交換可能である．すなわち次の等式が成立する．

$$(1.4) \qquad\qquad \partial_{x_i}(\partial_{x_j}f)(x) = \partial_{x_j}(\partial_{x_i}f)(x).$$

一般に，$\partial_{x_l}g(x) = \lim\limits_{h \to 0} \dfrac{1}{h}\{g(\cdots, x_l + h, \cdots) - g(\cdots, x_l, \cdots)\}$ であるので，h を十分 0 に近くとれば，$\partial_{x_l}g(x)$ と $\dfrac{1}{h}\{g(\cdots, x_l + h, \cdots) - g(\cdots, x_l, \cdots)\}$ はほぼ同じと思える．このことを考慮すると，(1.4) は，h $(\neq 0)$ は十分 0 に近いとして

$$
\begin{aligned}
(1.5) \quad &\frac{1}{h}\Big\{\frac{f(\cdots, x_i + h, \cdots, x_j + h, \cdots) - f(\cdots, x_i + h, \cdots, x_j, \cdots)}{h} \\
&\qquad - \frac{f(\cdots, x_i, \cdots, x_j + h, \cdots) - f(\cdots, x_i, \cdots, x_j, \cdots)}{h}\Big\} \\
&= \frac{1}{h}\Big\{\frac{f(\cdots, x_i + h, \cdots, x_j + h, \cdots) - f(\cdots, x_i, \cdots, x_j + h, \cdots)}{h} \\
&\qquad - \frac{f(\cdots, x_i + h, \cdots, x_j, \cdots) - f(\cdots, x_i, \cdots, x_j, \cdots)}{h}\Big\}
\end{aligned}
$$

ということを意味しているだろう．実際，計算してみるとこの両辺は同じものであることが分かる（両辺とも後の (1.6) に等しい）．しかし，微分の極限操作が重なっており，その交換可能性を厳密に証明するには意外と工夫がいる．しばらく，証明なしで定理 1.2 を認めることにする．この節の最後で証明する．

定理 1.2 より微分操作 ∂_{x_i}, ∂_{x_j} の順序は気にする必要はないことになる．したがって，2 階偏導関数を考えるとき，$\partial_{x_i}\partial_{x_j}f$ は $i \leq j$ であるものだけに集約してしまうことができる．つまり，$\partial_{x_i}(\partial_{x_j}f)$ と $\partial_{x_j}(\partial_{x_i}f)$ があるとき，どちらも $\partial_{x_{\tilde{i}}}(\partial_{x_{\tilde{j}}}f)$ $(\tilde{i} = \min\{i, j\}, \tilde{j} = \max\{i, j\})$ に等しいことになる．さらに，l 回同じ x_i で偏微分することを $\partial_{x_i}^l$ と書くことにすれば，m 階偏導関数については，

$$\partial_{x_1}^{\alpha_1} \cdots \partial_{x_n}^{\alpha_n} f(x) \qquad (0 \leq \alpha_i,\ \sum_{i=1}^{n} \alpha_i = m)$$

でつくせていることになる．これを，$\alpha = (\alpha_1, \cdots, \alpha_n)$, $|\alpha| = \sum\limits_{i=1}^{n} \alpha_i$ とし，

$$\partial_x^\alpha f(x) \quad (|\alpha| = m)$$

と書くこともある．このようなことにこだわるのは，微分の表記を簡単にしたいからである．それは，例えば，多変数のテイラー展開を書くとき見やすい表記にしてくれる（第 4 章の注意 4.1 を参照）．

例題 1.2 $f(x)$ が m 次式（m 次多項式）のとき，定理 1.2 の (1.4) が成立することを示せ．

まず，多変数の m 次式とはどんなものか確認しておこう．**m 次式**とは，高々 m 個の変数と

定数との積がたしてある式のことである．つまり次のような形をした式である．

$$a_0 + a_1 x_1 + a_2 x_2 + \cdots + a_n x_n$$
$$+ a_{20\ldots0} x_1^2 + a_{11\ldots0} x_1 x_2 + \cdots + a_{0\ldots11} x_{n-1} x_n + a_{0\ldots02} x_n^2$$
$$+ \cdots + a_{m0\ldots0} x_1^m + a_{m-1\,1\,\ldots\,0} x_1^{m-1} x_2 + \cdots + a_{0\,\ldots\,1\,m-1} x_{n-1} x_n^{m-1} + a_{0\,\ldots\,0\,m} x_n^m$$

記述をもう少し見やすくすると，上式は

$$a_0 + \sum_{\alpha=1}^{n} a_\alpha x_\alpha + \sum_{\alpha_1 + \cdots + \alpha_n = 2} a_{\alpha_1 \cdots \alpha_n} x^{\alpha_1} \cdots x^{\alpha_n} + \cdots + \sum_{\alpha_1 + \cdots + \alpha_n = m} a_{\alpha_1 \cdots \alpha_n} x^{\alpha_1} \cdots x^{\alpha_n}$$

と書ける．このように書くときは，各 α_i は $\alpha_i \geq 0$ をみたす整数であることにする．この記述をさらに簡略にして次のように書くことも多い．

$$\sum_{|\alpha| \leq m} a_\alpha x^\alpha \qquad \left(\alpha = (\alpha_1, \cdots, \alpha_n),\ |\alpha| = \sum_{i=1}^{n} \alpha_i,\ x^\alpha = x^{\alpha_1} \cdots x^{\alpha_n} \right).$$

このように記述を簡略すると，実質は変わらないがみやすい（1 変数のときと同じような）イメージを持つことができる．

$f(x) = \displaystyle\sum_{\alpha_1 + \cdots + \alpha_n \leq m} a_{\alpha_1 \cdots \alpha_n} x_1^{\alpha_1} \cdots x_n^{\alpha_n}$ と書けるので，$i \leq j$ として，$\partial_{x_i}(\partial_{x_j} f)(x) =$

$\partial_{x_i} \Big(\displaystyle\sum_{\alpha_1 + \cdots + \alpha_n \leq m} a_{\alpha_1 \cdots \alpha_n} \alpha_j x_1^{\alpha_1} \cdots x_j^{\alpha_j - 1} \cdots x_n^{\alpha_n} \Big) = \displaystyle\sum_{\alpha_1 + \cdots + \alpha_n \leq m} a_{\alpha_1 \cdots \alpha_n} x_1^{\alpha_1} \cdots \alpha_i x_i^{\alpha_i - 1} \cdots$

$\alpha_j\, x_j^{\alpha_j - 1} \cdots x_n^{\alpha_n}$ と書ける．ここで，$1 \leq \alpha_i$, $1 \leq \alpha_j$ であることに注意しよう．同様にして，

$\partial_{x_j}(\partial_{x_i} f)(x)$ も同じ式 $\displaystyle\sum_{\alpha_1 + \cdots + \alpha_n \leq m} a_{\alpha_1 \cdots \alpha_n} x_1^{\alpha_1} \cdots \alpha_i x_i^{\alpha_i - 1} \cdots \alpha_j x_j^{\alpha_j - 1} \cdots x_n^{\alpha_n}$ となること

が分かる．ゆえに，(1.4) が成立する．

（例題 1.2 の説明終り）

　一般の関数はいくらでも精度よく m 次式で近似できるが（第 4 章の定理 4.1 を参照），一般には誤差が存在する．したがって，任意の m 次式で等式 (1.4) がなりたつことで，ただちに一般の関数に対しても同じ等式が成立するとは言えない．このことを切り抜けるためには何らかの工夫が必要になる．

定理 1.2 の証明　(1.5) の両辺は，どちらも次のものに等しいことが分かる．

$$(1.6) \quad \frac{1}{h^2} \{ f(\cdots, x_i + h, \cdots, x_j + h, \cdots) - f(\cdots, x_i + h, \cdots, x_j, \cdots)$$
$$- f(\cdots, x_i, \cdots, x_j + h, \cdots) + f(\cdots, x_i, \cdots, x_j, \cdots) \}$$

これから出発して定理 1.2 が得られることを証明しよう．

$f(\cdots, x_i, \cdots)$ について x_i のみ動かして（x_i の 1 変数関数とみて），テイラーの定理[5]を使うと，

$$f(\cdots, x_i + h, \cdots, x_j + h, \cdots) = f(\cdots, x_i, \cdots, x_j + h, \cdots)$$
$$+ \partial_{x_i} f(\cdots, x_i, \cdots, x_j + h, \cdots) h + R(h),$$

---

[5] 例えば，「微分積分入門 − 現象解析の基礎 −」（曽我日出夫著　学術図書出版社）の第 12 章をみよ．

$$f(\cdots, x_i + h, \cdots, x_j, \cdots) = f(\cdots, x_i, \cdots, x_j, \cdots)$$
$$+ \partial_{x_i} f(\cdots, x_i, \cdots, x_j, \cdots)h + \tilde{R}(h)$$

と書ける．ここで，$R(h) = \displaystyle\int_{x_i}^{x_i+h} (x_i + h - y_i)\partial_{x_i}^2 f(\cdots, y_i, \cdots, x_j + h, \cdots)\, dy_i$, $\tilde{R}(h) = \displaystyle\int_{x_i}^{x_i+h} (x_i + h - y_i)\partial_{x_i}^2 f(\cdots, y_i, \cdots, x_j, \cdots)\, dy_i$ である．これらを (1.6) に代入して，(1.6) は次のものに等しいことが分かる．

$$\frac{1}{h}\{\partial_{x_i} f(\cdots, x_i, \cdots, x_j + h, \cdots) - \partial_{x_i} f(\cdots, x_i, \cdots, x_j, \cdots)\} + \frac{1}{h^2}(R(h) - \tilde{R}(h))$$

$f(\cdots, x_j, \cdots)$ を x_j の関数とみて同様のことを行うことにより，(1.6) は

$$\frac{1}{h}\{\partial_{x_j} f(\cdots, x_i + h, \cdots, x_j, \cdots) - \partial_{x_j} f(\cdots, x_i, \cdots, x_j, \cdots)\} + \frac{1}{h^2}(Q(h) - \tilde{Q}(h))$$

に等しい．ここで，$Q(h), \tilde{Q}(h)$ は変数 x_j に関する $R(h), \tilde{R}(h)$ の積分と同じ形のものである．

以上のことから次の等式が得られる．

$$\frac{1}{h}\{\partial_{x_i} f(\cdots, x_i, \cdots, x_j + h, \cdots) - \partial_{x_i} f(\cdots, x_i, \cdots, x_j, \cdots)\} + \frac{1}{h^2}(R(h) - \tilde{R}(h))$$
$$= \frac{1}{h}\{\partial_{x_j} f(\cdots, x_i + h, \cdots, x_j, \cdots) - \partial_{x_j} f(\cdots, x_i, \cdots, x_j, \cdots)\} + \frac{1}{h^2}(Q(h) - \tilde{Q}(h)).$$

以下で示す通り，$\displaystyle\lim_{h \to 0} h^{-2}(R(h) - \tilde{R}(h)) = 0$, $\displaystyle\lim_{h \to 0} h^{-2}(Q(h) - \tilde{Q}(h)) = 0$ がなりたつことが分かる．したがって，上の等式において $h \to 0$ とすることで (1.4) が得られる．

$\displaystyle\lim_{h \to 0} h^{-2}(R(h) - \tilde{R}(h)) = 0$ を示そう．$R(h) - \tilde{R}(h)$ は次のような形をしている．

$$R(h) - \tilde{R}(h) = \int_{x_i}^{x_i+h} (x_i + h - y_i)\{\partial_{x_i}^2 f(\cdots, y_i, \cdots, x_j + h, \cdots)$$
$$- \partial_{x_i}^2 f(\cdots, y_i, \cdots, x_j, \cdots)\}\, dy_i.$$

変数 x_j について平均値の定理を使うことにより，

$$\partial_{x_i}^2 f(\cdots, y_i, \cdots, x_j + h, \cdots) - \partial_{x_i}^2 f(\cdots, y_i, \cdots, x_j, \cdots) = \partial_{x_j}\partial_{x_i}^2 f(\cdots, y_i, \cdots, c_j, \cdots)h$$

となる c_j が x_j と $x_j + h$ の間に存在する．しかも，$|h| \le 1$ であって y_i, c_j が積分の範囲にあるならば，h, y_i, c_j によらない $C\ (> 0)$ が存在して $|\partial_{x_j}\partial_{x_i}^2 f(\cdots, y_i, \cdots, c_j, \cdots)| \le C$ となる[6]．よって，

$$h^{-2}|R(h) - \tilde{R}(h)| \le \frac{1}{h^2}\left| \int_{x_i}^{x_i+h} |x_i + h - y_i||\partial_{x_j}\partial_{x_i}^2 f(\cdots, y_i, \cdots, c_j, \cdots)h|\, dy_i \right| \le 2^{-1}C|h|$$

---

[6] x が $I = \{x|\, a_i \le x_i \le b_i\ (有限閉区間), i = 1, \ldots, n\}$ 内を動くとする．一般に，$g(x)$ が I で連続ならば（I は有界閉領域でよい），x によらない C が存在して $|g(x)| \le C$ となる．なぜなら，もしそうでないとすると，任意の正整数 k に対して $|g(x^k)| > k$ となる $x^k \in I$ が存在する．$\{x^k\}_{k=1,2,\ldots}$ は必ず収束部分列を含む（ボルツァノ・ワイエルシュトラスの定理）．それを $x^{k_l}\ (l = 1, 2, \ldots)$, $\displaystyle\lim_{l \to \infty} x^{k_l} = x^0$ とすると，$x^0 \in I$ かつ $|g(x^{k_l})| > k_l \overset{l \to \infty}{\Longrightarrow} \infty$ となり，連続性 $\displaystyle\lim_{l \to \infty} g(x^{k_l}) = g(x^0)$ に反する．

が成立する．ゆえに $\lim_{h\to 0} h^{-2}(R(h)-\tilde{R}(h))=0$ である．同様にして，$\lim_{h\to 0} h^{-2}(Q(h)-\tilde{Q}(h))=0$ が得られる.

（証明終り）

―――――――――――――― 章末問題 ――――――――――――――

1.1　次の関数 $f(x)$, $g(x)$ $(x=(x_1,x_2))$ について，$x=0$ における微分可能性を調べよ．微分可能の場合には，偏微分係数も求めよ．

(1) $f(x)=|x|$

(2) $g(x)=\begin{cases} \dfrac{x_1^2}{|x|} & (x\neq 0 \text{ のとき}), \\[2mm] 0 & (x=0 \text{ のとき}) \end{cases}$

1.2　次の偏導関数を計算せよ．

(1) $\partial_{x_1}(ax_1^2+bx_1x_2+cx_2^2)$ 　$(a,b,c \text{ は定数})$.

(2) $\partial_{x_1}\partial_{x_2}(ax_1^2+bx_1x_2+cx_2^2)$ 　$(a,b,c \text{ は定数})$.

(3) $\partial_{x_k}\partial_{x_l}(\sum_{1\leq i\leq j\leq n} a_{ij}x_ix_j)$ 　$(k\leq l,\ n\geq 2,\ a_{ij} \text{ は定数})$.

1.3　x_1x_2z-空間に曲面 $z=|x|^2$ $(x=(x_1,x_2))$ がある．x_1x_2-平面において，ベクトル $(2,1)$ に平行で点 $(1,1)$ を通る直線上を点 P が移動しているとする．P から曲面までの高さについて，点 $(1,1)$ における（移動距離に対する）高さの変化率を求めよ．

1.4　$f(x_1,x_2)$ を x_1,x_2 の整式（多項式）とする．次の命題は正しいか（理由も述べよ）．$\partial_{x_1}\partial_{x_2}f(x_1,x_2)=0$ となる必要十分条件は，$f(x_1,x_2)$ が 1 次式（定数も含む）であることである.

第 2 章

合成関数と微分

　ある経路にそった山の勾配など，多変数の合成関数の微分で表せることは多い．この章では，多変数関数の独立変数部分に 1 変数関数（従属変数がベクトル値であるもの）が代入されているような合成関数について，微分がどのような形になるかを考える．さらに，独立変数部分に線型変換が代入された合成関数（1 次式の座標変換した場合）について考えてみたい．また，このような形の合成関数が偏微分方程式の解法に利用できることにも触れたい．

2.1　合成関数の微分

　$x_1 x_2$-平面を考え，各点（位置）を位置ベクトル $x = {}^t(x_1, x_2)$（列ベクトル）で表すことにする（(x_1, x_2) はそこでの座標でもある）．さらに $x_1 x_2$-平面内に曲線 $x = g(t)$ $\left(= {}^t(g_1(t), g_2(t)) \right)$ があるとする．すなわち，媒介変数 t を使って

$$\begin{cases} x_1 = g_1(t), \\ x_2 = g_2(t) \end{cases}$$

と表される曲線があるとする．今 t は時間であるとしておく．この曲線上を t の変化とともに点（P とする）が移動しており，P の座標は $(g_1(t), g_2(t))$ であるとする．

　$t = t^0$ におけるベクトル $g(t)$ の変化率（微分）

$$\frac{dg}{dt}(t^0) = \lim_{\varepsilon \to 0} \frac{1}{\varepsilon} \{ g(t^0 + \varepsilon) - g(t^0) \}$$

は[1]，点 $g(t^0)$ において曲線に接するベクトルであり，**速度ベクトル**とよばれる．このベクトルを成分表示すれば $\left(\frac{dg_1}{dt}(t^0), \frac{dg_2}{dt}(t^0) \right)$ である．速度ベクトルは，点 $g(t^0)$ において P の動きを直線で近似したとして，P の単位時間あたりの移動を表したものといえる．$\frac{dg}{dt}(t^0)$ の大きさ $\left(= \left| \frac{dg}{dt}(t^0) \right| \right)$ は単位時間あたりの移動距離を表していることになる（これを**速さ**とよぶ）．

---

[1] ベクトルの収束は，ベクトル $\frac{dg}{dt}(t^0)$ が存在して $\lim_{\varepsilon \to 0} \left| \frac{dg}{dt}(t^0) - \frac{1}{\varepsilon} \{ g(t^0 + \varepsilon) - g(t^0) \} \right| = 0$ であることを意味する．

3次元空間において，水平面（x_1x_2-平面）上に起伏のある曲面があるとし，各 $x = {}^t(x_1, x_2)$ における曲面までの高さは $h(x)$ であるとする（図参照）. 上記の点 P の動きに合わせて高さの変化をみることにしよう. $t = t^0$ においては，P は単位時間に（近似的に）$\frac{dg}{dt}(t^0)$ だけ移動するから，高さの変化率は，このベクトルの向きの方向微分に $\left|\frac{dg}{dt}(t^0)\right|$ をかけた[2]ものになるだろう. 式で表せば，$\left|\frac{dg}{dt}(t^0)\right|(D_\theta h)(g(t^0))$

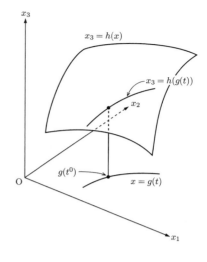

$\left(\theta = \left|\frac{dg}{dt}(t^0)\right|^{-1}\frac{dg}{dt}(t^0)\right)$ である. さらに，定理 1.1 より，$D_\theta h = \partial_x h \cdot \theta \left(= \left|\frac{dg}{dt}\right|^{-1}\partial_x h \cdot \frac{dg}{dt}\right)$ であるから，

上記の高さの変化率は $\partial_x h(g(t^0)) \cdot \frac{dg}{dt}(t^0)$ となる. 一方，曲線 $x = g(t)$ にそう高さの変化は $h(g(t))$ で表されている. したがって，t に関する高さの変化率は $\frac{d}{dt}\{h(g(t))\}$ でもある. 以上のことから次の式がなりたつはずである.

$$\frac{d}{dt}\{h(g(t^0))\} = \partial_x h(g(t^0)) \cdot \frac{dg}{dt}(t^0).$$

次の定理で示すように，この等式は，変数の個数がもっと多い合成関数に対してもなりたつものである.

定理 2.1　（実数値）関数 $f(x)$ $(x = (x_1, \cdots, x_n))$ に 1 変数の関数 $g(t)$ $\big(= (g_1(t), \cdots, g_n(t))\big)$ が代入された合成関数 $f(g(t))$ に対して次の等式がなりたつ.

$$\frac{d}{dt}\{f(g(t))\} = \partial_x f(g(t)) \cdot \frac{dg}{dt}(t).$$

ここで，$\partial_x f(g(t))$ は，$\partial_x f(x)|_{x=g(t)}$ $\big(= (\partial_x f)(g(t))\big)$ という意味である.

証明　第 1 章の定理 1.1 の証明と似た発想で証明する. まず，$a = (a_1, \cdots, a_n)$, $k = (k_1, \cdots, k_n)$ として，次の等式がなりたつことに注意しよう.

$$f(a + k) - f(a)$$
$$= f(a_1 + k_1, a_2 + k_2, \ldots, a_n + k_n) - f(a_1, a_2 + k_2, \ldots, a_n + k_n)$$
$$+ f(a_1, a_2 + k_2, a_3 + k_3, \ldots, a_n + k_n) - f(a_1, a_2, a_3 + k_3, \ldots, a_n + k_n)$$
$$+ \cdots$$
$$+ f(a_1, \ldots, a_{n-1}, a_n + k_n) - f(a_1, \ldots, a_{n-1}, a_n).$$

x_i のみを動かすことにして，1 変数関数に関する平均値の定理を使うと

---

[2] 方向微分 $D_\theta h$ の定義では θ を $|\theta| = 1$ としていたことに注意せよ

$$f(\cdots, a_i + k_i, \cdots) - f(\ldots, a_i, \cdots) = \partial_{x_i} f(\ldots, c_i, \cdots) k_i, \quad |c_i - a_i| \le |k_i|$$

となる c_i が存在する. ここで, $a_i = g_i(t)$, $k_i = g_i(t+h) - g_i(t)$ とすると

$$\frac{1}{h} \big\{ f(g(t+h)) - f(g(t)) \big\}$$

$$= \sum_{i=1}^{n} \partial_{x_i} f(g_1(t), \cdots, g_i(t) + c_i, g_{i+1}(t+h), \cdots, g_n(t+h)) \frac{g_i(t+h) - g_i(t)}{h}$$

が成立する. $h \to 0$ のとき $g_j(t+h) \to g_j(t)$ $(j = i+1, \ldots, n)$, $c_i \to a_i$, $\dfrac{g_i(t+h) - g_i(t)}{h} \to$

$\dfrac{dg_i}{dt}(t)$ となるから,

$$\lim_{h \to 0} \frac{1}{h} \big\{ f(g(t+h)) - f(g(t)) \big\} = \sum_{i=1}^{n} \partial_{x_i} f(g_1(t), \cdots, g_i(t), \cdots, g_n(t)) \frac{dg_i}{dt}(t)$$

が得られる. よって定理 2.1 が成立する.

（証明終り）

例題 2.1 $x_1 x_2 x_3$-空間内において, 水平面 ($x_1 x_2$-平面) に平面 P が交わっている. 水平面と P との交線は, 水平面内の直線 $x_1 + x_2 = -2$ であり, P は点 $(0, 0, 2)$ を通っているとする. 水平面内の円 $x_1^2 + x_2^2 = 1$ から P までの高さを考えたとき, 円上を点が移動するとして, 移動距離に対する高さの変化率 (の絶対値) が最大になるのはどのようなときか.

円 $x_1^2 + x_2^2 = 1$ は, 媒介変数を使って

$$\begin{cases} x_1 = \cos t, \\ x_2 = \sin t \end{cases}$$

で表される. この表示では, t に対する点 $(\cos t, \sin t)$ の移動について, 移動距離の t に対する変化率は常に 1 であることに注意しよう. P の方程式は $x_3 = x_1 + x_2 + 2$ であるから, 水平面の点 (x_1, x_2) から P までの高さ $f(x_1, x_2)$ は $f(x_1, x_2) = x_1 + x_2 + 2$ である. したがって, 点 $(\cos t, \sin t)$ から P までの高さは $f(\cos t, \sin t) = \cos t + \sin t + 2$ である. さらに, そこでの変化率は $\dfrac{d}{dt} f(\cos t, \sin t)$ で表される. ゆえに, $0 \le t \le 2\pi$ として $\big| \dfrac{d}{dt} f(\cos t, \sin t) \big|$ が最大になるときを求めるとよい. 定理 2.1 より $\dfrac{d}{dt} f(\cos t, \sin t) = -\sin t + \cos t$ である. この式は $\sqrt{2} \big(-\sin \dfrac{\pi}{4} \sin t + \cos \dfrac{\pi}{4} \cos t \big) = \sqrt{2} \cos(t + \dfrac{\pi}{4})$ と変形できる. したがって, $t = \dfrac{3}{4}\pi, \dfrac{7}{4}\pi$ のとき $\big| \dfrac{d}{dt} f(\cos t, \sin t) \big|$ は最大になる. 座標で言えば, 点 $(0, 1)$ および点 $(-1, 0)$ のときである.

（例題 2.1 の説明終り）

例題 2.2 関数 $u(x)$ $(x = (x_1, \cdots, x_n))$ が

$$(2.1) \qquad a_1 \partial_{x_1} u(x) + \cdots + a_n \partial_{x_n} u(x) = 0$$

をみたすとする．このとき，$u(x)$ は次の直線 l 上で一定であることを示せ[3]．

$$l = \{x \mid x = sa + b, \ s \in \mathbb{R}\} \quad (\mathbb{R} = (-\infty, \infty))$$

ここで，$a = (a_1, \cdots, a_n) \ (\neq 0)$ であり，$b = (b_1, \cdots, b_n)$ は任意の定ベクトルである．

$u(x)$ が l 上で一定である必要十分条件は，$\dfrac{d}{ds}\{u(sa+b)\} = 0$ である．定理 2.1 より

$$\frac{d}{ds}\{u(sa+b)\} = \sum_{i=1}^{n} \frac{\partial u}{\partial x_i}(sa+b)\frac{d}{ds}(sa_i+b_i) = \sum_{i=1}^{n} \frac{\partial u}{\partial x_i}(sa+b)a_i$$

である．$u(x)$ は (2.1) をみたしているから，上式は常に 0 となる．よって $u(x)$ は l 上で常に一定である．

（例題 2.2 の説明終り）

(2.1) は関数 $u(x)$ に対する方程式[4]の一種である．この式のように，偏微分の入った方程式を総称して**偏微分方程式**とよぶ．(2.1) はいろいろなところで現れる基本的な偏微分方程式の 1 つである．本書の第 12 章では，弦の振動現象の方程式

$$\partial_t^2 v(t,x) - \partial_x^2 v(t,x) = 0, \ (t,x) \in \mathbb{R} \times \mathbb{R} \quad （波動方程式）$$

を取り上げるが[5]，(2.1) はこの方程式と関係の深いものである．$\partial_t^2 v(t,x) - \partial_x^2 v(t,x) = 0$ は，$(\partial_t + \partial_x)(\partial_t v(t,x) - \partial_x v(t,x)) = 0$ と変形でき，$u(t,x) = (\partial_t v(t,x) - \partial_x v(t,x))$, $x_1 = t$, $x_2 = x$ と考えると，(2.1) のタイプの方程式が出てくる．そして，例題 2.2 にあるような性質が解の解析に非常に重要な役割をはたすのである（詳しくは，次節の例題 2.4 を参照）．

2.2 変数の線型変換と方向微分

本節では，関数の独立変数が線型変換されたとき，関数の方向微分がどのように書き換わるかを考えてみたい．これは，関数の勾配の書き換わりを調べることを意味する．さらに，その証明は前節の定理 2.1 に帰着される．

変数 $y \ (= {}^t(y_1, \cdots, y_n))$ から変数 $x \ (= {}^t(x_1, \cdots, x_m))$ への写像が線型関係になっているとき，この写像を線型変換とよぶ．すなわち，何か行列 A があって（A の i 行 j 列成分は a_{ij} であるとする），$x = Ay$ となっているときである．以後，線型変換よりもう少し一般的なアフィン変換を対象とする．**アフィン変換**とは，$x = Ay + b \ (b = {}^t(b_1, \cdots, b_m))$ となっているときをいう．成分で表せば，$x_i = \sum_{j=1}^{n} a_{ij}y_j + b_i \ (i = 1, \ldots, m)$ となっているときである．

行列 M に対して行と列を入れ換えた行列（つまり転置行列）を ${}^tM$ で表す．${}^tA$ の i 行 j 列

---

[3] l はベクトル a に平行な直線であり，(2.1) の左辺は a の向きの方向微分である（$|a| = 1$ のとき）．したがって，この方向微分が常に 0 ならば，l 上で $u(x)$ は一定であることは直感的には明らかなことである．この例題の意図は，それを厳密に証明してみよということである．

[4] 選択肢がいろいろあるものから特定のものを指定（制約）するものを一般に「方程式」という．

[5] $z = u(t,x)$ は，zx-平面において時刻 t おける弦の形を表す（詳しくは第 12 章第 1 節をみよ）．

成分は a_{ji} である. 関数 $f(x)$ の勾配 $\partial_x f(x)$（列ベクトル）に $x = Ay + b$ を代入したものを $(\partial_x f)(Ay + b)$ で表すことにする.

定理 2.2   合成関数 $f(Ay + b)$ に関して次の等式がなりたつ.

$$(2.2) \qquad \partial_y\{f(Ay + b)\} = {}^t A\,(\partial_x f)(Ay + b).$$

証明   (2.2) の両辺の各成分が一致することを示すとよい. つまり, $i = 1, \ldots, n$ について

$$(2.3) \qquad \partial_{y_i}\{f(Ay + b)\} = \sum_{k=1}^{m} a_{ki}(\partial_{x_k} f)(Ay + b)$$

を示すとよい. $Ay + b$（列ベクトル）の第 k 成分は $\sum_{j=1}^{m} a_{kj} y_j + b_k$ と表せるので, $f(Ay + b) = f\left(\sum_{j=1}^{n} a_{1j} y_j + b_1, \cdots, \sum_{j=1}^{n} a_{mj} y_j + b_m\right)$ である. また, 微分操作 ∂_{y_i} は, 変数 y_i のみを変化させて微分することを意味するから, $\partial_{y_i}\{f(Ay + b)\}$ について定理 2.1 が使える. したがって

$$\frac{\partial}{\partial y_i}\{f(Ay + b)\}$$
$$= \sum_{k=1}^{m}(\partial_{x_k} f)(Ay + b)\partial_{y_i}\left(\sum_{j=1}^{n} a_{kj} y_j + b_k\right) = \sum_{k=1}^{m}(\partial_{x_k} f)(Ay + b)a_{ki}$$

となる. したがって, (2.3) が成立する.

（証明終り）

例題 2.3 $x_1 x_2 x_3$-空間を一定の速度 v で移動している乗物があるとする. この乗物を基準とする座標系（位置ベクトル）を $\tilde{x} = {}^t(\tilde{x}_1, \tilde{x}_2, \tilde{x}_3)$ とし, もとの座標系を $x = {}^t(x_1, x_2, x_3)$ とする. 時間はどちらも共通で t であるとする. ${}^t(t, x_1, x_2, x_3)$ から ${}^t(t, \tilde{x}_1, \tilde{x}_2, \tilde{x}_3)$ への写像がアフィン変換であることを示し, その表示行列を求めよ. また, 今空間内を質点が移動しており, その t における位置ベクトルが $x = f(t)$ で表示されているとする. 乗物を基準としてこの質点をみたとき, その速度はどのように表されるか.

時刻 t における乗物の位置は, もとの座標系の位置ベクトルで表せば, $vt + b$ と表せる（b は $t = 0$ における乗物の位置）. したがって, もとの座標系で位置ベクトルが $x = {}^t(x_1, x_2, x_3)$ である位置を, 乗物を基準とする位置ベクトルで表したものを $\tilde{x}$ だとすると, $x = \tilde{x} + tv + b$ が成立している. すなわち, $\tilde{x} = x - tv - b$ ということであるから, 写像 ${}^t(t, x_1, x_2, x_3) \to {}^t(t, \tilde{x}_1, \tilde{x}_2, \tilde{x}_3)$ は線型変換である. 行列を使って表示すれば

$$\begin{pmatrix} t \\ \tilde{x}_1 \\ \tilde{x}_2 \\ \tilde{x}_3 \end{pmatrix} = \begin{pmatrix} 1 & 0 & 0 & 0 \\ -v_1 & 1 & 0 & 0 \\ -v_2 & 0 & 1 & 0 \\ -v_3 & 0 & 0 & 1 \end{pmatrix} \begin{pmatrix} t \\ \tilde{x}_1 \\ \tilde{x}_2 \\ \tilde{x}_3 \end{pmatrix} - \begin{pmatrix} 0 \\ b \end{pmatrix}$$

である.

　もとの座標系で位置ベクトルが $x = f(t)$ であれば, 乗物からみた位置ベクトルは $\tilde{x} = f(t) - vt - b$ である. この位置ベクトルを t で微分したものが, 乗物からみた質点の速度である. したがって, その速度は $\dfrac{df}{dt}(t) - v$ である.

(例題 2.3 の説明終り)

　例題 2.3 の座標系の変換を**ガリレイ変換**とよんでいる. この変換では時間 t は共通とした. これをそうでないと考えて (つまり時間も基準点 (観測者) に固有のものと考え), ある仮定をおいたものが特殊相対性理論である. この仮定について少し説明しておこう. 空間は 1 次元であり ($x, \tilde{x}$ が 1 次元), 観測者はもとの座標系からみて一定の速度 v で移動しているとする (v は光速 c より小さいとする). 観測者の時間を $\tilde{t}$ で表す. このとき, 観測者の時間 $\tilde{t}$ と位置ベクトル $\tilde{x}$ は, もとの座標系のもの t, x と

$$(2.4) \qquad \tilde{t} = k\left(t - \frac{v}{c^2}x\right), \quad \tilde{x} = k\,(x - vt) \qquad \left(k = \frac{1}{\sqrt{1 - \frac{v^2}{c^2}}}\right)$$

という関係にある[6] ($t = 0, x = 0$ のとき $\tilde{t} = 0, \tilde{x} = 0$ であるとする). ここで, c は光速である. 上式は, 線型変換の一種であり, **ローレンツ変換**とよばれている. 我々の日常感覚からすると, この変換は奇妙な感じがするが, このようになっているとする方が, ある現象の観測結果がよく説明できるのである. 我々の感覚は移動速度が光速に比べて非常小さいときの経験からつくられたものであり, 事実上 $\dfrac{v}{c} = 0$ としていいので, (2.4) はガリレイ変換になっている.

　前節の例題 2.2 で偏微分方程式 $a_1 \partial_{x_1} u(x) + \cdots + a_n \partial_{x_n} u(x) = f(x)$ を考えた (このときは $f(x) = 0$ であったが). $a = {}^t(a_1, \cdots, a_n)$ の大きさが 1 であれば, この方程式の意味は, $u(x)$ の方向微分 $D_a u(x)$ (a の向きの変化率) が与えられた $f(x)$ に一致するような $u(x)$ が存在するか (解の存在) あるいは, 存在するとすれば唯一つか (解の一意性) ということである. したがって, a の向きに変数 x を動かせば, 独立変数が 1 個のときの議論でこの $u(x)$ の存在が示せるだろうと思える. 実際, 次の例題で示す通り, このアイデアで解の存在と一意性を示すことができる.

　例題 2.4　空間 $\mathbb{R}^n_x$ ($x = {}^t(x_1 \cdots x_n)$) 内に $n-1$ 次元平面 S があり, ベクトル $a = {}^t(a_1, \cdots, a_n)$ は S に平行でないとする. S 上で定義された関数 $u_0(x')$ ($x' \in S$) が与えられているとする. 任意の $f(x)$ と $u_0(x')$ に対して, 次の方程式をみたす解 $u(x)$ がただ一つ存在することを示せ.

---

[6] 数学的に言えば, 一種の仮定である.

$$(2.5) \quad \begin{cases} a_1 \partial_{x_1} u(x) + \cdots + a_n \partial_{x_n} u(x) = f(x), \ x \in \mathbb{R}^n, \\ u(x') = u_0(x'), \ x' \in S. \end{cases}$$

S に平行で 1 次独立なベクトル $a^2, \cdots, a^n$ をとると，$a^1 (= a), a^2, \cdots, a^n$ は $x_1 \cdots x_n$-空間の基底になる．つまり，任意の x に対して $x = \sum_{i=1}^{n} y_i a^i + b$ となる $y = {}^t(y_1, \cdots, y_n)$ が唯一つ存在する．ここで，b は固定された S の一点（位置ベクトル）である．

$A = (a^1, a^2, \cdots, a^n)$ とおくと $x = Ay + b$ と書ける．$u(Ay + b), f(Ay + b)$ をそれぞれ $\tilde{u}(y), \tilde{f}(y)$ で表す．定理 2.2（あるいは (2.3)）より，$\partial_{y_1} \tilde{u}(y) \ \big(= a^1 \cdot (\partial_x u)(Ay + b) \big) = \sum_{i=1}^{n} a_i (\partial_{x_i} u)(Ay + b))$ となる．また，変換 $x \mapsto y$ により，S は $\mathbb{R}_y^n$ 内の平面 $y_1 = 0$ に移っている．$y' = (y_2, \cdots, y_n)$ とすると，$x' = A \, {}^t(0, y') - b$ となる．したがって，(2.5) を $\tilde{u}(y)$ に対する方程式に書き換えると

$$(2.6) \quad \begin{cases} \partial_{y_1} \tilde{u}(y_1, y') = \tilde{f}(y_1, y'), \ (y_1, y') \in \mathbb{R}^n, \\ \tilde{u}(0, y') = u_0(A \, {}^t(0, y') + b), \ y' \in \mathbb{R}_{y'}^{n-1}. \end{cases}$$

となる．

y' を固定して y_1 のみ動かすことで，方程式 (2.6) を 1 変数（$= y_1$）の微分方程式とみることができる．したがって，この解 $\tilde{u}(y_1, y')$ は $\tilde{u}(y_1, y') = \tilde{u}_0(y') + \int_0^{y_1} \tilde{f}(s, y') \, ds$ と書ける（つまり解は存在する）．しかも，解はこれに限られる．なぜなら，$\tilde{u}(y_1, y'), \tilde{v}(y_1, y')$ が共に (2.6) をみたしているとすると，$\tilde{u}(y_1, y') - \tilde{v}(y_1, y')$ は，$\tilde{f}(y) = 0, \tilde{u}_0(y') = 0$ としたときの (2.6) をみたしており，例題 2.1 よりすべての y_1 に対して常に $\tilde{u}(y_1, y') - \tilde{v}(y_1, y') = 0$ となるからである．ここで，変換 $y \mapsto x$ の逆変換（$y = A^{-1}(x - b)$）が存在することにより，どんな $\tilde{u}(y)$ であっても必ず $\tilde{u}(y) = u(Ax + b)$ となっている $u(x)$ が常に存在することに注意しよう．以上のことから，(2.5) の解 $u(x)$ は唯 1 つ存在し

$$(2.7) \quad u(ta + x') = u_0(x') + \int_0^t f(sa + x') \, ds$$

と表せる．

（例題 2.4 の説明終り）

(2.5) の解 $u(x)$ が存在して (2.7) と表せることを示すだけならば，上記のように変数変換を全面的に持ち出して考える必要はない（章末問題 2.4 を参照）．変数変換を強調する説明をしたのは，見通しのよさと今後の発展性を考えてのことである．(2.5) よりもっと一般的な方程式を考えるとき，変数変換に留意することは有用なのである（第 5 章の定理 5.3 を参照）．

1 階の偏微分方程式を調べることは，高階の方程式を解くことにもつながる．1 階偏微分方程式に関する例題 2.4 にある解の表示 (2.7) を使って，前節で触れた 2 階偏微分を含む波動方

程式を解くことができるのである。その例を次の例題 2.5 で示そう。

例題 2.5 次の方程式の解を具体的に表示せよ。

$$(2.8) \quad \begin{cases} \partial_t^2 v(x,t) - \partial_x^2 v(x,t) = 0, \ (x,t) \in \mathbb{R} \times \mathbb{R}, \quad \text{(波動方程式)} \\ v(x,0) = v_0(x), \quad \partial_t v(x,0) = 0, \quad x \in \mathbb{R}. \end{cases}$$

(ここでは、前節の波動方程式のときの変数表示 (t,x) を、順序を逆にして、(x,t) と書いている。)

$\partial_t^2 v(x,t) - \partial_x^2 v(x,t) = \partial_t(\partial_t v(x,t) - \partial_x v(x,t)) + \partial_x(\partial_t v(x,t) - \partial_x v(x,t))$ と書けることに注意して、$u(x,t) = (\partial_t v(x,t) - \partial_x v(x,t))$ とおくと、$u(x,t)$ に対する方程式は

$$(2.9) \quad \begin{cases} \partial_x u(x,t) + \partial_t u(x,t) = 0 \ (x,t) \in \mathbb{R} \times \mathbb{R}, \\ u(x,0) = \partial_x v_0(x), \ x \in \mathbb{R}. \end{cases}$$

となる。この方程式が解けた(つまり、$u(x,t)$ が得られた)として、$v(x,t)$ に対する方程式

$$(2.10) \quad \begin{cases} \partial_x v(x,t) - \partial_t v(x,t) = u(x,t), \ (x,t) \in \mathbb{R} \times \mathbb{R}, \\ v(x,0) = v_0(x), \ x \in \mathbb{R} \end{cases}$$

を解けばいいことになる。(2.9) も (2.10) も (2.6) と同じタイプの方程式である。したがって、例題 2.4 を繰り返し使って、(2.8) を解くことができる。

(2.10) を解いてみよう。(2.9) については読者に任せたい。(2.10) の (∂_x と ∂_t の) 係数 $1, -1$ を成分に持つベクトルを $a^1 \ (= {}^t(1,-1))$ とする。$a^2 = {}^t(1,1)$ とし、$A = (a^1, a^2)$ とおく。新しい変数 $y_1 = 2^{-1}(x-t), y_2 = 2^{-1}(x+t)$ を導入する。すなわち ${}^t(x,t) = y_1 a^1 + y_2 a^2 = Ay \ (y = {}^t(y_1,y_2))$。例題 2.4 で示したように、(2.10) を $\tilde{v}(y) = v(Ay)$ に対する方程式に書き換えると次のようになる。

$$(2.11) \quad \begin{cases} \partial_{y_1} \tilde{v}(y) = u(Ay), \ y \in \mathbb{R}^2, \\ \tilde{v}|_{A^{-1}S} = v_0(A^{-1}S). \end{cases}$$

ここで $S = \{(x,t)| \ t = 0\}$ であり、$A^{-1}S$ は S を A^{-1} で移したものである。xt-空間の点 $(x',0)$ は、$y_1 y_2$-空間の点 $(2^{-1}x', 2^{-1}x') \ (\in AS)$ に移っている。したがって、$y_2 = 2^{-1}x'$ のとき $(y_1, y_2) \in AS$ となるのは、$y_1 = 2^{-1}x'$ のときである。(2.11) を、y_1 のみを動かす方程式と考えると (y_2 を固定するごとに解くと)、$\tilde{v}|_{A^{-1}S} = v(A^{-1}S)$ は $\tilde{v}(y_1,y_2)|_{y_1=y_2} = v_0(2y_2)$ を意味する。以上のことから ($u(x,t)$ は既に得られているとして)

$$\tilde{v}(y_1,y_2) = v_0(2y_2) + \int_{y_2}^{y_1} u(s+y_2, -s+y_2) \, ds$$

が得られる。変数を (x,t) で表せば、次のようになる。

$$v(x,t) = v_0(x) + \int_{\frac{x+t}{2}}^{\frac{x-t}{2}} u(s+2^{-1}(x+t), -s+2^{-1}(x+t)) \, ds.$$

(例題 2.5 の説明終り)

——————————— 章末問題 ———————————

2.1 $x_1 x_2 x_3$-空間内に曲面がある．$x_1 x_2$-平面上の各点 $x \, (= (x_1, x_2))$ から曲面までの高さ（距離）$h(x)$ は

$$h(x) = \begin{cases} \cos \pi |x|^2 + 1 & (|x| \le 1), \\ 0 & (|x| > 1) \end{cases}$$

であるとする．$x_1 x_2$-平面における直線 $x_1 - x_2 = 1$ 上を，点 (x_1, x_2) が $0 \le x_1 \le 1$ の範囲を移動するとき，$h(x)$ の最大値を求めよ．

2.2 $x_1 x_2 x_3$-空間内において，点 $(0, 0, 2)$ を通りベクトル $(\sqrt{2}, \sqrt{2}, 2)$ に垂直な平面 P がある．水平面（$x_1 x_2$-平面）との共通部分が円 $x_1^2 + x_2^2 = 1$ であり，x_3-軸に平行であるような円筒で P を切った切り口（曲線）を l とする．円 $x_1^2 + x_2^2 = 1$ 上の点から l までの高さ（距離）の最大値を求めよ．さらに，この最大値をあたえる l 上の点を通る l の接線の方程式を求めよ．

2.3 (2.4) にあるローレンツ変換を行列を使って表示せよ．また，$\tilde{x}\tilde{t}$-空間において，$\tilde{x} < 0$ の向きに速さ $2^{-1} v$ で移動している質点は，xt-空間においてはどのような移動となるか．

2.4 例題 2.4 にある方程式 (2.5) を以下の手順で解こう．平面 S に平行で 1 次独立な列ベクトル $b^1, \cdots, b^{n-1}$ をとり，$B = (b^1, \cdots, b^{n-1})$ とおく．S 上の点 x^0 を固定し，S を $S = \{x \mid x = Bz + x^0, \, z \, (= {}^t(z_1, \ldots, z_{n-1})) \in \mathbb{R}^{n-1}\}$ で表す．次の問に答えよ．

(1) z を固定し，直線 $x = ta + Bz + x^0 \, (= q(t; z))$, $-\infty < t < \infty$ を考える．$u(x)$ が (2.5) をみたすならば，$u(q(t; z))$ は次の $\bar{u}(t, z)$ に等しいことを示せ．

$$\bar{u}(t, z) = u_0(Bz + x^0) + \int_0^t f(q(s; z)) \, ds.$$

(2) 写像: $(t, z) \mapsto x = q(t; z)$ の逆写像 $q^{-1}(x)$ が存在し，$\bar{u}(q^{-1}(x))$ が (2.5) の解であることを示せ．

第 3 章

線型近似

　本章では，関数や写像の線型近似について考えたい．線型近似とは，関数や写像を 1 次式で近似することをさしている．これは，図形的には，曲線や曲面を局所的に直線や平面で近似することを意味している．現象の変化を 1 次式で近似して，その近似を基にして現象を解析するということは非常によく使われる発想であり，現象解析の基本である．関数の微分というものも，関数の線型近似とみることもできる．この章では，このようなことに関する数学的基礎を説明したい．

　以下では（以後の章も含めて），特にことわらない限り，関数の値は実数であり，何階でも微分可能であって，関数および偏導関数はすべて連続であるとする．

3.1　関数の 1 次式近似

　関数 $f(x)$ $(x = (x_1, \cdots, x_n))$ を 1 次式で近似することを考えよう．このことを（関数の）**1 次式近似**あるいは**線型近似**とよんでいる．具体的に言えば，x が x^0 の近くを動くとき，1 次式 $a_1 x_1 + \cdots + a_n x_n + b$ が $f(x)$ の近似になっているようにベクトル $a = (a_1, \cdots, a_n)$ と定数 b を選ぶことについて考えてみたい．「近似になっている」とは

(3.1) $$|f(x) - (a \cdot x + b)| \leq C|x - x^0|^2 \quad (a \cdot x = a_1 x_1 + \cdots + a_n x_n)$$

となるような定数 C (> 0) がとれるという意味である[1].

> **例題 3.1**　$f(x) = |x|^2$ $(x = (x_1, x_2))$ を，$x^0 = (1,1)$ において近似する 1 次式を求めよ．さらに，x を $|x - x^0| \leq 2^{-1}$ の範囲で動かしたとき，(3.1) の定数 C は 1 に取れることを示せ．

　一般に，$R(x) = f(x) - (a \cdot x + b)$ が $|R(x)| \leq C|x - x^0|^2$ をみたすならば，$a = \partial_x f(x^0)$, $b = -\partial_x \cdot f(x^0)x^0 + f(x^0)$ つまり $a \cdot x + b = \partial_x f(x^0) \cdot (x - x^0) + f(x^0)$ でなければならない．なぜなら，$\lim_{x \to x^0} |R(x)| = 0$, $\lim_{x \to x^0} \dfrac{|R(x)|}{|x - x^0|} = 0$ となるので，$0 = f(x^0) - a \cdot x^0 - b$ および $\partial_{x_i} R(x^0) = \partial_{x_i} f(x^0) - a_i = 0$ が得られるからである．

---

[1] x が x^0 に近づいていくとき，$|x - x^0|^k$ は次数 k が大きいほど急激に 0 に近づいていくことに注意しよう．

今，$f(x) = x_1^2 + x_2^2$ であるので $f(x^0) = 2$, $\partial_x f(x^0) = (2,2)$ である．ゆえに，$R(x) = x_1^2 + x_2^2 - (2x_1 + 2x_2 - 2)$ $\left(= x_1^2 + x_2^2 - \{2(x_1 - 1) + 2(x_2 - 1) + 2\}\right) = |x - x^0|^2$ と書ける．よって，(3.1) の C は 1 にとれる．

（例題 3.1 の説明終り）

一般の関数 $f(x)$ に対して，次の定理にある通り，常に 1 次式近似ができる．

定理 3.1　x は $|x - x^0| \leq r\ (r > 0)$ の範囲にあるとする．x に依存しない定数 C が存在して，不等式 $|f(x) - (a \cdot x + b)| \leq C|x - x^0|^2$ （すなわち (3.1)）が成立する必要十分条件は

$$(3.2) \qquad\qquad a \cdot x + b = \partial_x f(x^0) \cdot (x - x^0) + f(x^0)$$

である．

証明　(3.1) が成立するならば (3.2) でなければならないことは，例題 3.1 の説明の中ですでに確認した．この逆を示そう．x を固定しておき，t の関数

$$g(t) = f(x^0 + t(x - x^0))$$

を導入する．この $g(t)$ に対して，1 変数のテーラー展開[2]を考えると

$$g(1) = g(0) + \frac{dg}{dt}(0) + \int_0^1 (1 - t)\frac{d^2 g}{dt^2}(t)\,dt$$

と書ける．$g(1) = f(x)$, $g(0) = f(x^0)$, $\frac{dg}{dt}(0) = \partial_x f(x^0) \cdot (x - x^0)$ であるので

$$f(x) - \{f(x^0) + \partial_x f(x^0) \cdot (x - x^0)\} = \int_0^1 (1 - t)\frac{d^2 g}{dt^2}(t)\,dt$$

となる．$\dfrac{d^2 g}{dt^2}(t) = \displaystyle\sum_{i,j=1}^n (\partial_{x_i}\partial_{x_j} f)(x^0 + t(x - x^0))(x_i - x_i^0)(x_j - x_j^0)$ であるので，t, x によらない $C\ (> 0)$ が存在して $\left| \displaystyle\int_0^1 (1 - t)\frac{d^2 g}{dt^2}(t)\,dt \right| \leq C|x - x^0|^2$ が成立する[3]．したがって，$\left| f(x) - \{f(x^0) + \partial_x f(x^0) \cdot (x - x^0)\} \right| \leq C|x - x^0|^2$ がなりたつ．

（証明終り）

例題 3.2　関数 $f(x_1, x_2) = \sin(a_1 x_1 + a_2 x_2)$ を $(x_1, x_2) = (0, 0)$ において 1 次式近似したとき，その 1 次式を求めよ．さらに，その誤差は $(|a_1| + |a_2|)^2 (x_1^2 + x_2^2)$ を超えないことを示せ．

---

[2] 例えば，「微分積分入門－現象解析の基礎－」(曽我日出夫著　学術図書出版社) の第 12 章ををみよ．

[3] C は，$C \geq \displaystyle\sum_{p,q=1}^n \max_{|y-y^0| \leq r} |\partial_{y_p}\partial_{y_q} f(y)|$ をみたす定数であればよい．$\displaystyle\max_{|y-y^0| \leq r} |\partial_{y_p}\partial_{y_q} f(y)| < +\infty$ であることは，「関数 $h(x)$ が $|x| \leq r$ において連続であれば $\displaystyle\max_{|x| \leq r} |h(x)|$ が有限値で存在する」ことからしたがう．

$\partial_{x_i} f(x_1, x_2) = a_i \cos(a_1 x_1 + a_2 x_2),\ (i = 1, 2)$ であるので，求める 1 次式は $a_1 x_1 + a_2 x_2$ である．誤差を $R(x_1, x_2)$ とすると，定理 3.1 の証明でみたように，

$$R(x_1, x_2) = \sum_{i,j=1}^{2} \int_0^1 (1 - t)\partial_{x_i} \partial_{x_j} f(tx_1, tx_2)\, dt\ x_i x_j$$

が成立する．$\partial_{x_i} \partial_{x_j} f(x_1, x_2) = -a_i a_j \sin(a_1 x_1 + a_2 x_2)$ であるので

$$|R(x_1, x_2)| \le \sum_{i,j=1}^{2} \int_0^1 |a_i||a_j|\, |\sin(a_1 t x_1 + a_2 t x_2)| dt |x_i||x_j| \le \sum_{i,j=1}^{2} |a_i||a_j||x_i||x_j|$$

が得られる．$\displaystyle\sum_{i,j=1}^{2} |a_i||a_j||x_i||x_j| \le \sum_{i,j=1}^{2} |a_i||a_j|(x_1^2 + x_2^2) = (|a_1| + |a_2|)^2 (x_1^2 + x_2^2)$ が成立するから，誤差 $|R(x_1, x_2)|$ は $(|a_1| + |a_2|)^2 (x_1^2 + x_2^2)$ を超えない．

（例題 3.2 の説明終り）

定理 3.1 は「x を x^0 の近くで動かしたとき，$f(x)$ の $f(x^0)$ からの変化量は 1 次式 $\partial_{x_1} f(x^0)(x_1 - x_1^0) + \cdots + \partial_{x_n} f(x^0)(x_n - x_n^0)$ で近似できる」ことを言っている．この近似の量はしばしば df と書かれ，**全微分**とよばれる．この近似部分での変数の変化量 $x_i - x_i^0$ を dx_i で表すと

$$(3.3) \qquad df = \partial_{x_1} f(x^0) dx_1 + \cdots + \partial_{x_n} f(x^0) dx_n$$

ということである．ここで，dx_i は，x_i を変数 x の 1 次式とみたときの全微分と解釈してもよいことに注意しよう．

上述の線型近似が図形的に何を言っているのか考えてみたい．$x = (x_1, x_2)$ として，3 次元空間（$x_1 x_2 z$-空間）において $f(x)$ のグラフすなわち曲面 $z = f(x)$ を考える（この曲面を G とおく）．x を x^0 から θ（$|\theta| = 1$）の方向に動かすとすると，x の動きは

$$(3.4) \qquad x = t\theta + x^0 \quad (-\infty < t < +\infty)$$

で表される．これは $x_1 x_2$-平面上の直線（$= l$）を表している．直線 l と点 $(x^0, f(x^0))$（$= \tilde{x}$）で与えられる平面で G を切ったとき，その切り口は $z = f(t\theta + x^0)$ で表される曲線である（図参照）．この曲線を点 $\tilde{x}$ において

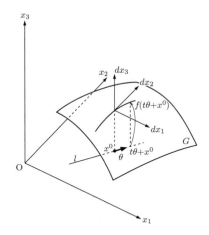

近似する直線，つまりそこでの接線は，$x = t\theta + x^0$ を $z = f(x^0) + \partial_x f(x^0)(x - x^0)$ （(3.2) を参照）に代入してえられる式 $z = \partial_x f(x^0) \cdot t\theta + f(x^0)$ で表される．この接線の（t に対する）傾きがちょうど方向微分 $D_\theta f(x^0)$ ということである．

次にこの θ をいろいろに選んだときの様子を考えてみよう．このとき，上述の接線の集まりは，点 $\tilde{x}$ $\big(= (x^0, f(x^0)) \big)$ で曲面 $z = f(x_1, x_2)$ に接する平面を構成することになる．点 $\tilde{x}$ を原点にもち各座標軸の向きが x_1, x_2, z と同じ座標系 $\tilde{x}_1, \tilde{x}_2, \tilde{z}$ をとると，この平面の方程式は $\tilde{z} = \partial_{x_1} f(x^0)\tilde{x}_1 + \partial_{x_2} f(x^0)\tilde{x}_2$ である．(3.3) の dx_1, dx_2, df は上図の $\tilde{x}_1, \tilde{x}_2, \tilde{z}$ と解釈できる．

例題 **3.3** 例題 3.1 にある関数 $f(x_1, x_2) = x_1{}^2 + x_2{}^2$ を考える. $\theta = \sqrt{5}^{-1}(1, 2)$ とし, $D_\theta f(1, 1)$ を求めよ. さらに, x-空間 ($x = (x_1, x_2, x_3)$) において, ベクトル $(\theta, D_\theta f(1, 1))$ に平行であって点 $(1, 1, 2)$ を通る曲面 $x_3 = f(x_1, x_2)$ の接線の方程式を座標 x_1, x_2, x_3 を使って表せ.

$\partial_{x_1} f(x_1, x_2) = 2x_1$, $\partial_{x_2} f(x_1, x_2) = 2x_2$ であるので, 定理 2.1 より,

$$D_\theta f(1, 1) = \frac{1}{\sqrt{5}}(1, 2) \cdot (2, 2) = \frac{6}{\sqrt{5}}$$

である. 求めたい接線の (位置) ベクトル方程式は

$$x = t\left(\frac{1}{\sqrt{5}}, \frac{2}{\sqrt{5}}, \frac{6}{\sqrt{5}}\right) + (1, 1, 2), \quad -\infty < t < \infty$$

である. 成分で表せば

$$(3.5) \quad \begin{cases} x_1 = \dfrac{1}{\sqrt{5}}t + 1, & (1) \\[2mm] x_2 = \dfrac{2}{\sqrt{5}}t + 1, & (2) \\[2mm] x_3 = \dfrac{6}{\sqrt{5}}t + 2 & (3) \end{cases}$$

である. t をいろいろに動かしたとき, これで表示し得る位置を成分 x_1, x_2, x_3 で表示したものが求める方程式である. (3.5) の $(1)(2)$ から t を消去して $2x_1 - x_2 = 1$ が得られる. $(2)(3)$ から $3x_2 - x_3 = 1$ が得られる. それぞれは $x_1 x_2 x_3$-空間の平面を表し, 両者の共通部分が (3.5) の直線になっている. したがって, 求める方程式は

$$2x_1 - x_2 = 1 \quad \text{かつ} \quad 3x_2 - x_3 = 1$$

である. (別の表示もあり得ることに注意しよう.)

(例題 3.3 の説明終り)

　上述の議論は, 何か関数が与えられていて, それを 1 次式で近似するというものであった. 近似の概念がこれとは全く違うもので, 1 次式を使ってある種の近似をすることがある. 現象の何かあることがいくつかの要素に還元できる, つまり幾種類かの数量が分かればあることが分かる (評価できる) と感じることは数多くある. しかも, その評価への正確なメカニズム (厳密な法則性) は分かりようがないように思われることはしばしばある.

　身近な例をあげてみよう. 今, 数学, 理科, 社会, 国語の試験があるとする. その点数をそれぞれ変数 x_1, x_2, x_3, x_4 で表す (満点は 100 点とする). これらの和 $x_1 + x_2 + x_3 + x_4$ を学力とみなして学力評価に使うことはよくあることである. しかし, この 1 次式で本当にいいのか, そもそも学力がこれらの試験の点数で正確に測れるのかというと, いろいろ疑問が生じる. けれども, 私たちは一応の目安が必要なのでこのような 1 次式を使うのである. あるいは, 数学と国語は重要と考え, $2x_1 + x_2 + x_3 + 2x_4$ を学力評価に使うこともあるだろう. さらに, 学

力の理系文系の偏りを表す指標として $(x_1 + x_2) - (x_3 + x_4)$ が利用できるかもしれない. これは, 厳密には分かりようのないものを, 何か一次式で近似していると言えるだろう.

もう少し数学的な設定で説明しておこう. 試験（観測）の種類が n 種あるとして, その結果を表す変数を $x_1, \ldots, x_n$ とする. さらに, 何か注目したい別の量 x_{n+1} があるとする. この x_{n+1} は $x_1, \ldots, x_n$ で決まる（支配されている）ような状況があるとしよう. このとき, 支配式は $a_1 x_1 + \cdots + a_n x_n$ であるとして, 観測結果から最も適切な $a_1, \ldots, a_n$ を決めて, その一次式を何かの評価や予測に使うのである. 上記の学力の例では, 無条件に $x_1 + \cdots + x_n$ にしてしまっていたのである.

自然の現象を例にあげて説明してみよう. 湖の透明度は, 水素イオン濃度（pH）, 容存酸素濃度（DO）, 浮遊物濃度（SS）で決まると思われる（と仮定する）. pH, DO, SS の値を表す変数をそれぞれ, x_1, x_2, x_3 とし, 透明度の変数を x_4 とする. 今, x_4 は x_1, x_2, x_3 の一次式

$$(3.6) \qquad x_4 = s_1 x_1 + s_2 x_2 + s_3 x_3$$

で決まると仮定する. 湖の 3 カ所で pH, DO, SS, 透明度を観測して, 変数 (x_1, x_2, x_3, x_4) について観測値 $(x_{11}, x_{12}, x_{13}, x_{24}), (x_{21}, x_{22}, x_{23}, x_{24}), (x_{31}, x_{32}, x_{33}, x_{34})$ が得られたとする. この観測結果を基に, (3.6) において最も適切と考えられる s_1, s_2, s_3 の数値を求めるのである. そして, その数値 $(|s_i|)$ の最も大きなものが透明度に主要な影響力を持っているなどの判断を下したりする.

このような分析法を**重回帰分析**とよんでいる[4]. 上述の「最も適切な s_1, s_2, s_3 の数値」を求めるための方法としては, **最小 2 乗法**とよばれる次のようなやり方がよく使われる. 観測地点 i の観測値 (x_{i1}, x_{i2}, x_{i3}) における (3.6) の一次式の値は $s_1 x_{i1} + s_2 x_{i2} + s_3 x_{i3}$ である. これと x_4 の観測値 x_{i4} との差の 2 乗を, $i = 1, 2, 3$ についてたしたもの $\displaystyle\sum_{i=1}^{3} |(s_1 x_{i1} + s_2 x_{i2} + s_3 x_{i3}) - x_{i4}|^2$ を考える. $s = (s_1, s_2, s_3)$ をいろいろに動かしたとき, この s の 2 次式が最小になるような s を最適とする. つまり,「ズレ」の 2 乗の総和が最小となるような s を最適と考える（2 次式などの最小点を求める問題については, 第 4 章の第 2 節で触れる）. ここで「2 乗」を使うのは計算のやりやすさからである.

3.2 写像の線型近似と接空間

前節では, 関数の線型近似を考えた. 本節では, m 次元空間から n 次元空間への写像に対する線型近似について考えてみたい. さらに, 変数変換による方向微分の変換などについて調べてみたい.

$y_1 \cdots y_m$-空間を $\mathbb{R}_y^m$ $(y = {}^t(y_1, \cdots, y_m))$ と書くことにする. $\mathbb{R}_y^m$ から $\mathbb{R}_x^n$ $(x = {}^t(x_1, \cdots, x_n))$ への写像 $x = h(y)$ $\left(= {}^t(h_1(y), \cdots, h_n(y)) \right)$ があるとする. これに対して次の定理が成立する.

---

[4] 詳しくは例えば,「多変量データ解析入門」杉山高一著（朝倉書店発行）,「多変量解析による環境統計学」石村貞男／劉晨著（共立発行）などを参照せよ.

定理 3.2 y は y^0 の近く $\{y|\ |y-y^0|\le r\}$ を動くものとする. このとき, y に依存しない定数 C が存在して

(3.7) $\qquad h(y)=h(y^0)+J(y^0)(y-y^0)+R(y),\quad |R(y)|\le C|y-y^0|^2$

が成立する. ここで $J(y)$ は次の $n \times m$-行列である.

(3.8) $\qquad J(y)=\dfrac{\partial h}{\partial y}(y)\ \left(=\partial_y h(y)\right)\ =\begin{pmatrix} \partial_{y_1}h_1(y) & \cdots & \partial_{y_m}h_1(y)\\ \partial_{y_1}h_2(y) & \cdots & \partial_{y_m}h_2(y)\\ \vdots & & \vdots\\ \partial_{y_1}h_n(y) & \cdots & \partial_{y_m}h_n(y)\end{pmatrix}.$

さらに, $|h(y)-\left(h(y^0)+K(y-y^0)\right)|\le C|y-y^0|^2$ が成立するような行列 K は $J(y^0)$ に限られる.

前節の定理 3.1 はこの定理の特別の場合 $n=1$ のときである. 上記の行列 $J(y)$ は**ヤコビ行列**とよばれている. (3.7) の $h(y^0)+J(y^0)(y-y^0)$ は第0章で扱ったアフィン変換である. 定理 3.2 は, ($\mathbb{R}^m_y$ から $\mathbb{R}^n_x$ への) 写像 $x=h(y)$ は各点で1次式 (アフィン変換) で近似できることを言っている. つまり, 写像の線型近似とはアフィン変換で近似することと言ってもよい.

注意 3.1 (3.7) の右辺は, スカラー値関数の平均値定理[5]のような形に書くこともできる. すなわち, 次のような (関数の) $n \times m$-行列 $\tilde{J}(y)$ が存在する (証明は読者にまかせたい).

(3.9) $\qquad h(y)=h(y^0)+\tilde{J}(y)(y-y^0),\quad \tilde{J}(y^0)=J(y^0).$

定理 3.3 関数 $f(x)$ に対して, $\tilde{f}(y)=f(h(y))$ とおく. このとき, 次の等式が成立する.

(3.10) $\qquad \partial_{y_i}\tilde{f}(y)=\sum_{j=1}^{n}\partial_{y_i}h_j(y)(\partial_{x_j}f)(h(y)),\quad i=1,\dots,m.$

ここで, $(\partial_{x_j}f)(h(y))=\partial_{x_j}f(x)|_{x=h(y)}$ である. ヤコビ行列 $J(y)$ を使うと, 上式は次のように書ける

$$\partial_y\tilde{f}(y)={}^tJ(y)\ (\partial_x f)(h(y)).$$

定理 3.3 の証明 $\partial_{y_i}\tilde{f}(y)$ は変数 y_i のみを動かして, $\tilde{f}(\cdots,y_i,\cdots)$ を微分したものである. したがって, 第2章の定理 2.1 において, t を y_i と考え, $g(t)$ を $h(\cdots,y_i,\cdots)$ に置き換えると, (3.10) は定理 2.1 そのものである. したがって, 定理 3.3 が得られる.

(証明終り)

定理 3.2 の証明 定理 3.1 の証明にある $g(t)$ のときと同様に考えて, $g_i(t)=h_i(y^0+t(y-y^0))$ に対して

---

[5] 例えば,「微分積分入門－現象解析の基礎－」(曽我日出夫著 学術図書出版社) の第11章の定理 11.1 をみよ.

$$h_i(y) - h_i(y^0) = \frac{dg_i}{dt}(0) + \int_0^1 (1-t)\frac{d^2 g_i}{dt^2}(t)\,dt$$

が成立する．さらに，$\dfrac{d^2 g_i}{dt^2}(t) = \displaystyle\sum_{p,q=1,\dots,m} (\partial_{y_p}\partial_{y_q}h_i)(y^0 + t(y-y^0))(y_p - y_p^0)(y_q - y_q^0)$ で

あるので，$\left| \displaystyle\int_0^1 (1-t)\frac{d^2 g_i}{dt^2}(t)\,dt \right| \le C_i |y - y^0|^2$ となる定数 C_i が存在する[6]．したがって，

$\left| h_i(y) - \left(h_i(y^0) + \displaystyle\sum_{j=1}^m \partial_{y_j} h_i(y^0) \right) \right| \le C_i |y - y^0|^2$ が成立する．よって (3.7) が得られる．

また，行列 K が $J(y^0)$ に限られることについては，定理 3.1 のときと同様にすれば証明ができる（証明は読者に任せたい）．

（証明終り）

定理 3.3 は，$h(y)$ が線型変換（アフィン変換）であれば，定理 2.2 と同じことを言っている．つまり，定理 2.2 において変換 $x = Ay + b$ が一般の写像 $x = h(y)$ になれば，A を $J(y)$ に置き換えればいいということである．

方向微分 $D_\theta f(x^0)$ において，x^0 を任意に固定して，関数 f をいろいろに変えることを考える．このとき，θ は $|\theta| = 1$ と限らないことにする．すなわち，$\theta\ (\ne 0)$ に対しても $D_\theta f(x^0) = \lim_{s \to 0} s^{-1}\{f(x^0 + s\theta) - f(x^0)\}$ を考え，$\theta = 0$ ときは，任意の f に対して $D_\theta f(x^0) = 0$ と定義する．写像：$f \mapsto D_\theta f(x^0)$ を D_θ で表すことにする．以下において，この D_θ の集合がどのような特徴をもっているかについて少し説明したい．この特徴を知っておくことは偏微分方程式などを調べる上で重要になる．

関数の集合から実数への写像である D_θ, D_ω の和 $D_\theta + D_\omega$，および実数 c と D_θ の積 cD_θ を

$$(D_\theta + D_\omega)f(x^0) = D_\theta f(x^0) + D_\omega f(x^0), \quad (cD_\theta)f(x^0) = c(D_\theta f(x^0))$$

で定義する．この定義により，D_θ の全体 T_{x^0} は（抽象的な）ベクトル空間になる（第 15 章（補章）の第 1 節を参照）．T_{x^0} における和と実数倍は，ベクトル空間 $\mathbb{R}_\theta^n$ におけるものとは次のような特別の関係がある．

$$(3.11) \qquad\qquad D_\theta + D_\omega = D_{\theta + \omega}, \quad c\,D_\theta = D_{c\theta}.$$

これは，第 1 章の定理 1.1 より容易に確かめられる．θ と D_θ を対応させたとき，上記の (3.11) は，この対応関係とたし算や実数倍とが交換可能であるということを意味している．すなわち，$\mathbb{R}_\theta^n$ で和や実数倍をとって T_{x^0} に移しても，$\mathbb{R}_\theta^n$ から T_{x^0} へ移してから和や実数倍をとっても同じものになるということである．さらに，定理 1.1 より $\partial_{x_1}, \cdots, \partial_{x_1}$ は T_{x^0} の基底になっている[7]ことも分かる．

上記の考察は x を固定しての話であるが，x の変数変換に対して，写像 D_θ はどのような変換を受けるかを考えてみよう．$x = h(y)\ (y = {}^t(y_1, \cdots, y_m))$ を $\mathbb{R}_y^m$ から $\mathbb{R}_x^n$ への変数変換とする．

---

[6] 前節の定理 3.1 の証明にある脚注 3) を参照せよ．

[7] 任意の $D\ (\in T_{x^0})$ に対して $D = c_1 \partial_{x_1} + \cdots + c_n \partial_{x_n}$ となる $c_1, \cdots, c_n$ が一意的に存在する．

例題 3.4 $x^0 = h(y^0)$ とする. $\mathbb{R}_y^m$ の方向微分 $\tilde{D}_\theta$ は, $x = h(y)$ によって, $\mathbb{R}_x^n$ の方向微分 $D_{J^0\theta}$ に変換されることを示せ. ここで, $J^0 = \partial_y h(y^0) = (\partial_{y_1} h(y^0), \cdots, \partial_{y_n} h(y^0))$ (y^0 における $h(y)$ のヤコビ行列) であり, $\mathbb{R}_y^m$ の方向微分には「〜」という記号を付けている.

例題 3.4 で言っていることは, $\mathbb{R}_x^n$ 上の関数 $f(x)$ に対して $\tilde{f}(y) = f(h(y))$ とおいたとき, $\tilde{D}_\theta \tilde{f}(y^0) = D_{J^0\theta} f(x^0)$ が成立するということである. ここで, $\tilde{f}(y)$ が先に与えられていて, それに対して $f(x)|_{x=h(y)} = \tilde{f}(y)$ となる $f(x)$ が必ず存在するかというと, その保証はないことに注意しよう. この保証を与えたければ, 例えば $m = n$ のとき $h(y)$ の逆写像があるとするとよい. 定理 1.1 により, $\tilde{D}_\theta \tilde{f}(y^0) = \theta \cdot \partial_y \tilde{f}(y^0)$, $D_{J^0\theta} f(x^0) = (J^0\theta) \cdot (\partial_x f)(x^0)$ が成立する. また, 定理 3.3 より, $\partial_y \tilde{f}(y^0) = {}^t J^0 (\partial_x f)(h(y^0))$ である. したがって

$$\tilde{D}_\theta \tilde{f}(y^0) = \theta \cdot \{{}^t J^0 (\partial_x f)(h(y^0))\} = (J^0 \theta) \cdot \partial_x f(h(y^0)) = (D_{J^0\theta} f)(x^0)$$

が得られる. これは, $x = h(y)$ により $\tilde{D}_\theta$ は $D_{J^0\theta}$ に変換されることを意味している.

(例題 3.4 の説明終り)

空間 $\mathbb{R}_y^m$ 内を点が移動しているとする. この点の軌跡を上述の写像 $x = h(y)$ で $\mathbb{R}_x^n$ へ移したとする. このとき, 軌跡に接するベクトルは, 例題 3.4 と同じ変換を受ける. このことを確かめておこう.

空間 $\mathbb{R}_y^m$ において, 「ベクトル v が y^0 における**接線ベクトル**である」とは, 何か曲線 $y = u(t)$ があって $y^0 = u(t^0)$, $v = \dfrac{du}{dt}(t^0)$ となっているときをいう. このベクトル v を点の移動の速度とみてもよい. 曲線 $y = u(t)$ を $x = h(y)$ で $\mathbb{R}_x^n$ へ移したとすると, 移った曲線は $x = h(u(t))$ で表される. したがって, ベクトル $\dfrac{d}{dt}\{h(u(t))\}\big|_{t=t^0}$ は $x^0 = u(t^0)$ における接線ベクトルになっている. この接線ベクトルに関する変換は例題 3.4 のものと同じものになる. なぜなら, 定理 2.1 より, 各 $h_i(u(t))$ に対して $\dfrac{d}{dt}\{h_i(u(t))\}\big|_{t=t^0} = J_i(y^0)\dfrac{du}{dt}(t^0)$ ($J_i(y^0)$ は $J(y^0)$ の第 i 行 $= {}^t \partial_y h_i(y^0)$) となるからである.

D_θ の集合 T_x は**接空間**, D_θ は**接ベクトル**と呼ばれることが多い. この「接」の由来は, 上で述べたように, 変数変換（座標変換）による D_θ の変換公式と接線ベクトルのものとが同じということにあると思われる. しかも, 接ベクトルという用語を使うとき, しばしば断りなしに, 接線ベクトルのように図形的なイメージがあるものとして使われたり, 同時にそういうイメージのない方向微分として使われたりするので注意する必要がある. 偏微分方程式の解析においては, 座標変換に対する微分の変換に注目することになるので, むしろ接ベクトルを方向微分の意味で解釈することが多い.

最後に, 抽象的な意味での接ベクトル（方向微分）に関連して, 偏微分方程式の解析で基礎となっていることを整理しておこう. 接空間は（抽象的な意味の）ベクトル空間である. ベクトル空間 V を考えるとき, しばしば V から実数 $\mathbb{R}$ （または複素数）への線型写像の集合が導

入される．この写像は特に1次形式とよばれ，その全体は「余」（あるいは「双対」）という接頭語をつけて呼び，V^* と書くことが多い．V^* はベクトル空間になる[8]．例えば，V が接空間（$=E$）であれば，余接空間とよばれ E^* と書く．

各接ベクトル $D_\theta = \theta_1 \partial_{x_1} + \cdots + \theta_n \partial_{x_n}$ に対して θ_i を対応させる1次形式を $\partial_{x_i}^*$ と書くと，$\partial_{x_1}^*, \cdots, \partial_{x_n}^*$ は余接空間の基底になっている．なぜなら，任意の余接ベクトル p^* ($\in E^*$) に対して $p^*(D_\theta) = \theta_1 p^*(\partial_{x_1}) + \cdots + \theta_n p^*(\partial_{x_n}) = p^*(\partial_{x_1})\partial_{x_1}^*(D_\theta) + \cdots + p^*(\partial_{x_n})\partial_{x_n}^*(D_\theta)$ がなりたつ，つまり，p^* が $\{\partial_{x_i}^*\}_{i=1,\ldots,n}$ の1次結合で表せるからである．上記の基底に対して $\partial_{x_i}^*(\partial_{x_j}) = \delta_{ij}$ が成立する．ここで，$\delta_{ij} = 0$ ($i \neq j$ のとき)，$= 1$ ($i = j$ のとき) であり，δ_{ij} はクロネッカーの記号とよばれる．2組の基底がこのような関係にあるとき，互いを双対基底とよぶ．

余接空間 E^* の定義だけをみていては具体的なイメージを感じないが，E^* を具体性のある集合と重ねる（同一視する）ことで，具体的なイメージを着けることができる．つまり，(3.3) にある全微分 df からつくられる以下の集合 $\bar{E}$ と集合 E^* とを同一視するのである．関数 $f(x)$ に対して次のような写像 $\bar{d}f$ を考える．x^0 における任意の接ベクトル D_θ に対して $\bar{d}f(D_\theta) = D_\theta f(x^0)$ と定義する．

写像 $\bar{d}f$ は接空間 E 上の1次形式になっている．この $\bar{d}f$ は (3.3) の df と同じものとも思えるが，厳密には少し違ったものである．(3.3) の df は関数 $f(x)$ の x^0 における近似1次式を表しており，集合 E から $\mathbb{R}$ への写像を意識している訳ではない．$\bar{d}f$ と書くときは，$\bar{d}f$ を集合 E から $\mathbb{R}$ への写像として定義している．また，$f(x) \neq g(x)$ であっても $\partial_x f(x^0) = \partial_x g(x^0)$ ならば，$\bar{d}f$ と $\bar{d}g$ は E 上の写像として同じものである．したがって，$\bar{d}f$ と $\bar{d}g$ とは同一のものとみている．

$y = y^0$ の周辺で変数変換（座標変換）$x = h(y)$ が定義されているとする．これにより，y-空間の接ベクトル $\tilde{D}_\theta$ ($\in \tilde{T}_{y^0}$) は x-空間の接ベクトル $D_{J^0\theta}$ ($\in T_{x^0}$) に移される（例題 3.4 を参照）．ここで，$\tilde{T}_{y^0}$ は y^0 における接空間を，T_{x^0} は x^0 における接空間を表し，y-空間の接ベクトルには $\tilde{D}_\theta$ のように D の上に~をつけている．$\tilde{T}_{y^0}$ から T_{x^0} への写像 $\tilde{D}_\theta \mapsto D_{J^0\theta}$ を J で表すことにする．

この J に付随して，任意の $f(x)$ に対して $J^*(\bar{d}f) = \bar{d}\tilde{f}$ となるような余接空間 $T_{x^0}^*$ から余接空間 $\tilde{T}_{y^0}^*$ への写像 J^* が導入されることが多い．ここで，$f(x)$ に対する $\bar{d}f$ も，$\tilde{f}(y)$ ($= f(h(y))$) に対する $\bar{d}\tilde{f}$ も同じ記号 $\bar{d}$ を使っている．この J^* がどのようなものかもう少し詳しく調べてみよう．一般に，ベクトル空間からベクトル空間への線型写像があり，それぞれの空間に基底が与えられているとすると，各ベクトルを基底の成分表示することによって，この線型写像は行列で表すことができる．J のときは，$\tilde{T}_{y^0}$, T_{x^0} の基底をそれぞれ $\{\partial_{y_i}\}_{i=1,\ldots,n}$, $\{\partial_{x_i}\}_{i=1,\ldots,n}$ にとり，この J を行列で表示したものが J^0 ($= (\partial_{y_1}h(y^0), \cdots, \partial_{y_n}h(y^0))$) であったのである．$\{\bar{d}x_i\}_{i=1,\ldots,n}$, $\{\bar{d}y_j\}_{j=1,\ldots,n}$ はそれぞれ，$T_{x^0}^*$, $\tilde{T}_{y^0}^*$ の基底であり，$\{\partial_{x_i}\}_{i=1,\ldots,n}$, $\{\partial_{y_j}\}_{j=1,\ldots,n}$

---

[8] a^*, b^* ($\in V^*$) の和 $a^* + b^*$，実数 c と a^* の積 ca^* は，$(a^* + b^*)(x) = a^*(x) + b^*(x)$, $(ca^*)(x) = c(a^*(x))$, $x \in V$ で定義する．

の双対基底になっている. 基底 $\{\bar{d}x_i\}_{i=1,\dots,n}$, $\{\bar{d}y_j\}_{j=1,\dots,n}$ で $T_{x^0}^*$, $\tilde{T}_{y^0}^*$ の元を成分表示したとき, J^* によりそれらの成分の列ベクトル同士の変換（行列）が定まる. この行列が何になるか調べてみよう. $J^*(\bar{d}f) = \bar{d}\tilde{f}$ において $f(x) = x_i$ とおくことで, $J^*(\bar{d}x_i) = \bar{d}\tilde{x}_i = \left(\sum_{j=1}^{n} \partial_{y_j} h_i(y^0)\right)\bar{d}y_j$ が得られる. したがって, $T_{x^0}^*$ の任意の元 $\sum_{i=1}^{n} \omega_i \bar{d}x_i$ に対して $J^*\left(\sum_{i=1}^{n} \omega_i \bar{d}x_i\right) = \sum_{i=1}^{n} \omega_i J^*(\bar{d}x_i) = \sum_{j=1}^{n} \left(\sum_{i=1}^{n} \omega_i \partial_{y_j} h_i(y^0)\right)\bar{d}y_j$ が成立する. すなわち, $J^*\left(\sum_{i=1}^{n} \omega_i \bar{d}x_i\right) = \sum_{j=1}^{n} \theta_j \bar{d}y_j$ であるとすると, この成分表示間の変換は

$$\begin{pmatrix} \theta_1 \\ \vdots \\ \theta_n \end{pmatrix} = \begin{pmatrix} \partial_{y_1} h_1(y^0) & \cdots & \partial_{y_1} h_n(y^0) \\ \vdots & & \vdots \\ \partial_{y_n} h_1(y^0) & \cdots & \partial_{y_n} h_n(y^0) \end{pmatrix} \begin{pmatrix} \omega_1 \\ \vdots \\ \omega_n \end{pmatrix}$$

となる. 上記の行列は, ヤコビ行列の転置行列 ${}^t J^0 = (\partial_y h_1(y^0), \cdots, \partial_y h_n(y^0))$ である. 以上のことから, J の表現行列は J^0 であり, J^* の表現行列は ${}^t J^0$ であるということになる.

偏微分方程式の理論では, $f(x)$ の近似1次式という意味で df が使われるよりも, 上述の意味の $\bar{d}f$ が使われることが多い. このこともあって, 普通 $\bar{d}f$ と df を区別しないで同じ記号 df で書くことが多い. 本書でも以後では $\bar{d}f$ と df を区別しないで, どちらの場合も df を使うことにする.

———————————————— 章末問題 ————————————————

3.1 $f(x) = e^{|x|}$ $(x = (x_1, x_2) \neq 0)$ を $a = (1,1)$ において1次式近似したとき, その1次式を求めよ. さらに, $|x - a| \le 200^{-1}$ のとき, 誤差は $10^{-1}|x - a|$ 以下になるかどうか調べよ.

3.2 $x_1 x_2 x_3$-空間内にある2次元曲面 S について次の問 (1), (2) に答えよ.

(1) S が, 原点に中心があり半径が1である球面のとき, 点 $(\frac{1}{\sqrt{3}}, \frac{1}{\sqrt{3}}, \frac{1}{\sqrt{3}})$ において S に接する平面の方程式を x_1, x_2, x_3 を使って表せ.

(2) S が楕円曲面 $\frac{x_1^2}{3} + \frac{x_2^2}{12} + \frac{x_3^2}{27} = 1$ のとき, S 上の点 $(1,2,3)$ において S に垂直[9]で大きさ1のベクトルを成分で表せ.

3.3 $x_1 x_2$-平面において極座標 (r, ω) を導入する. すなわち

$$x_1 = r\cos\omega, \quad x_2 = r\sin\omega \quad (r > 0, -\pi < \omega \le \pi)$$

とする. 写像 ${}^t(r, \omega) \mapsto x$ を $x = h(r, \omega)$ で表す $(x = {}^t(x_1, x_2), h = {}^t(h_1, h_2))$.

(1) ${}^t(r, \omega) = {}^t(r^0, \omega^0)$ における $h(r, \omega)$ のヤコビ行列を求めよ.

(2) （$x_1 x_2$-空間において）中心が原点にある円上で常に関数 $u(x)$ の値が一定であることを, $\tilde{u}(r, \omega)$ $(= u(h(r, \omega)))$ に対する偏微分方程式で表すとどのような方程式になるか.

———

[9] 点 $(1,2,3)$ における任意の接ベクトルに垂直, すなわち接平面に垂直という意味.

(3) 上記の偏微分方程式を変数 x_1, x_2 で表す（$u(x)$ に対する方程式にする）と，どのような方程式になるか．

3.4 空間 $\mathbb{R}^n_x$ $\left(x = {}^t(x_1, \cdots, x_n)\right)$ において，$x = 0$ における余接空間を T^* で表す．$e^i = {}^t(e^i_1, \cdots, e^i_n)$, $i = 1, \ldots, n$ を $\mathbb{R}^n$ の正規直交基底，すなわち $e^i \cdot e^j = \delta_{ij}$ をみたすとする．次の問に答えよ．

(1) $g_i(x) = x \cdot e^i$, $i = 1, \ldots, n$ とすると，dg_i, $i = 1, \ldots, n$ は T^* の基底になることを示せ．

(2) 余接ベクトル $\displaystyle\sum_{i=1}^n \theta_i dx_i$ を，$\{dg_i\}_{i=1,\ldots,n}$ で表示したときの成分を $\omega = {}^t(\omega_1, \cdots, \omega_n)$ とする．変換：$\theta \mapsto \omega$ を表す行列 $\tilde{J}$ を求めよ．

第 4 章

関数の n 次式近似

1 変数の関数は n 次式で近似できた．そのことはいろいろな公式や定理の証明に役立った．多変数の関数に対しても同じような近似ができ，さまざまな証明に利用できる[1]．また，関数の値を具体的に算出するには，結局は近似した n 次式の値を計算することになる．この章では，多変数関数に関する n 次式近似について考えたい．さらに，2 次式の近似については詳しく調べてみる．2 次まで近似することで，関数の線型近似では表せない状態が表せる．このことは，多変数関数の（局所的な）最大最小問題の考察に使える．既に述べた通り，本章では関数は実数の値をとる連続関数であり，何階でも微分可能で各偏導関数は連続であるとする．

4.1 テイラーの展開定理

まず，この節で，任意の関数が，任意の次数 m に対して m 次式で近似できること（テイラーの展開定理）を証明しよう．この証明は結局 1 変数の場合に帰着できるのだが，変数の個数が複数になることで，1 変数のときにない複雑さが出てくる．したがって，議論の中で記述をみやすくする工夫は大切なことになる．

第 1 章で確認したように（例題 1.2 の説明を参照），多変数 $x \, (= (x_1, \cdots, x_n))$ の m 次式（m 次多項式）とは次の形をした式のことである．

$$a_0 + \sum_{\alpha=1}^{n} a_\alpha x_\alpha + \sum_{\alpha_1 + \cdots + \alpha_n = 2} a_{\alpha_1 \cdots \alpha_n} x_1^{\alpha_1} \cdots x_n^{\alpha_n} + \cdots + \sum_{\alpha_1 + \cdots + \alpha_n = m} a_{\alpha_1 \cdots \alpha_n} x_1^{\alpha_1} \cdots x_n^{\alpha_n}.$$

さらに記述を簡略にして次のように書くことも多い．

$$(4.1) \qquad \sum_{|\alpha| \le m} a_\alpha x^\alpha \qquad \left(\alpha = (\alpha_1, \cdots, \alpha_n), \ |\alpha| = \sum_{i=1}^{n} \alpha_i, \ x^\alpha = x_1^{\alpha_1} \cdots x_n^{\alpha_n}, \ \alpha_i \ge 0 \right).$$

このように記述するのは，1 変数のときに似たイメージを持つようにしたいからである．

関数 $f(x)$ は，任意の $a \, (= (a_1, \cdots, a_n))$ において，$f_m(x) = \sum_{|\alpha| \le m} c_\alpha (x - a)^\alpha$ という形の m 次式で近似できる．「近似」という意味は，変数 x が $|x - a| \le r \ (r > 0)$ の範囲で動くとき，次の不等式が成立するということである．

---

[1] 例えば，本書では，第 1 章の定理 1.2 の証明，第 6 章の定理 6.1 の証明などをみよ．

$$|f(x) - f_m(x)| \le C|x-a|^{m+1}.$$

ここで，C は a と r によるかもしれないが，x にはよらない正の定数である．このような近似の m 次式は必ず存在し，各係数は $f(x)$ の偏微分を使って表せる．このことはテイラーの展開定理とよばれている．

1変数関数 $g(s)$ に関するテイラーの展開定理は

$$(4.2) \quad g(s) = g(\tilde{s}) + \frac{1}{1!}\frac{dg}{ds}(\tilde{s})(s-\tilde{s}) + \cdots + \frac{1}{m!}\frac{d^m g}{ds^m}(\tilde{s})(s-\tilde{s}) + Q_m(s),$$

$$Q_m(s) = \int_{\tilde{s}}^{s} \frac{(s-t)^m}{m!}\frac{d^{m+1}g}{ds^{m+1}}(t)\,dt$$

であった．多変数 x の関数 $f(x)$ に対しては，この定理は次のようなものになる．

テイラーの展開定理

定理 4.1 $a = (a_1, \cdots, a_n)$ とし，変数 x は $|x-a| \le r \ (r>0)$ の範囲を動くものとする．このとき，次の等式 (4.3) と不等式 (4.4) がなりたつ．

$$
\begin{aligned}
f(x) = {}& f(a) + \partial_x f(a) \cdot (x-a) \\
& + \sum_{\alpha_1+\cdots+\alpha_n=2} \frac{1}{\alpha_1!\cdots\alpha_n!}\partial_{x_1}^{\alpha_1}\cdots\partial_{x_n}^{\alpha_n}f(a)(x_1-a_1)^{\alpha_1}\cdots(x_n-a_n)^{\alpha_n} + \cdots \\
& + \sum_{\alpha_1+\cdots+\alpha_n=m} \frac{1}{\alpha_1!\cdots\alpha_n!}\partial_{x_1}^{\alpha_1}\cdots\partial_{x_n}^{\alpha_n}f(a)(x_1-a_1)^{\alpha_1}\cdots(x_n-a_n)^{\alpha_n} + R_m(x),
\end{aligned}
$$

(4.3)

$$R_m(x) = \int_0^1 \frac{(1-s)^m}{m!}\frac{d^{m+1}}{ds^{m+1}}f(a+s(x-a))\,ds.$$

さらに，x によらない正の定数 C がとれて，$R_m(x)$（**剰余項**とよぶ）は次の不等式をみたす．

(4.4)
$$|R_m(x)| \le C|x-a|^{m+1}.$$

(4.3) の右辺のうち $R_m(x)$ を除いた部分を，a における $f(x)$ の（m 次の）**テイラー展開**とよぶ．

注意 4.1 $\alpha = (\alpha_1, \cdots, \alpha_n)$ に対して $\alpha! = \alpha_1!\cdots\alpha_n!$ と書き (4.1) の表記を使えば，(4.3) は次のように簡単になり，1変数のときと似た記述になる．

$$f(x) = f(a) + \sum_{1 \le |\alpha| \le m} \frac{1}{\alpha!}\partial_x^\alpha f(a)(x-a)^\alpha + R_m(x).$$

注意 4.2 テイラー展開は一意的である．すなわち，m 次式が

$$f(x) = f(a) + \sum_{1 \le |\alpha| \le m} c_\alpha (x-a)^\alpha + \tilde{R}_m(x), \quad |\tilde{R}_m(x)| \le C|x-a|^{m+1}$$

をみたすならば，各係数 c_α は

$$c_\alpha = \frac{1}{\alpha!}\partial_x^\alpha f(a)$$

でなければならない．（証明については読者に任せたい．第 3 章の例題 3.1 の説明および定理 3.1 の証明を参考にせよ．）

定理 4.1 の証明　$g(s) = f(a + s(x - a))$ とおき，$g(1) = f(x)$, $g(0) = f(a)$ となることに留意して，1 変数のテイラーの展開定理 (4.2) を使って証明する．合成関数の微分の公式（第 2 章の定理 2.1）より，

$$\frac{dg}{ds}(s) = \sum_{i=1}^{n}(\partial_{x_i}f)(a + s(x - a))(x_i - a_i) \ \big(= (\partial_x f)(a + s(x - a))\cdot(x - a)\big)$$

$$\cdots$$

$$(4.5)\qquad \frac{d^k g}{ds^k}(s) = \sum_{i_k=1}^{n}\cdots\sum_{i_2=1}^{n}\sum_{i_1=1}^{n}\Big(\partial_{x_{i_k}}\big(\cdots(\partial_{x_{i_2}}(\partial_{x_{i_1}}f))\big)\Big)(a + s(x - a))$$

$$(x_{i_k} - a_{i_k})(x_{i_{k-1}} - a_{i_{k-1}})\cdots(x_{i_1} - a_{i_1}) \quad \Big(\sum_{j=1}^{k} i_j = k\Big)$$

である．偏微分の操作は順序が交換できるから（第 1 章の定理 1.2 を参照），上式の右辺は

$$\sum_{\alpha_1+\cdots+\alpha_n=k}\frac{k!}{\alpha_1!\cdots\alpha_n!}(\partial_{x_1}^{\alpha_1}\cdots\partial_{x_n}^{\alpha_n}f)(a + s(x - a))(x_1 - a_1)^{\alpha_1}\cdots(x_n - a_n)^{\alpha_n}$$

に等しいことが分かる（証明は読者に任せたい）．したがって，(4.2) を使って

$$g(1) = g(0) + \partial_x f(a)\cdot(x - a) + \cdots$$

$$+ \sum_{\alpha_1+\cdots+\alpha_n=m}\frac{1}{\alpha_1!\cdots\alpha_n!}\partial_{x_1}^{\alpha_1}\cdots\partial_{x_n}^{\alpha_n}f(a)(x_1 - a_1)^{\alpha_1}\cdots(x_n - a_n)^{\alpha_n}$$

$$+ \int_0^1 \frac{(1-s)^m}{m!}\frac{d^{m+1}g}{ds^{m+1}}(s)\,ds$$

が得られる．したがって (4.3) がなりたつ．

さらに，(4.5) より

$$\int_0^1 \frac{(1-s)^m}{m!}\frac{d^{m+1}g}{ds^{m+1}}(s)\,ds \le \frac{1}{m!}\sum_{\alpha_1+\cdots+\alpha_n=m+1}\max_{|y-a|\le r}\Big|\partial_{x_1}^{\alpha_1}\cdots\partial_{x_n}^{\alpha_n}f(y)\Big||x - a|^{m+1}$$

となる[2]ので (4.4) も成立する．

（証明終り）

例題 4.1　次の関数について $x = 0$ における 2 次のテイラー展開を求めよ．

$$f(x) = \sin|x|^2 \quad (x = (x_1, \cdots, x_n))$$

記号 δ_{ij} を，$\delta_{ii} = 1$, $i \ne j$ のとき $\delta_{ij} = 0$ と定義すると

---

[2] 一般に関数 $g(y)$ が $|y - a| \le r$ で連続ならば $\max\limits_{|y-a|\le r}|g(y)|$ は有限値で存在することが知られている．

$$\partial_{x_i} f(x) = (\cos |x|^2)(2x_i),$$

$$\partial_{x_i}\partial_{x_j} f(x) = (-\sin |x|^2)(2x_i)(2x_j) + (\cos |x|^2)2\delta_{ij}.$$

となる．したがって，定理 4.1 より，次のことが得られる．

$$f(x) = 2|x|^2 + R(x), \quad |R(x)| \le C|x|^3.$$

（例題 4.1 の説明終り）

例題 4.2　$f(x) = \cos x_1 + x_2^2$ $(x = (x_1, x_2))$ を，$x = 0$ の近くにおいて $|x|^3$ 以下の誤差で近似したい．何次のテイラー展開を使うとよいか．また，その展開式を求めよ．

$\partial_{x_1} f(x) = -\sin x_1$, $\partial_{x_2} f(x) = 2x_2$, $\partial_{x_1}^2 f(x) = -\cos x_1$, $\partial_{x_1}\partial_{x_2} f(x) = 0$, $\partial_{x_2}^2 f(x) = 2$, $\partial_{x_1}^3 f(x) = \sin x_1$, $\partial_{x_1}^2\partial_{x_2} f(x) = \partial_{x_1}\partial_{x_2}^2 f(x) = 0$ であるので，定理 4.1 より，次の式が得られる．

$$f(x) = 1 - \frac{1}{2}x_1^2 + x_2^2 + \int_0^1 \frac{1-s}{2}\sin(x_1 s)\, ds\ x_1^3.$$

さらに，$\left| \int_0^1 \frac{1-s}{2}\sin(x_1 s)\, ds\ x_1^3 \right| \le |x|^3$ である．したがって，2 次のテイラー展開式 $1 - \frac{1}{2}x_1^2 + x_2^2$ を使うとよい．1 次のテイラー展開式は 1 であるので $(\partial_x f(0) = 0)$，1 次以下のテイラー展開では要求されている誤差の条件をみたさない．

（例題 4.2 の説明終り）

4.2　関数の 2 次式近似

$\partial_x f(a) \ne 0$ のときは，$(x = a$ の近くの$)$ $f(x)$ の様子は 1 次式で近似できる．そのことについては第 3 章でいろいろ考察した．$\partial_x f(a) = 0$ のときは，$f(x)$ を 2 次式で近似すれば $f(x)$ の情報が現れてくるだろう．つまり，前節の定理 4.1 にあるテイラー展開を 2 次まで考えると，線型近似のときにはない情報が得られるであろうということである．このことが有用になる具体例として，関数の最大最小問題がある．また，後で証明することだが，$f(x)$ が $x = a$ で最大あるいは最小になっているならば，$\partial_x f(a) = 0$ となっていることに注意しよう．以下において，上記のことを頭に置きながら「2 次式近似」について詳しく考えてみたい．

今変数 x が 2 次元 $(x = {}^t(x_1, x_2))$ のときを考えてみよう．このとき，2 次同次式（定数や 1 次式を含まない 2 次式）は一般に $\alpha_1 x_1^2 + \beta x_1 x_2 + \alpha_2 x_2^2$ と書ける．これは，新しい変数 $y = {}^t(y_1, y_2)$ を導入すること（変数変換）により，$s_1 y_1^2 + s_2 y_2^2$ という形に書き換えられる．なぜなら，$\alpha_1 x_1^2 + \beta x_1 x_2 + \alpha_2 x_2^2 = \alpha_1(x_1 + \frac{\beta}{2\alpha_1}x_2)^2 + (\alpha_2 - \frac{\beta^2}{4\alpha_1})x_2^2$ となるからである $(y_1 = x_1 + \frac{\beta}{2\alpha_1}x_2,\ y_2 = x_2$ とするとよい$)$．

$s_1 \ne 0$ かつ $s_2 \ne 0$ のとき，$s_1 y_1^2 + s_2 y_2^2$ のグラフ（空間 $\mathbb{R}^3_{(y,z)}$ における曲面 $z = s_1 y_1^2 + s_2 y_2^2$）は，3 つの場合

(1) s_1, s_2 が共に正　　(2) s_1, s_2 が共に負　　(3) s_1, s_2 が異符号

に応じて特徴的な形をしている.

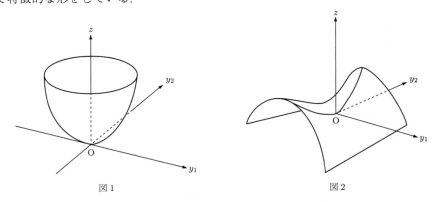

図 1　　　　　　　　　　　　　　　図 2

(1) の場合は（上に開いた）**楕円放物面**（図 1 参照）, (2) の場合は（下に開いた）楕円放物面, (3) の場合は**双曲放物面**（図 2 参照）とよばれている. (3) のとき, 点 $y = 0$ を**鞍点**（あんてん）とよんでいる. ここで, $y_1 y_2$-平面に平行な平面でグラフを切ったときの切り口（曲線 $s_1 y_1^2 + s_2 y_2^2 = c$）は, (1) (2) のときは楕円に, (3) のときは双曲線になっていることに注意しよう. また, (1) のとき関数は原点で最小に, (2) のときは最大に, (3) のときは最小でも最大でもないことになっている.

　変数 x が 2 次元のとき, 2 次式は上記のように 3 種類に分類される. したがって, $\partial_x f(a) = 0$ となる a の近くでは, $f(x)$ の局所的な様子がこの 3 種類に対応した形で分類される. 変数 x が一般次元のとき（$x = {}^t(x_1, \cdots, x_n)$ のとき）はもっと複雑な様子になると思われるが, 実はかなり単純な分類に帰着できるのである. そのことの説明のために, まず, テイラー展開 (4.3) の 2 次の部分が, 次のようにある行列を使って表せることに注意しよう.

$$f(x) = f(a) + \sum_{i=1}^{n} \partial_{x_i} f(a)(x_i - a_i) + \frac{1}{2!} \sum_{i,j=1}^{n} \partial_{x_i} \partial_{x_j} f(a)(x_i - a_i)(x_i - a_j) + R_2(x)$$

$$= f(a) + \partial_x f(a) \cdot (x - a) + {}^t(x - a)H(a)(x - a) + R_2(x),$$

(4.6)
$$H(a) = \begin{pmatrix} \partial_{x_1} \partial_{x_1} f(a) & \cdots & \partial_{x_1} \partial_{x_n} f(a) \\ \partial_{x_2} \partial_{x_1} f(a) & \cdots & \partial_{x_2} \partial_{x_n} f(a) \\ \vdots & & \vdots \\ \partial_{x_n} \partial_{x_1} f(a) & \cdots & \partial_{x_n} \partial_{x_n} f(a) \end{pmatrix}.$$

上記の $H(a)$ は**ヘッセ行列**とよばれるもので, 定理 1.1 より対称行列（つまり ${}^t H(a) = H(a)$）である. 実対称行列の固有値はすべて実数である. 正方行列 A の**固有値**（$= s$）とは, $Ap = sp$ をみたすベクトル $p\,(\neq 0)$ が存在するような複素数 s のことである. この s は, t の n 次方程式 $\det(tI - A) = 0$ の根である. 上記のベクトル p のことを（s に関する）**固有ベクトル**とよぶ.

> **定理 4.2**　関数 $f(x)$ に関して，各 a において次のような正則行列 P[3] が存在する．
> $x = Py + a$ $(y = {}^t(y_1, \cdots, y_n),\ |y| \le r)$ が局所座標系になっており
>
> $$(4.7) \qquad f(a + Py) = f(a) + \partial_x f(a) \cdot Py + \sum_{i=1}^{n} s_i y_i^2 + R_2(y),$$
> $$|R_2(y)| \le C|y|^3 \quad (|y| \le r)$$
>
> が成立する．ここで s_i はヘッセ行列 $H(a)$ の固有値（$\det(tI - H(a)) = 0$ の根）であり，C は y によらない正定数である．

この定理を使うことで，関数 $f(x)$ の局所的な最大最小の様子が分かる．変数 x を $a = {}^t(a_1, \cdots, a_n)$ の十分近くで動かしたとき，その場所で関数 $f(x)$ が a で最大になっているならば，$f(x)$ は a で**極大**であるといい，$f(a)$ を**極大値**とよぶ．最小の場合には，**極小**であるといい，$f(a)$ を**極小値**とよぶ．極大値と極小値とあわせて**極値**とよび，それを求めることを極値問題と言う．また，局所的ではなく，$f(x)$ の定義域全体での最大や最小を調べることを**最大最小問題**などと言う．

> **定理 4.3**　(1) $x = a$ で $f(x)$ が極値をとるならば，$\partial_x f(a) = 0$ である．
> (2) $x = a$ で $f(x)$ が極小（または極大）ならば，$H(a)$ に負（または正）の固有値は存在しない．
> (3) $\partial_x f(a) = 0$ であって，$H(a)$ の固有値が，すべて正ならば $x = a$ で $f(x)$ は極小，すべて負ならば極大になっている．

注意 4.3　定理 4.3 において，$H(a)$ の固有値に 0 があるときは，極値の判定はできない．例えば，$f^1(x_1, x_2) = x_1^2 + x_2^3$ と $f^2(x_1, x_2) = x_1^2 + x_2^4$ は，$H(0)$ の固有値はどちらも $2, 0$ であるが，$f^2(x)$ は $x = 0$ で極小であるが，$f^1(x)$ は極小でも極大でもない．

定理 4.2 の証明　$H(a)$ は実対称行列であることから，その固有ベクトルからなる正規直交基底 $\{p^i\}_{i=1,\ldots,n}$ $(|p^i| = 1,\ p^i \cdot p^j = 0\ (i \neq j))$ がつくれることが知られている[4]．さらに，$P = (p^1, \cdots, p^n)$ としたとき，

$$(4.8) \qquad {}^t P H(a) P = \begin{pmatrix} s_1 & 0 & \cdots & 0 \\ 0 & s_2 & \cdots & 0 \\ \vdots & \vdots & \ddots & \vdots \\ 0 & 0 & \cdots & s_n \end{pmatrix}. \qquad (s_i \text{は固有ベクトル } p^i \text{ の固有値})$$

が成立する．なぜなら，$H(a)P = (s_1 p^1, \cdots, s_n p^n)$ であり，${}^t P(H(a)P)$ の i 行 j 列成分は $s_j p^i \cdot p^j$ となるからである（$p^i \cdot p^j = 0\ (i \neq j)$, $p^i \cdot p^i = 1$ であることに注意せよ）．また，${}^t P$

---

[3] 正則とは，$\det P \neq 0$ を意味する．
[4] 証明は，例えば「線形代数入門」（松本和一郎 著　共立出版）の第6章をみよ

は P の逆行列になっている. したがって, $y = {}^t P(x-a)$ $(y = {}^t(y_1, \cdots, y_n))$ とおけば (つまり x から y に変数変換すれば), 定理 4.1 より

$$f(a+Py) = f(a) + \partial_x f(a) \cdot Py + \sum_{i=1}^{n} s_i y_i^2 + R_2(y), \quad |R_2(y)| \leq C|y|^3 \quad (|y| \leq r)$$

が得られる. 上記の変数変換 $y = {}^t P(x-a)$ をさらにうまくとると, (4.7) にある剰余項 $R_3(y)$ がない形にできること (モースの定理) が知られている.

(証明終り)

定理 4.3 の証明 (1) を証明しよう. 今 $\partial_x f(a) \neq 0$ として, x を $\partial_x f(a)$ の方向に動かしてみる. すなわち, $h(t) = a + t\partial_x f(a)$ $(-r \leq t \leq r, \ r > 0)$ とおき, t の関数 $f(h(t))$ を考えてみる. $f(a)$ が極小値であるとすると, $f(h(t))$ は $t = 0$ で最小になっているはずである (r を十分小さくとる). ところが, 定理 4.1 より, t が 0 に近い所で

$$f(h(t)) \leq f(a) + t|\partial_x f(a)|^2 + C|\partial_x f(a)|^2 t^2$$
$$\leq f(a) + t|\partial_x f(a)|^2(1 + Ct)$$

となるので (C は t によらない正定数), t を負で 0 に十分近く (例えば $t = -\min\{(2C)^{-1}, r\}$) に取ると, $f(h(t)) < f(a)$ が成立する. つまり $f(h(t))$ は $t = 0$ で最小になり得えず, $f(a)$ は極小値ではない. 同じような考察をすることで, $f(a)$ が極大値でもないことが分かる. したがって, $\partial_x f(a) = 0$ でなければならないことになり, 定理 4.3 の (1) が証明できた.

次に $x = a$ においては極小であり, 固有値 $s_1, \cdots, s_n$ に負のものがあるとしよう. $s_i < 0$ であるとする. 定理 4.2 にある変数 $y = {}^t(y_1, \cdots, y_n)$ を導入し, y_i のみを動かし, $y_j = 0$ $(j \neq i)$ とする. このとき, $\partial_x f(a) = 0$ であることと定理 4.2 の (4.7) を使って

$$f(a+Py) \leq f(a) + s_i y_i^2 + C|y_i|^3 \leq f(a) + y_i^2(s_i + C|y_i|)$$

が得られる. y_i が十分に 0 近いとき, $s_i + C|y_i| < 0$ となるから, $f(a+Py) < f(a)$ となることがあるということになる. したがって $f(a)$ は極小値になり得ない. ゆえに固有値に負のものは存在しない. $f(a)$ が極大値の場合もよく似た議論により, 固有値に正のものは存在しないことが分かる. したがって, 定理の (2) が証明できた.

最後に (3) を証明しよう. $H(a)$ の固有値 s_i はすべて正であるとする. 定理 4.2 にある変数 $y = {}^t(y_1, \cdots, y_n)$ を導入すると, (4.7) より

$$f(a+Py) \geq f(a) + \sum_{i=1}^{n} s_i y_i^2 - |R_2(y)| \geq f(a) + (\min_{i=1,\ldots,n} s_i)|y|^2 - C|y|^3 \geq f(a)$$

が成立する. ここで, y は $|y| < C^{-1} \min_{i=1,\ldots,n} s_i$ の範囲で動かしている. したがって, $f(a)$ は極小値である. よく似た議論により, s_i がすべて負のときは a で $f(x)$ は極大になることが分かる.

(証明終り)

例題 4.3　$H(x)$ を x における $f(x)$ のヘッセ行列とする．x が 2 次元のとき（$x = {}^t(x_1, x_2)$），$H(x)$ の行列式 $\det H(x) = |H(x)|$（ヘッシアンとよぶ）が $|H(a)| > 0$ をみたし，$\partial_x f(a) = 0$ であって $\partial_{x_1}^2 f(a) > 0$（または $\partial_{x_1}^2 f(a) < 0$）であるならば，$x = a$ において $f(x)$ は極小（または極大）になっていることを証明せよ．

　一般に正方行列 A, B に対して $|AB| = |A||B|$ が成立するので，(4.8) より $s_1 s_2 = |{}^t P H(a) P| = |{}^t P||H(a)||P| = |P|^2 |H(a)|$ がなりたつ．したがって，$|H(a)| > 0$ であるので，固有値 $s_1, s_2 \, (\neq 0)$ は同符号である．さらに，定理 4.3 (3) より，$x = a$ において $f(x)$ は，極小になっているか極大になっている．

　$\partial_{x_1}^2 f(a) > 0$ であって，s_1, s_2 が共に負である（つまりで極大）とすると，矛盾が生じることを示そう．$x(\varepsilon) = {}^t(\varepsilon, 0) + a \; (\varepsilon > 0)$ とおく．定理 4.1 を使って，「$f(x(\varepsilon)) - f(a) = {}^t(x(\varepsilon) - a) H(a)(x(\varepsilon) - a) + R_2(x(\varepsilon))$，$|R_2(x(\varepsilon))| \leq C|x(\varepsilon) - a|^3$」が得られる．よって，${}^t(x(\varepsilon) - a) H(a)(x(\varepsilon) - a) = \varepsilon^2 \partial_{x_1}^2 f(a)$ であるので，ε が十分小さければ

$$(4.9) \qquad \frac{|f(x(\varepsilon)) - f(a)|}{|x(\varepsilon) - a|^2} \geq \partial_{x_1}^2 f(a) - C|x(\varepsilon) - a| > 0$$

が成立する．次に定理 4.2 にある変数 $y = {}^t P(x - a)$ を使って $|f(x(\varepsilon)) - f(a)||x(\varepsilon) - a|^{-2}$ を調べてみよう．$y(\varepsilon) = {}^t P(x(\varepsilon) - a)$ とおくと，$x(\varepsilon) = P y(\varepsilon) + a$ であり，ε によらない定数 $c \, (> 0)$ が存在して $|x(\varepsilon) - a| \geq c|y(\varepsilon)|$ となる．$\max\{s_1, s_2\} < 0$ であり，$\lim_{\varepsilon \to 0} |y(\varepsilon)| = 0$ であるので，定理 4.2 より，ε が十分小さいとき

$$\frac{|f(x(\varepsilon)) - f(a)|}{|x(\varepsilon) - a|^2} = \frac{|f(P y(\varepsilon) + a) - f(a)|}{|P y(\varepsilon)|^2}$$

$$\leq \frac{s_1 y_1(\varepsilon)^2 + s_2 y_2(\varepsilon)^2 + |R_2(y(\varepsilon))|}{c|y(\varepsilon)|^2} \leq c^{-1}\big(\max\{s_1, s_2\} + C|y(\varepsilon)|\big) < 0$$

が成立する．これは (4.9) に矛盾する．したがって，$f(x)$ は $x = a$ で極大ではない，つまり極小になっている．

　$\partial_{x_1}^2 f(a) < 0$ であれば $f(x)$ は $x = a$ で極大になっていることは，上記と同じような議論により証明できる．

（例題 4.3 の説明終り）

例題 4.4　$x_1 x_2 x_3$-空間において，曲面 $x_1^2 + 2x_2^2 + x_3^2 + 2x_1 x_2 + 2x_2 x_3 + 2x_3 x_1 - 2x_1 - 4x_2 - 2x_3 + 3 = 0$（これを S とする）と，点 $(0, 1, 0)$ を通りベクトル ${}^t(-1, 0, 1)$ に垂直な平面（これを P とする）があるとする．このとき，S と P の距離[5]を求めよ．

　$p \in P, q \in S$ のとき，$|pq|$ が最短であれば，$\overrightarrow{pq}$ は P に垂直である．したがって，P の各点から P の垂線を S へ降ろしたとき，その線分の長さの最短なものが S と P の最短距離である．

---

[5] $p \, (\in P)$，$q \, (\in S)$ をいろいろに動かしたとき，長さ $|pq|$ の最小値を S と P の距離という．

このことを頭に置いて次のような座標系 y_1, y_2, y_3 を導入する. y_1-軸は P にあってベクトル n $(= {}^t(1,0,1))$ の向きにあり, y_2-軸は x_2-軸と同じ向きで P 上にあり, y_3-軸の向きは ${}^t(-1,0,1)$ に等しく, 原点は $x = {}^t(0,1,0)$ にある (これは直交座標である). すなわち, $x = {}^t(x_1, x_2, x_3)$ との関係が次のようになるように $y = {}^t(y_1, y_2, y_3)$ をとる.

$$\begin{pmatrix} x_1 \\ x_2 - 1 \\ x_3 \end{pmatrix} = \frac{1}{\sqrt{2}} y_1 \begin{pmatrix} 1 \\ 0 \\ 1 \end{pmatrix} + y_2 \begin{pmatrix} 0 \\ 1 \\ 0 \end{pmatrix} + \frac{1}{\sqrt{2}} y_3 \begin{pmatrix} -1 \\ 0 \\ 1 \end{pmatrix}$$

$$= Hy, \qquad H = \frac{1}{\sqrt{2}} \begin{pmatrix} 1 & 0 & 1 \\ 0 & \sqrt{2} & 0 \\ -1 & 0 & 1 \end{pmatrix}.$$

y_1, y_2 をいろいろに動かして, (y 座標で表示したときの) 点 (y_1, y_2, y_3) が S にあるときの y_3 の最小値が S と P の最短距離である. $H^{-1} = {}^tH$ であることに注意して, x を y で表すと $x_1 = \sqrt{2}^{-1}(y_1 - y_3)$, $x_2 = y_2 + 1$, $x_3 = \sqrt{2}^{-1}(y_1 + y_3)$ となる. これを S の x による方程式に代入すると, $y_3 = \sqrt{2}^{-1}(2y_1^2 + 2\sqrt{2}y_1y_2 + 2y_2^2 + 1)$ が得られる. したがって,

(4.10) $$f(y') = 2y_1^2 + 2\sqrt{2}y_1y_2 + 2y_2^2 + 1 \quad (y' = {}^t(y_1, y_2))$$

の最小値を求めればいいことが分かる. $\partial_{y_1} f(y') = 4y_1 + 2\sqrt{2}y_2$, $\partial_{y_2} f(y') = 4y_2 + 2\sqrt{2}y_1$ であり, $\partial_{y_1}^2 f(y') = 4$, $\partial_{y_1}\partial_{y_2} f(y') = 2\sqrt{2}$, $\partial_{y_2}^2 f(y') = 4$ である. したがって, $\partial_y f(y') = 0$ となるのは, $y_1 = y_2 = 0$ のときであり, ヘッシアンは 8 (> 0) である. さらに, $\partial_{y_1}^2 f(0) > 0$ であるので, 例題 4.3 の結果を使って, $f(y')$ は $y' = 0$ で最小値 1 をとる[6]. よって, 求める最短距離は $\sqrt{2}^{-1}$ である.

(例題 4.4 の説明終り)

───────────── 章末問題 ─────────────

4.1 次の関数 $f(x)$ の $x = a$ における第 2 次テーラー展開を求めよ.

(1) $f(x) = |x|$ $(x = (x_1, x_2))$, $a = (1, 1)$.

(2) $f(x) = 2x_1^2 + 2x_1x_2 + x_3^2 - 2x_1 + x_2 + 1$ $(x = (x_1, x_2, x_3))$, $a = (0, 0, 1)$.

4.2 $\cos|x|^2$ $(x = (x_1, x_2))$ を, $x = 0$ において 4 次の多項式で近似したい. その多項式を求めよ.

4.3 次の関数の極値をすべて求めよ.

(1) $f(x_1, x_2, x_3) = \frac{1}{2}x_1^2 + x_1x_2 + x_2^2 + x_3^2 - x_1 - 2x_2 + 2$

(2) $f(x_1, x_2) = \frac{1}{3}x_1^3 + x_1x_2^2 + x_1^2 + x_2^2 - 3x_1$

4.4 $x_1x_2x_3$-空間において, 曲面 $x_1^2 + 2x_2^2 + x_3^2 + 2x_1x_3 + \sqrt{2}x_1 - \sqrt{2}x_3 + 1 = 0$ (これを

─────────────────────────────────────

[6] (4.10) において, $f(y') = 2(y_1 + \sqrt{2}^{-1}y_2)^2 + y_2^2 + 1$ と変形しても「最小値 1」は得られる.

S とする）と，点 $(0,1,0)$ を通りベクトル $^t(-1,0,1)$ に垂直な平面（これを P とする）がある
とする．このとき，S と P の距離を求めよ．

第 5 章

座標変換と微分方程式

座標で最もよく使われるものは直交座標であるが，別の座標もしばしば使われる．そうすることがいろいろな解析に役立つことがあるからである．本章では，よく使われる座標をいくつか取り上げ，その基本事項や直交座標との関係を考える．さらに，座標の取り替え（座標変換）に対して，偏微分方程式がどのように変換されるか，それがどういうことに利用できるかなどを考えてみたい．

5.1 さまざまな座標系

座標は位置を数の組で表そうとするものである．普通は，互いに直交する数直線を使って「数の組」の値を定めている．この座標は直交座標（あるいはデカルト座標）とよばれており，何も言わなければ座標はこの意味のものである．しかし，この座標でなければならないわけではなく，他の座標を使う方が現象に合っている場合がある．例えば，円上を移動する点（P とする）の位置を表すには，円の中心に関する中心角 θ（反時計回りに取った一般角）で表すことで，P が円のどの位置にあるかだけでなく，出発点からどちら向きにどれぐらい回ってきたかも識別して表せることになる．このような発想をもとに考えた座標が**極座標**である．

例 5.1 （2 次元）極座標

平面において，基準の点 O とその点を端点とする基準の半直線をとり，任意の点 P の位置を基準点 O からの距離 r と基準半直線と OP とのなす角 θ（一般角）を使って，(r, θ) で P の位置を表す．この数の組を（2 次元）極座標とよぶ．$x_1 x_2$-平面において極座標を考えるときは，何も言わなければ，極座標の基準点は $x_1 x_2$-平面の原点にとり，基準半直線は x_1-軸の $x_1 \geq 0$ の部分にする．このとき，直交座標と極座標には次の関係式がなりたつ．

$$(5.1) \qquad \begin{cases} x_1 = r\cos\theta, \\ x_2 = r\sin\theta. \end{cases}$$

例題 5.1 楕円は 2 定点からの距離の和が一定になっている点の全体（軌跡）として定義される．この「距離の和」を $2a$，2 定点間の距離を $\varepsilon 2a$ $(0 \leq \varepsilon < 1)$ とする[1]．さらに，

この定点の 1 つを極座標の原点に，基準半直線を原点からもう 1 つの定点を通るものにする．このとき，楕円は極座標 (r, θ) を使って次のように表せることを示せ．

(5.2)
$$r = \frac{a(1 - \varepsilon^2)}{1 - \varepsilon \cos \theta}.$$

楕円を定義している 2 定点を O, A (O は極座標の原点)，楕円上の任意の点を P とすると，余弦定理より

$$\mathrm{AP}^2 = \mathrm{OA}^2 + \mathrm{OP}^2 - 2\,\mathrm{OA} \cdot \mathrm{OP} \cos \theta$$

が得られる．ここで，$-\pi < \theta \leq \pi$ としている．それ以外のときの P は，$-\pi < \theta \leq \pi$ のときのどれかと重なっていることに注意しよう．上式より，P が楕円上にあるということは，$2a = \mathrm{OP} + \sqrt{\mathrm{OA}^2 + \mathrm{OP}^2 - 2\,\mathrm{OA} \cdot \mathrm{OP} \cos \theta}$ ということである．したがって，r, θ がみたすべき条件式は $2a - r = \sqrt{4a^2\varepsilon^2 + r^2 - 4a\varepsilon r \cos \theta}$ である．この両辺を 2 乗し[2]，整理すると $a^2 - ar = a^2\varepsilon^2 - a\varepsilon r \cos \theta$ が得られる．この式を変形すると (5.2) になる．

（例題 5.1 の説明終り）

例題 5.1 において，2 定点が接近していくと（つまり $\varepsilon \to 0$），楕円はその特別な場合である円になっていく．逆に ε が大きくなるほど楕円は円の形から離れていく．このイメージから ε は**離心率**とよばれる．また，極座標の原点をもう 1 つの「定点」にとることもある．このときは，式 (5.2) は $r = \dfrac{a(1 - \varepsilon^2)}{1 + \varepsilon \cos \theta}$ となる．

3 次元空間では極座標は次のように定義される．地球の緯度経度は同じ発想のものである．

例 5.2 (3 次元) 極座標 P を $x_1 x_2 x_3$-空間の任意の点とする．P の原点 O からの距離を r とし，P から $x_1 x_2$-平面に降ろした垂線の足を $\tilde{\mathrm{P}}$ とする．$x_1 x_2$-平面において，$\tilde{\mathrm{P}}$ の（2 次元）極座標を $(\tilde{r}, \theta)$ $(\tilde{r} = \mathrm{O}\tilde{\mathrm{P}})$ とする．OP と x_3-軸正の部分とのなす角を φ とする．（θ, φ は一般角）．(r, θ, φ) を P の（3 次元）極座標とよぶ．(r, θ, φ) と直交座標 (x_1, x_2, x_3) には次の関係式がなりたつ．

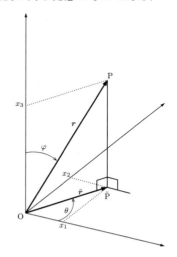

(5.3)
$$\begin{cases} x_1 = r \sin \varphi \cos \theta, \\ x_2 = r \sin \varphi \sin \theta, \\ x_3 = r \cos \varphi. \end{cases}$$

例 5.3 斜交座標 $x_1 \cdots x_n$-空間内に基底 $e^1, \cdots, e^n$（列ベクトル）をとる．これらは互いに直交しているとは限らないとする．このとき，任意の $x = {}^t(x_1, \cdots, x_n)$ に対して

---

[1] 「2 定点からの距離の和」と言う以上，「距離の和」は 2 定点間の距離 $2\varepsilon a$ より大きくないと意味がない．したがって，$2\varepsilon a < 2a$（つまり $\varepsilon < 1$）でなければならない．

[2] 元の式が成立することと 2 乗した式が成立することとは同等であることに注意せよ．

$$x = y_1 e^1 + \cdots + y_n e^n$$

をみたす実数の組 $y_1, \cdots, y_n$ が一意に決まる．この数の組は座標の一種とみなせる．数の組 $(y_1, \cdots, y_n)$ を斜交座標とよぶ．

　例 5.3 の座標 $(y_1, \cdots, y_n)$ は，y_i-軸の向きが $x_1, \cdots, x_n$-空間における e^i の向きになっており，$y_1 \cdots y_n$-空間において，第 i 成分のみが 1 で他は 0 であるよな点が，$x_1 \cdots x_n$-空間ではその点の位置ベクトルが e^i になっているような座標系である．$E = (e^1, \cdots, e^n)$ とおくと，x と $y \, (= {}^t(y_1, \cdots, y_n))$ の相互の変換式は

$$x = Ey, \quad y = E^{-1} x$$

である．

　観測者が移動している場合，そうでないときと現象が違ってみえることがある．それは，観測者の立場に合わせた座標系を取っているからと解釈できる．具体的な例として観測者が等速円運動をしているときを考えてみたい．例えば，地表にいる我々が観測者で何かを観測しているような場合を想定してみよう．地球の自転によりこの観測者は等速円運動している．この観測者から何か質点の運動をみているとき，実は，完全に静止している観測者による法則がなりたたないようにみえるのである．つまり，回転運動している観測者の座標系を使うと，ニュートンの運動法則はなりたたないということである．この状況を数学的に考察してみよう．

　$x_1 x_2 x_3$-空間は静止しているとして，観測者 P は $x_1 x_2$-平面上で，原点 O を中心とする半径 r の円上を一定の速さ c で時計の逆向きに回っているとする．P の時刻 t における位置を $x = p(t) \, (x = {}^t(x_1, x_2, x_3))$ とすると，$p(t) = {}^t(r \cos \frac{ct}{r}, \, r \sin \frac{ct}{r}, 0)$ [3]である．観測者にとって自然と思われる座標系 $y = {}^t(y_1, y_2, y_3)$ は次のようなものであるだろう．

y は直交座標であって，y_1-軸，y_2-軸は $x_1 x_2$-平面上にあり，y_3-軸は x_3-軸に平行で $y_3 > 0$ の向きと $x_3 > 0$ の向きが同じであり，$y = 0$ が観測者 P の位置を表している．さらに，y_2-軸の向きは P の進む向きに一致しており，y_1-軸の向きは $\overrightarrow{OP}$ の向きと一致している（図参照）．すなわち，y_1, y_2, y_3 は，基底 $e^1(t), e^2(t), e^3(t)$ を

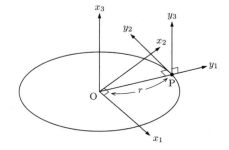

$$e^1(t) = {}^t(\cos \frac{ct}{r}, \, \sin \frac{ct}{r}, 0), \, e^2(t) = {}^t(-\sin \frac{ct}{r}, \, \cos \frac{ct}{r}, 0), \, e^3(t) = {}^t(0, 0, 1)$$

と選び，$x = {}^t(x_1, x_2, x_3)$ を次のように表示（変数変換）したときの各成分となっている．

$$x = \sum_{i=1}^{3} y_i e^i(t) \, + p(t) = \, E(t) \, y \, + r e^1(t) \quad (E(t) = (e^1(t), e^2(t), e^3(t))).$$

　運動している質点 Q の位置は $x = q(t) \, \big(= {}^t(q_1(t), q_2(t), q_3(t)) \big)$ であるとする．この質点 Q を観測者からみたとして，時刻 t における Q の位置は $y = u(t) = {}^t(u_1(t), u_2(t), u_3(t))$ であ

---

[3] 厳密に言えば，三角関数の偏角 $\frac{ct}{r}$ は $\frac{ct}{r} + \alpha$ とするべきだが，本質的な差はないので $\alpha = 0$ とした．

るとする．このとき，

(5.4)
$$q(t) = E(t)u(t) + p(t)$$

が成立する．

例題 5.2 上記の (5.4) で表される質点 Q に，時刻 t において（x 座標で表示された）力 $F(t)$ が加わっているとしよう．$x_1x_2x_3$-空間（$= \mathbb{R}_x^3$）ではニュートンの第 2 運動法則がなりたつので，

(5.5)
$$F(t) = m\frac{d^2q}{dt^2}(t) \quad (m \text{ は質点の質量})$$

が成立する（と仮定する）．$y_1y_2y_3$-空間（$= \mathbb{R}_y^3$）の表示を使って，上式 (5.5) に相当する等式を求めよ．

(5.4) より次の式が成立する．

$$\frac{d^2q}{dt^2}(t) = \frac{d^2E}{dt^2}(t)\,u(t) + 2\frac{dE}{dt}(t)\frac{du}{dt}(t) + E(t)\frac{d^2u}{dt^2}(t) + \frac{d^2p}{dt^2}(t).$$

$\frac{d^2E}{dt^2}(t) = -E'(t) \; (E'(t) = (e^1(t), e^2(t), 0)), \; \frac{d^2p}{dt^2}(t) = -re^1(t) = -p(t)$ であるので，(5.5) より

(5.6)
$$F(t) - 2m\frac{dE}{dt}(t)\frac{du}{dt}(t) + m\{p(t) + E'(t)u(t)\} = mE(t)\frac{d^2u}{dt^2}(t)$$

がなりたつ．つまり，y 座標の成分を使って質点 Q の加速度を表すと，力の項として $-2m\frac{dE}{dt}(t)\frac{du}{dt}(t) + m\{p(t) + E'(t)u(t)\}$ を加えておけば，ニュートンの運動法則と同じような等式がなりたつということである．このようなあらかじめ加えなくてはならない力の項を**見かけの力**とよんでいる．この力のうち，$-2m\frac{dE}{dt}(t)\frac{du}{dt}(t)$ の部分は**コリオリの力**とよばれている．さらに，$m\{p(t) + E'(t)u(t)\}$ の部分ついては，$|E'(t)u(t)|$ は $|p(t)| = r$ に対して十分小さい場合とき $m\{p(t) + E'(t)u(t)\} = mre^1(t)$ としていいだろう．つまり，Q は，速さ c で原点を中心に半径 r の円運動をするのに必要な大きさの力を，$\overrightarrow{OP}$ の向きに受けているようにみえるということである．この力を**遠心力**とよんでいる．以上の通り，観測者の立場にたつと，Q にある種の力（見かけの力）が働いているようにみえるということである．

(5.6) を，(5.5) に相当する（$\mathbb{R}_y^3$ における）等式としてもよいのであるが，もう少し空間 $\mathbb{R}_y^3$ の立場で表示すると以下のようになる．$E(t)$ の逆行列は ${}^tE(t)$ である．これを (5.6) の両辺にかけると，${}^tE(t)F(t) - 2m\,{}^tE(t)\frac{dE}{dt}(t)\frac{du}{dt}(t) + m\,{}^tE(t)p(t) + m\,{}^tE(t)E'(t)u(t) = m\frac{d^2u}{dt^2}(t)$ が得られる．$\tilde{F}(t) = {}^tE(t)F(t)$ を，x-座標で表された力 $F(t)$ の y-座標表示であると定義する．

$$
{}^t E(t) = \begin{pmatrix} \cos\theta t & \sin\theta t & 0 \\ -\sin\theta t & \cos\theta t & 0 \\ 0 & 0 & 1 \end{pmatrix}, \ \frac{dE}{dt} = \begin{pmatrix} -\sin\theta t & -\cos\theta t & 0 \\ \cos\theta t & -\sin\theta t & 0 \\ 0 & 0 & 0 \end{pmatrix} \ \left(\theta = \frac{v}{r}\right),
$$

$$
{}^t E(t)\frac{dE}{dt}(t) = \begin{pmatrix} 0 & -1 & 0 \\ 1 & 0 & 0 \\ 0 & 0 & 0 \end{pmatrix}, \ {}^t E(t)E'(t) = \begin{pmatrix} 1 & 0 & 0 \\ 0 & 1 & 0 \\ 0 & 0 & 0 \end{pmatrix}
$$

であるので，(5.6) を y-座標を使った形に書き換えると次のようになる．

$$
(5.7) \qquad \tilde{F}(t) + 2m\,{}^t\!\left(\frac{du_2}{dt}(t),\, -\frac{du_1}{dt}(t),\, 0\right) + m\,{}^t(r+u_1(t), u_2(t), 0) = mr\frac{d^2u}{dt^2}(t)
$$

（例題 5.2 の説明終り）

　質点 Q に働く力 $\tilde{F}$ が Q の位置で決まっているような状況にある場合（例えば，質点がバネで拘束されているなど），(5.7) において $\tilde{F}$ は $u(t)$ を使って表されていることになる．このことは，$u(t)$ に対する微分方程式が得られることを意味している．この方程式から現象の数理的な解析を観測者の見方で行うことが可能になる．

5.2　偏微分方程式の変換

　前節ではいくつかの基本的な座標系について考察した．本節では，前節より一般的な座標系のことについて考えてみたい．さらに，座標系の取り換え（変数変換）によって，偏微分さらに偏微分方程式がどのように変換されるかを調べてみたい．第 2 章の例題 2.4, 2.5 や第 3 章の章末問題 3.3 などにおいて，特別の場合ではあるが，変数変換が微分方程式の分析にどのように利用されるかをみてきた．本節においては，もっと一般的な場合にについて考えてみたい．

　まず，変数変換について基本的なことを確認（復習）しておこう．今，$\mathbb{R}^n_y$ $(y = {}^t(y_1, \cdots, y_n))$ から $\mathbb{R}^n_x$ $(x = {}^t(x_1, \cdots, x_n))$ への写像 $x = h(y)$ がアフィン変換である，すなわち $h(x) = Ay + b$, $A = (e^1, \cdots, e^n)$ とする．「y が空間 $\mathbb{R}^n_x$ の座標系になっている」というときは，A の逆行列が存在していること（つまり $\det A \neq 0$）を仮定している．したがって，自動的に逆写像 $y = h^{-1}(x)$ $(= A^{-1}(x-b))$ が存在し，x は $\mathbb{R}^n_y$ の座標系になっている．「空間 $\mathbb{R}^n_x$ に座標系 y をとる」ことを図形的に言えば，原点を b にして y_i-座標軸をベクトル e^i の向きに取ることを意味している．

　$x = h(y)$ がアフィン変換とは限らないとする．このとき，「y が x^0 $(= h(y^0))$ における $\mathbb{R}^n_x$ の**局所座標系**になっている」とは，ヤコビ行列 J^0 $(= \partial_y h(y^0))$ が $\det J^0 \neq 0$ をみたしているときをいう．写像 $y \mapsto x$ が $x = h(y)$ であることを明示して，$x = h(y)$ を局所座標系とよぶこともある．y が x^0 における局所座標系になっているならば，第 7 章で述べる定理 7.2 を使うと，必ず逆写像 $y = h^{-1}(x)$ が x^0 の近くで存在する．つまり，x は y^0 における（$\mathbb{R}^n_y$ に対する）局所座標系になっていることに注意しよう．

　後に具体例に触れるが，偏微分方程式を目的に応じて様々な変数変換で書き換えること

をする．そのときの基本になることを確認しておこう．$\tilde{U}\ (\subset \mathbb{R}^n_y)$ から $U\ (\subset \mathbb{R}^n_x)$ への写像 $x = h(y)$ があり，y が $x^0\ (= h(y^0))$ における局所座標系になっているとする．x の関数 $f(x)$ に対して，$\tilde{f}(y) = f(h(y))$ とおく．このとき，次の等式が成立する（第3章の定理 3.3 参照）．

$$(5.8) \qquad \partial_{y_i}\tilde{f}(y) = \sum_{j=1}^{n} \partial_{y_i} h_j(y)(\partial_{x_j}f)(h(y)), \quad i = 1,\ldots,n.$$

上式は，ヤコビ行列 $J(y) = (\partial_{y_1}h(y),\cdots,\partial_{y_n}h(y))$ を使って，

$$\partial_y \tilde{f}(y) = {}^tJ(y)\,(\partial_x f)(h(y))$$

と表せる．

例題 5.3 $x_1 x_2$-空間において，次の極座標 $y\ (= {}^t(r,\theta))$ を導入する．

$$x_1 = r\cos\theta,\ x_2 = r\sin\theta \quad (-\pi < \theta < \pi).$$

$h(y) = {}^t(r\cos\theta, r\sin\theta)$ とする．次の等式を証明せよ．

$$(5.9) \qquad (\partial_x f)(h(y)) = \begin{pmatrix} \cos\theta & -\dfrac{\sin\theta}{r} \\[2mm] \sin\theta & \dfrac{\cos\theta}{r} \end{pmatrix} \begin{pmatrix} \partial_r \tilde{f}(y) \\[2mm] \partial_\theta \tilde{f}(y) \end{pmatrix}.$$

第3章の定理 3.3 より，$\partial_y \tilde{f}(y) = {}^tJ(y)(\partial_x f)(h(y))$ である．また ${}^tJ(y)$ の逆行列 ${}^tJ(y)^{-1}$ は

$$ {}^tJ(y)^{-1} = \begin{pmatrix} \cos\theta & \sin\theta \\ -r\sin\theta & r\cos\theta \end{pmatrix}^{-1} = \begin{pmatrix} \cos\theta & -\dfrac{\sin\theta}{r} \\[2mm] \sin\theta & \dfrac{\cos\theta}{r} \end{pmatrix} $$

である．したがって，(5.9) が得られる．

（例題 5.3 の説明終り）

変数変換はしばしば何か曲面（曲線）に依存したものが利用される．極座標は，円や球面に依存したものである．それ以外にも様々な曲面が使われる．ここで「空間 $\mathbb{R}^n_x$ 内の m 次元曲面」（$1 \le m \le n-1$）」の意味（定義）をはっきりさせておこう．集合 $S\ (\subset \mathbb{R}^n_x)$ の各点 x^0 においてその近く $U\ (\subset \mathbb{R}^n_x)$ で定義された局所座標系 $x = h(y)\ (y \in \tilde{U} \subset \mathbb{R}^n_y)$ が存在して，$y_1 \cdots y_m$-空間（$= \{y|\ y_{m+1} = \cdots = y_n = 0\}$）の領域 V を写像 $x = h(y)$ で移したものが S になっている，すなわち，

$$(5.10) \qquad S \cap U = \{x|\ x = h(y),\ y \in V\ (\subset \tilde{U}\,)\} \quad (x^0 = h(y^0))$$

と表せるとき，S を **m 次元曲面**とよぶことにする．このとき，$\partial_{y_1}h(0),\cdots,\partial_{y_m}h(0)$ は1次独立になっていることに注意しよう．また，特に $m = 1$ のとき S を**曲線**とよぶことにする．

空間 $\mathbb{R}^n_x\ (x = (x',x_n))$ において，$n-1$ 次元曲面としてよく出てくるものは関数のグラフである．今，変数 x' の関数 $f(x')$ があるとする．x' は $\mathbb{R}^{n-1}_{x'}$ のある領域 U' 内を動くものとする．集合 $\{x|\ x_n = f(x')\ (x' \in U')\}$ は，$f(x')$ の**グラフ**とよばれ，上で言う $n-1$ 次元曲

面になっている．実際，写像 $x \mapsto y\ (= k(x))$ を $y' = x'$，$y_n = x_n - f(x')$ で定義すると，$|\det \partial_x k(x)| = 1\ (\neq 0)$ であり，集合 $\{(y', y_n)|\ y_n = 0\}$ を $x = k^{-1}(y)$ で $\mathbb{R}^n_x$ へ移したものがちょうど $f(x')$ のグラフになっているからである．

$n - 1$ 次元曲面 S を局所的に表示するとき，次のようなやり方がしばしば使われる．x^0 の近く U で定義された関数 $g(x)\ (x \in \mathbb{R}^n)$ があって，

$$(5.11) \qquad S \cap U = \{x|\ g(x) = 0\}$$

となっているというものである．ここで $\partial_x g(x) \neq 0\ (x \in U)$ であるとする．この表示にともなって，次の座標変換 $x \to y\ (= {}^t(y_1, \cdots, y_n))$ がよく使われる．

$$y_i = x_i\ (i \neq i_0) \qquad y_{i_0} = g(x).$$

ここで，$\partial_{x_{i_0}} g(x) \neq 0$ であるとする（$\partial_x g(x) \neq 0$ であるので，必ずこのような i_0 が存在する）．座標系 y を使うと[4]，$S \cap U$ は空間 $\mathbb{R}^n_y$ の $y_{i_0} = 0$ の部分として表される．上述の「$f(x')$ のグラフ」は，$g(x', x_n)$ を $g(x', x_n) = x_n - f(x')$ と選んだと考えるとよい．

例題 5.4 $g(x)$ を (5.11) にある関数とする．x^0 を通る直線 l が S の接線である必要十分条件は，l が $\partial_x g(x^0)$ と直交していることである．このことを証明せよ．

---

x^0 以外の点 $\tilde{x}$ を S 上にとり，$\overrightarrow{x^0 \tilde{x}}$ の向きが収束するようにして[5]（その向きを α（$|\alpha| = 1$）とする），$\tilde{x}$ を x^0 に限りなく近づけていく．x^0 における S の接線とは，（$\tilde{x} \to x^0$ のときの）直線 $x^0 \tilde{x}$ の極限の直線のことである．また，$\tilde{x}, x^0 \in S$ であるので，$g(\tilde{x}) - g(x^0) = 0$ である．さらに，第 4 章の定理 4.1 より，$g(\tilde{x}) - g(x^0) = \partial_x g(x^0)(\tilde{x} - x^0) + R(\tilde{x}, x^0)$，$|R(\tilde{x}, x^0)| \leq C|\tilde{x} - x^0|^2$ が成立する．したがって，

$$0 = \partial_x g(x^0) \cdot |\tilde{x} - x^0|^{-1}(\tilde{x} - x^0) + |\tilde{x} - x^0|^{-1} R(\tilde{x}, x^0)$$
$$\xrightarrow{\tilde{x} \to x^0} \partial_x g(x^0) \cdot \alpha$$

が得られ，$\partial_x g(x^0) \cdot \alpha = 0$ が成立する．ゆえに，$\partial_x g(x^0)$ は x^0 を通る任意の S の接線と直交していることになる．

この逆を示そう．すなわち $x^0\ (\in S)$ を通る直線 l がベクトル $\partial_x g(x^0)$ に直交しているならば，l は S に接していることを示そう．l を含み $\partial_x g(x^0)$ に平行な（2 次元）平面を P で表す．P と S の共通部分（曲線）を $\tilde{l}$ とする．$\tilde{l}$ 上に x^0 以外の点 $\tilde{x}$ をとり，直線 $x^0 \tilde{x}$ を考える．この直線の（$\tilde{x} \to x^0$ としたときの）極限 $l^\perp$ は S の接線である．したがって，$l^\perp$ は x^0 を通り $\partial_x g(x^0)$ に直交している直線である．（2 次元）平面 P において x^0 を通り $\partial_x g(x^0)$ に直交している直線は唯一つであるので，$l^\perp = l$ である．つまり，l は S の接線である．

(例題 5.4 の説明終り)

---

[4] 写像 $x \to y$ のヤコビ行列は 0 でないので，この逆写像が存在し（第 7 章の定理 7.2 を参照），y は $\mathbb{R}^n_x$ の局所座標系となる．

[5] 例えば，S 上に x^0 を通る曲線をとり，$\tilde{x}$ をこれにそって動かす．

空間 $\mathbb{R}^n_x$ 内に $n-1$ 次元曲面 S があるとする。$x^0 (\in S)$ を通る S の接線の全体は $n-1$ 次元平面になっている。この平面を x^0 における**接平面**とよぶことにする。接平面に直交するベクトルは（x^0 における）**法ベクトル**とよばれる。x^0 を通り法ベクトルに平行な直線を**法線**とよんでいる。S が (5.11) で表されているとすると，例題 5.4 より，x^0 における単位法ベクトルは 2 つあり，$|\partial_x g(x^0)|^{-1} \partial_x g(x^0)$ と $-|\partial_x g(x^0)|^{-1} \partial_x g(x^0)$ である。S 上の点 x^0 を連続的にどのように動かしても，x^0 における単位法ベクトルが逆転するようなことがないとき，S は**向き付け可能**とよんでいる。本書では，向き付け可能な曲面のみを考えることとする。

3 次元の極座標は，2 次元の曲面（球面）が基本になっていて，その曲面に垂直方向に第 3 の座標軸を取ったものとも考えられる。このとき，第 3 の座標軸について正の向きの選び方には 2 通りある（つまり，中心に近づく向きを正とするか遠ざかる向きを正とするかの 2 通り）。したがって，どちらにするか指定しなくてはならない。普通は遠ざかる向きを正にとる。

この発想をもっと一般化して，何か $n-1$ 次元曲面 S があって S 上の各点で S に交わる（接しない）曲線を取り，その曲線を n 番目の座標軸とすることが考えられる。このようなやり方で常に 1 つ高い次元の座標系をつくることができる。このとき，n 番目の座標軸の向きをどうとるかに留意する必要がある。以下において，この座標の高次元化について具体的に考えてみよう。

S は，$x^0 (\in S)$ の周辺 U において，(5.10) の形で定義されている $n-1$ 次元曲面であり，向き付け可能であるとする。$S \cap U$ の各点 $x = h(y', 0)$ $(y' = {}^t(y_1, \cdots, y_{n-1}))$ において，ここを通る曲線 $x = q(s; y')$ $(q(0; y') = h(y', 0))$ があるとする。

例題 5.5　上記の曲面 S と曲線群 $\{q(s; y')\}_{y' \in V'} (V' = \{y' | (y', 0) \in V\})$ を考える。$y' \in V'$ において $\dfrac{dq}{ds}(0; y')$ は，S に接することはなく，S を向き付ける単位法ベクトル $p(y')$ に対して常に $\dfrac{dq}{ds}(0; y') \cdot p(y') \geq \varepsilon_0$ あるいは $\leq -\varepsilon_0$ $(\varepsilon_0 > 0)$ であるとする。このとき，(s, y') $(x = q(s; y'))$ は空間 $\mathbb{R}^n_x$ の局所座標系になっていることを示せ。

$y' \in V'$ において常に $q(0, y') = h(y', 0)$ であるので，$q(0, y')$ は常に S 上にある。したがって，$\partial_{y_i} q(0, y') = \partial_{y_i} h(y', 0)$ $(i = 1, \ldots, n-1)$ は常に S に接している。しかも，これらは 1 次独立である。さらに，$\dfrac{dq}{ds}(0; y')$ は S に接しない。したがって，$\det\left(\partial_{y_1} q(0, y'), \cdots, \partial_{y_{n-1}} q(0, y'), \dfrac{dq}{ds}(0; y')\right) \neq 0$ である。よって，$|s|$ が十分小さければ $\det\left(\partial_{y_1} q(s, y'), \cdots, \partial_{y_{n-1}} q(s, y'), \dfrac{dq}{ds}(s; y')\right) \neq 0$ である。これは $x = q(s, y')$ が局所座標系であることを意味している。

（例題 5.5 の説明終り）

例題 5.5 の局所座標系を使うと，第 2 章の例題 2.4 で考えた偏微分方程式 (2.5) を一般化した方程式（以下の (5.12)）を解くことができる。これは，変数変換が偏微分方程式の解析において強力な手段になることの実例でもある。

定理 5.3　空間 $\mathbb{R}_x^n$ 内に（向き付け可能な）$n-1$ 次元曲面 S があり，S の近くで定義された関数 $a_1(x), \cdots, a_n(x)$ がある．$a(x) = {}^t(a_1(x), \cdots, a_n(x))$ は，$x \in S$ のとき S に接することはないとする．S 上に任意に点 x^0 をとる．x^0 の近く U において，方程式

$$(5.12) \quad \begin{cases} a_1(x)\partial_{x_1}u(x) + \cdots + a_n(x)\partial_{x_n}u(x) = 0, & x \in U, \\ u(x') = u_0(x'), & x' \in S \cap U \end{cases}$$

をみたす解 $u(x)$ が，S 上の任意の関数 $u_0(x')$ に対して唯一つ存在する．

証明　$S \cap U$ は (5.10) で表されているとし，方程式

$$(5.13) \quad \begin{cases} \dfrac{dq}{ds}(0) = a(q(s)), & -\varepsilon < s < \varepsilon \\ q(0) = h(y', 0), & (y', 0) \in V. \end{cases}$$

で定義される曲線 $x = q(s)$ を考える（この曲線を**特性曲線**とよんでいる）．ここで，$V = \{y = (y', y_n); y_n = 0, h(y', 0) \in S \cap U\}$ である．今，この解 $q(s) = q(s; y')$ の存在は認めることにする（第 9 章の定理 9.1 を参照）．例題 5.5 により，(s, y') $(x = q(s; y'))$ は $S \cap U$ の近くで定義されている局所座標系になっている．したがって，写像 $(s, y') \mapsto x = q(s; y')$ の逆写像 $x \mapsto (s, y') = q^{-1}(x)$ が存在する．

　$u(x)$ が (5.12) の解だとすると，$\tilde{u}(s, y') = u(q(s; y'))$ は，

$$(5.14) \quad \begin{cases} \dfrac{d\tilde{u}}{ds}(s) = 0, & -\varepsilon < s < \varepsilon \\ \tilde{u}(0, y') = u^0(h(y', 0)), & (y', 0) \in V. \end{cases}$$

をみたす．なぜなら，第 3 章の定理 3.1 を使うと，$q(s; y')$ が (5.13) をみたすことより $\dfrac{d}{ds}u(q(s; y')) = \displaystyle\sum_{i=1}^n a_i(q(s, y'))\partial_{x_i}u(q(s; y'))$ が得られるからである．さらに，$\tilde{u}(s, y)$ が (5.14) をみたせば，$u(x) = \tilde{u}(q^{-1}(x))$ は (5.12) をみたすことが分かる．したがって，方程式 (5.12) を解くことと (5.14) を解くことは同等になる．

　(5.14) は第 2 章の例題 2.4 にある方程式 (2.6) と同じ形のものであるので，そのときの議論がそのまま通用する．(5.14) の第 1 の等式は，s を動かしたとき $\tilde{u}(s; y')$ は一定であることを意味している．したがって，第 2 式より，$\tilde{u}(s; y') = u^0(h(y', 0))$ $(-\varepsilon < s < \varepsilon)$ である．この $\tilde{u}(s; y')$ に $(s; y') = q^{-1}(x)$ を代入した $u(x) = \tilde{u}(q^{-1}(x))$ が (5.12) の解になっている．また，(5.14) の解 $\tilde{u}(s; y')$ の一意性は例題 2.4 で既に考えたので，(5.12) の解 $u(x)$ の一意性も保証される．

（証明終り）

―――――――――――――――― 章末問題 ――――――――――――――――

5.1 空間 $\mathbb{R}^3_x$ において，ベクトル $e^1 = {}^t(1,1,0)$, $e^2 = {}^t(-1,1,0)$, $e^3 = {}^t(0,1,1)$ をとり，新しい座標系 $y = {}^t(y_1, y_2, y_3)$

$$x = y_1 e^1 + y_2 e^2 + y_3 e^3 \qquad (x = {}^t(x_1, x_2, x_3))$$

を導入する.

(1) x から y への変換式 $y = w(x)$ を求めよ.

(2) 偏微分方程式 $\partial_{x_1} u(x) = 0$ [6] を，変数 y の方程式に（つまり，$\tilde{u}(y) = u(w^{-1}(y))$ の偏微分方程式に）書き換えよ.

5.2 $x_1 x_2$-空間において，点 $(2,0)$（A とする）を中心とする半径 1 の円上を一定の速さ c で反時計回りに回転している点 P がある. P を原点とする座標系 (y_1, y_2) を次のようにとる. y_1-軸の向きは P の進む向きに一致しており，y_2-軸の向きは $\overrightarrow{AP}$ 向きと一致している. y_1-軸，y_2-軸の目盛りの取り方は x_1-軸，x_2-軸と同じであるとする. さらに，時間 t は，$x_1 x_2$-空間，$y_1 y_2$-空間共に同じであり，$t = 0$ のとき P は $(x_1, x_2) = (3, 0)$ にあるとする. 次の問に答えよ.

(1) 定点 $(y_1, y_2) = (1, 0)$ を座標系 (x_1, x_2) で表示した点は，$x_1 x_2$-空間でどんな軌跡を描くか.

(2) x_2-軸上を一定の速さ v で $x_2 > 0$ の向きに進む点は，座標 (y_1, y_2) ではどんな式で表されるか. ただし，$t = 0$ のとき上記の点は原点 $x = 0$ にあるとする.

5.3 ラプラシアン $\Delta = \sum_{i=1}^{n} \partial_{x_i}^2$ に関係する次の問に答えよ.

(1) $n = 2$ として，$x_1 x_2$-空間に極座標 (r, θ) を導入する（$x_1 = r\cos\theta$, $x_2 = r\sin\theta$）. ∂_{x_i} $(i = 1, 2)$ を極座標で表せ [7].

(2) $n = 2$ のとき，ラプラシアンを極座標で表せ.

(3) $n = 3$ のとき，$x_1 x_2 x_3$-空間に極座標 (r, θ, φ) を導入する（$x_1 = r\sin\varphi\cos\theta$, $x_2 = r\sin\varphi\sin\theta$, $x_3 = r\cos\varphi$）. ラプラシアンを極座標で表せ.

5.4 空間 $\mathbb{R}^n_x$ $(x = {}^t(x_1, \cdots, x_n))$ 内に向き付け可能な $n-1$ 次元曲面 S がある. $S = \{x = h(y') | \ y' = {}^t(y_1, \cdots, y_{n-1}) \in V'\}$ であるとする（(5.10) を参照）. ここで，V' は $\mathbb{R}^{n-1}$ 内の領域であり，$\partial_{y_1} h(y'), \cdots, \partial_{y_{n-1}} h(y')$ は 1 次独立である. $h(y')$ $(\in S)$ における単位法ベクトルを $p(y') = {}^t(p_1(y'), \cdots, p_n(y'))$ で表す. 次の問に答えよ.

(1) 写像 $k(s, y') = s\, p(y') + h(y')$ の逆写像 $k^{-1}(x) = (\tilde{s}(x), \tilde{y}'(x))$ （すなわち $x = \tilde{s}(x)\, p(\tilde{y}'(x)) + h(\tilde{y}'(x))$）が，$S$ に十分近い領域で存在することを示せ.

(2) $k^{-1}(x)$ が存在する領域を D とする. このとき，偏微分方程式

――

[6] この方程式は，$u(x)$ が x_1-軸に平行な任意の直線上で一定であることを意味することに注意しよう.

[7] 正確に言うと，$u(x_1, x_2)$ に対して，$\tilde{u}(r, \theta) = u(r\cos\theta, r\sin\theta)$ とし，$(\partial_{x_i} u)(r\cos\theta, r\sin\theta) = P(\partial_r, \partial_\theta)\tilde{u}(r, \theta)$ となる微分演算 $P(\partial_r, \partial_\theta)$ を求めよということである. 以下の問 (2) (3) においても同様の意味である.

$$\begin{cases} p_1(k^{-1}(x))\partial_{x_1}u(x) + \cdots + p_n(k^{-1}(x))\partial_{x_n}u(x) = 1, \quad x \in D, \\ u(x) = 0, \quad x \in S \end{cases}$$

をみたす解 $u(x)$ が唯1つ存在し，次のように表されることを示せ．

$$u(x) = \tilde{s}(x).$$

第 6 章

重積分

独立変数 t が 1 次元のとき，関数 $f(t)$ の積分 $\displaystyle\int_a^b f(t)dt$ は，粗く言ってしまえば，区間 $[a,b]$ を微小区間で分割し，微小区間（の長さ）dt とそこでの関数値 $f(t)$ との積 $f(t)dt$ を区間全体にわたってたしたものである．積分の記号もそのような意味を反映したものになっている[1]．また，これは図形的には，（$f(t) > 0$ のとき）$f(t)$ のグラフと t-軸で囲まれた $a \le t \le b$ の部分 S を微小な長方形の和集合で近似し，S の面積を長方形の面積の和として求めていると言える．多変数関数に対しても同じ発想のものが定義でき，重積分と呼ばれている．本章では重積分に関わる基本事項を説明したい．

6.1 重積分と累次積分

最初に 1 変数関数 $f(t)$ の積分 $\displaystyle\int_a^b f(t)\,dt$ について確認しておこう．区間 $[a,b]$ を微小区間 $I_1, I_2, \cdots, I_m$ で分割し，各 I_j では $f(t)$ は一定（$= f_j$）であるとして f_j と I_j の大きさ $|I_j|$ との積 $f_j|I|$（$f(t) > 0$ のときは細長い長方形の面積になる）をつくり，それらの和 $S_m = f_1|I_1| + f_2|I_2| + \cdots + f_m|I_m|$ を考える．この微小区間による分割を細かくしていったとき（$m \to \infty$ のとき），S_m の極限値を $\displaystyle\int_a^b f(t)\,dt$ で表すということであった．また，$f(t) > 0$ のとき，この極限値は $f(t)$ のグラフと t-軸で囲まれた $a \le t \le b$ の部分の面積を，微小な長方形の和集合で近似して長方形の面積の総和（の極限値）で表そうとしたものである．

この 1 変数積分の発想で多変数関数 $f(x)$（$x = (x_1, \cdots, x_n)$）の積分を定義しよう．$x_1 \cdots x_n$-空間（$\mathbb{R}_x^n$ で表す）で区間に相当するもの（n 次元長方形 I）は次のような集合である．

$$I = [a_1, b_1] \times [a_2, b_2] \times \cdots \times [a_n, b_n]$$
$$= \Big\{ (x_1, x_2, \cdots, x_n) \;\big|\; a_1 \le x_1 \le b_1,\ a_2 \le x_2 \le b_2, \cdots, a_n \le x_n \le b_n \Big\}.$$ [2]

その大きさ $|I|$（長さあるいは面積）は $(b_1 - a_1) \cdots (b_n - a_n)$ である．今ある n 次元長方形 I（以後

---

[1] 和のことを英語で sum とか summation という．$\displaystyle\int$ はこの S を記号化したものと思われる．

[2] ここでは各区間の端を含めたもののみで考える．そうしなくてもいいが，本質的な差は起こらない．

単に長方形ということにする）が与えられているとして，I を微小な長方形 I_j $(j = 1, 2, \ldots, m)$[3)]

で分割し，和 $\displaystyle\sum_{j=1}^{m} f(c_j)|I_j|$　$(c_j \in I_j)$ を考える．ここで，c_j は I_j 内で任意に取った点である．

分割を限りなく細かくしていったとき，この和の極限値が存在し，その値が分割の仕方や c_j の取り方によらず一定である場合を「$f(x)$ は **積分可能である**」という．さらに，この極限値を I における $f(x)$ の積分（あるいは**重積分**）といい，$\displaystyle\int_I f(x)\,dx, \int \cdots \int_I f(x_1, \cdots, x_n)\,dx_1 \cdots dx_n$ などと書く．つまり

$$(6.1) \qquad \int_I f(x)\,dx = \lim_{m \to \infty} \sum_{j=1}^{m} f(c_j)|I_j|$$

である．$f(x)$ が連続関数であれば，$f(x)$ は積分可能である．(6.1) にある極限値の存在について，証明の要点は，「$f(x)$ の一様連続性（すなわち，任意の ε (> 0) に対して x, y によらない δ (> 0) が存在して $|x - y| \le \delta$ のとき $|f(x) - f(y)| \le \varepsilon$ が成立すること）」と「$S_m = \displaystyle\sum_{j=1}^{m} f(c_j)|I_j|$ $(m = 1, 2, \cdots)$ が基本列（第 15 章（補章）の第 1 節を参照）になること」である．ここでは証明なしに (6.1) にある極限値の存在を認めることにする[4)]．

　上記の積分 $\displaystyle\int_I f(x)\,dx$ において，I を長方形と限らず，もっと一般的な領域 D における積分 $\displaystyle\int_D f(x)\,dx$ に拡張することができる．その発想は，D を長方形の和集合で近似して，各長方形を上述の I_j と置き換えて同じような和（極限値）をとるというものである．

　これと同等であるが，別の発想で $\displaystyle\int_D f(x)dx$ を定義することもできる．すなわち，D を含む長方形 I をとり，$f(x)$ に対して関数

$$(6.2) \qquad f_D(x) = \begin{cases} f(x) & (x \in D \text{ のとき }), \\ 0 & (x \notin D \text{ のとき }) \end{cases}$$

を考え，$\displaystyle\int_I f_D(x)\,dx$ を D における $f(x)$ の積分と定義するのである．

　上記の定義を数学的に厳密なものにしようとすると，「領域を長方形の和集合で近似する」とか「連続でない関数の積分可能性」（極限値である $\displaystyle\int_D f(x)\,dx$ の存在性）などを明確にしなくてはならない．しかし，今はこれ以上深入りしないことにして，$\displaystyle\int_D f(x)\,dx$ などを扱うときは，D や $f(x)$ は数学の厳密性に耐え得る範囲の D や $f(x)$ で考えているということにする．後で「領域を長方形の和集合で近似する」ことなどについて詳しく触れることにする．また関数はすべて何回でも微分可能であって，偏導関数を含めてすべて連続であるとする．

　上述の多変数（n 次元）の積分 $\displaystyle\int_D f(x)\,dx$ について，1 変数のときと同じ次の等式がなりたつ．これは，今後いろいろなところで重要な役割をはたすことになる．

---

3) 隣同士の長方形は境界のみが重なっているとする．

4) この証明については，例えば，「微分積分入門 – 現象解析の基礎 –」（曽我日出夫著　学術図書出版社）の補章「18.3 積分値の存在」をみよ．1 変数関数のときではあるが本質的には変わりはない．

(6.3) $\displaystyle\int_D \big(f(x)+g(x)\big)\,dx = \int_D f(x)\,dx + \int_D g(x)\,dx, \quad \int_D cf(x)\,dx = c\int_D f(x)\,dx,$

(6.4) D において $f(x) \leq g(x)$ ならば $\displaystyle\int_D f(x)\,dx \leq \int_D g(x)\,dx$ がなりたつ.

証明は読者に任せたい（章末問題 6.1 を参照）. 第 1 の等式は（積分の）**線型性**とよばれ，微積分の解析において理論の基礎になるような極めて重要な等式である.

n 次元積分は，次の定理で示すように，次元の低い積分の繰り返しで表せる.

定理 6.1 $x = (x', x_n) = (x_1, \cdots, x_{n-1}, x_n)$ であり，$I = [a_1, b_1] \times \cdots \times [a_n, b_n]$, $I' = [a_1, b_1] \times \cdots \times [a_{n-1}, b_{n-1}]$ とする. I 上の連続関数 $f(x)$ に対して[5]次の等式がなりたつ.

(6.5) $\displaystyle\int_I f(x)\,dx = \int_{a_n}^{b_n} \Big(\int_{I'} f(x', x_n)\,dx'\Big)dx_n = \int_{I'}\Big(\int_{a_n}^{b_n} f(x', x_n)\,dx_n\Big)dx'.$

証明 $[a_k, b_k]$ $(k = 1, \ldots, n-1)$ を m 等分することで，I' は（$n-1$ 次元）長方形で細分割される. それらを $\{I_i'\}_{i=1,\ldots,m'}$ $(m' = m^{n-1})$ とし，I_i' から 1 点 c_i' をとる. 同様に $[a_n, b_n]$ を m 等分して得られる細分割を $\{I_j^n\}_{j=1,\ldots,m}$ とし，I_j^n から 1 点 c_j^n をとる. $\displaystyle\int_I f(x)\,dx = \lim_{m\to\infty}\sum_{i=1}^{m'}\sum_{j=1}^{m} f(c_i', c_j^n)|I_i'||I_j^n|$ であるから，任意の ε (> 0) に対して[6]m_0 を十分大きくとれば，$m \geq m_0$ のとき

(6.6) $\displaystyle\Big| \int_I f(x)\,dx - \sum_{i=1}^{m'}\sum_{j=1}^{m} f(c_i', c_j^n)|I_i'||I_j^n| \Big| < \frac{\varepsilon}{2}$

がなりたつ.

証明の方針は，「上記の有限和 $\displaystyle\sum_{i=1}^{m'}\sum_{j=1}^{m} f(c_i', c_j^n)|I_i'||I_j^n|$ については定理の主張は明らかなこと（たし算の順序を変えても和はかわらないこと）であり，そのことが極限においてもなりたつ」ということを示すことである. 一般に長方形 $\tilde{I}$ が有限個の長方形 $\{\tilde{I}_k\}_{k=1,\ldots,N}$ で分割されているとき $\displaystyle\int_{\tilde{I}} g(z)\,dz = \sum_{k=1}^{N} \int_{\tilde{I}_k} g(z)\,dz$ が成立する. したがって，$\displaystyle\int_{I'} f(x', c_j^n)\,dx' = \sum_{i=1}^{m'} \int_{I_i'} f(x', c_j^n)\,dx'$ となる. ゆえに，次の等式が成立する.

$$\sum_{i=1}^{m'}\sum_{j=1}^{m} f(c_i', c_j^n)|I_i'||I_j^n|$$

$$= \sum_{j=1}^{m}\sum_{i=1}^{m'} \int_{I_i'} f(x', c_j^n)\,dx'|I_j^n| + \sum_{i=1}^{m'}\sum_{j=1}^{m}\Big(f(c_i', c_j^n)|I_i'| - \int_{I_i'} f(x', c_j^n)\,dx'\Big)|I_j^n|$$

---

[5] $f(x)$ は必ずしも連続関数でなくてもよい. 例えば，I に含まれる (6.8)（後述）をみたす領域 D であって，(6.2) の関数 $f_D(x)$ であれば，定理 6.1 はなりたつ.
[6] 「どんなに小さい ε (> 0) に対しても」という意味である.

(6.7)
$$= \sum_{j=1}^{m} \int_{I'} f(x', c_j^n) \, dx' |I_j^n| + \sum_{i=1}^{m'} \sum_{j=1}^{m} \int_{I_i'} \left(f(c_i', c_j^n) - f(x', c_j^n) \right) dx' |I_j^n|$$

(6.7) の第2項において, 各積分範囲 I_i' について $|x' - c_i'| \le m^{-1} C_1 \max\limits_{i=1,\dots,n-1} (b_i - a_i)$ が成立している. さらに, 第4章の定理 4.1 より, $x, \tilde{x} \in I$ のとき, $|f(x) - f(\tilde{x})| \le C_2 |x - \tilde{x}|$ が成立する.

したがって, (6.7) の第2項について, $\left| \sum_{i=1}^{m'} \sum_{j=1}^{m} \int_{I_i'} \left(f(c_i', c_j^n) - f(x', c_j^n) \right) dx' |I_j^n| \right| \le C_3 m^{-1}$

がなりたつ. また, $m \to \infty$ のとき, (6.7) の第1項は, x_n の関数 $\int_{I'} f(x', x_n) \, dx'$ の I^n における積分に収束する. 以上のことから, 任意の $\varepsilon \, (> 0)$ に対して m_2 が存在して, $m \ge m_2$ のとき

$$\left| \sum_{i=1}^{m'} \sum_{j=1}^{m} f(c_i', c_j^n) |I_i'| |I_j^n| - \int_{I^n} \left(\int_{I'} f(x', x_n) \, dx' \right) dx_n \right| < \frac{\varepsilon}{2}$$

が成立する. これと (6.6) により, 任意の $\varepsilon \, (> 0)$ に対して $\left| \int_I f(x) \, dx - \int_{a_n}^{b_n} \left(\int_{I'} f(x', x_n) \, dx' \right) dx_n \right| < \varepsilon$ ということになる. したがって, 定理 6.1 にある (6.5) の第1項と第2項は等しい. 第1項と第3項についても同様にすればよい.

(証明終り)

　上記の証明のように, 極限をとる前の性質が極限後にもなりたつということは, 当たり前のことのように思いがちだが, 厳密に示そうとするとかなり細かい議論が必要になることが少なくない. この種の議論は, 微分積分の証明で特に多いことに留意しよう (例えば, 第1章の定理 1.2 など).

注意 6.1　上の定理 6.1 を何回か使うと, 次のように $\int_I f(x) \, dx$ は結局 1 次元の積分の繰り返したものに等しい.

$$\int_I f(x) \, dx = \int_{a_n}^{b_n} \left(\cdots \left(\int_{a_2}^{b_2} \left(\int_{a_1}^{b_1} f(x_1, x_2, \cdots, x_n) \, dx_1 \right) dx_2 \right) \cdots \right) dx_n.$$

しかも, 積分する変数をどういう順序で選んでも値は変わらない. したがって, $\int_I f(x) \, dx$ は次のように書かれることも多い.

$$\int_{a_1}^{b_1} \cdots \int_{a_n}^{b_n} f(x_1, \cdots, x_n) \, dx_1 \cdots dx_n.$$

この 1 次元の積分を繰り返したものを**累次積分**と呼んでいる.

　この節の始めに述べたように, 積分は図形の面積 (あるいは体積) に関係深いものである. 恒等的に $f(x) = 1$ であるような関数に対する積分 $\int_D dx$ は D の面積 $|D|$ を表しているように思える. ここで, 空間 $\mathbb{R}_x^n$ の領域 D の面積とは何かを, つまり面積 $|D|$ をどう定義すればよいかを考えてみよう.

自然な発想にしたがえば，微小で各辺が座標軸に平行な n 次元正方形（つまり $\{x = (x_1, \cdots, x_n) \mid |x_i - \tilde{x}_i| \leq 2^{-1}\varepsilon\}$ という形の集合）の和集合で D を近似し[7]，各正方形の面積の和（極限値）を面積 $|D|$ と定義することになる．この話を厳密にしようとすると，「D を正方形の和集合で近似する」という意味やその可能性の保証を明確にしなければならない．そのためには，D はどんな領域でもいいわけではなく，ある種の条件をみたすものでなければならない．その条件とは次のようなものである（**面積確定条件**）．

領域 D は，境界を除いて互いに重ならず各辺が座標軸に平行であるような（n 次元）正方形の和集合によって，下からと上からとで近似できる．

(6.8)　　　すなわち，任意の $\varepsilon \, (> 0)$ に対して，上記の正方形 $I_-^1, \cdots, I_-^{m_-}$ および $I_+^1, \cdots, I_+^{m_+}$ が存在して

$$\bigcup_{i=1}^{m_-} I_-^j \subset D \subset \bigcup_{i=1}^{m_+} I_+^j, \quad \left| \sum_{i=1}^{m_-} |I_-^i| - \sum_{i=1}^{m_+} |I_+^i| \right| < \varepsilon$$

が成立する．

この条件をみたす D であれば，上記の正方形の集合 $\{I_-^j\}_{i=1,\ldots,m_-}$ と $\{I_+^j\}_{i=1,\ldots,m_+}$ を細かくしていったとき，$\sum_{i=1}^{m_-} |I_-^i|$ と $\sum_{i=1}^{m_+} |I_+^i|$ の極限値が存在し，両者は一致することが分かっている[8]．この極限値を面積 $|D|$ と定義するのである．また，上記の条件 (6.8) は，かなり広い集合に対してみたされることも分かっている．

D が面積確定条件をみたせば，$|D| = \int_{R^n} c_D(x)\, dx$ となることが分かる．ここで $c_D(x)$ は，$x \in D$ のとき $c_D(x) = 1$，$x \notin D$ のとき $c_D(x) = 0$ である関数であり，積分可能になる．$c_D(x)$ を，D の**特性関数**と呼んでいる．このことを踏まえて，しばしば，D の面積を $\int_{R^n} c_D(x) dx$ であると定義してしまうやり方が採用される．そして，この定義から出発して，特性関数 $c_D(x)$ が積分可能であるような集合 D とは何かを明確にしていくのである．しかし，この本ではこういうことには深入りしないことにする．

例題 6.1　$x_1 x_2$-空間における楕円で囲まれた図形 S は，$\dfrac{x_1^2}{a_1^2} + \dfrac{x_2^2}{a_2^2} \leq 1 \, (a_1,\, a_2 > 0)$ という式で代表される．S の面積 $|S|$ は πab であることを示せ．

---

x_1, x_2 の動く範囲はそれぞれ $I_1 = [-a_1, a_1]$，$I_2 = [-a_2, a_2]$ である．$c_S(x)$ を S の特性関数とする．$|S| = \int_{I_1 \times I_2} c_S(x)\, dx$ である．定理 6.1 より

$$\int_{I_1 \times I_2} c_S(x)\, dx = \int_{I_2} \Big(\int_{I_1} c_S(x_1, x_2)\, dx_1 \Big)\, dx_2$$

---

[7] この際，境界を除いて各正方形が重ならないように近似する．
[8] 例えば，「あとがき」の書籍 [1] の下巻第 6 章（6.6 節）をみよ．

となる．ここで，x_1 について変数変換 $y_1 = \dfrac{x_1}{a_1}$ を導入することによって $\displaystyle\int_{I_1} c_S(x_1, x_2)\, dx_1 =$

$\displaystyle\int_{\tilde{I}} c_S(a_1 y_1, x_2) a_1\, dy_1$ $(\tilde{I} = [-1, 1])$ が得られる．さらに，y_1 と x_2 の累次積分を入れ換えて，

変数変換 $y_2 = \dfrac{x_2}{a_2}$ を使うと

$$\int_{I_1 \times I_2} c_S(x)\, dx = \int_{\tilde{I}} \Big(\int_{\tilde{I}} c_S(a_1 y_1, a_2 y_2) a_2\, dy_2 \Big) a_1\, dy_1$$

$$= a_1 a_2 \int_{\tilde{I} \times \tilde{I}} c_S(a_1 y_1, a_2 y_2)\, dy \quad (y = (y_1, y_2))$$

がなりたつ．$\dfrac{x_1^2}{a_1^2} + \dfrac{x_2^2}{a_2^2} \leq 1$ を変数 y_1, y_2 で表すと，$y_1^2 + y_2^2 \leq 1$ となる．したがって，$c_S(a_1 y_1, a_2 y_2) = 1$ となるのは，y_1, y_2 が $y_1^2 + y_2^2 \leq 1$ をみたすときである．つまり，これは $y_1 y_2$-空間における半径 1 の円板の特性関数である．ゆえに，$\displaystyle\int_{\tilde{I} \times \tilde{I}} c_S(a_1 y_1, a_2 y_2)\, dy$ は，この円板の面積（$= \pi$）である．したがって，$|S| = \pi a_1 a_2$ である．

例題 6.2　半径 r の（3 次元の）球の体積が $\dfrac{4\pi}{3} r^3$ であることを確かめよ．

　一般性を失うことなく，球 V は，中心が空間 $\mathbb{R}^3_x$ の原点にあり，$V = \{x = (x_1, x_2, x_3) \mid x_1^2 + x_2^2 + x_3^2 \leq r^2\}$ であるとしてよい．V の特性関数を $c_V(x)$ とすると，体積は $\displaystyle\int_{\mathbb{R}^3} c_V(x)\, dx$ である．

定理 6.1 より，この積分 $\displaystyle\int_{\mathbb{R}^3} c_V(x)\, dx$ は

$$\int_{-\infty}^{\infty} \Big(\int_{\mathbb{R}^2} c_V(x', x_3)\, dx' \Big) dx_3$$

$$= \int_{-\infty}^{\infty} \Big\{ \int_{-\infty}^{\infty} \Big(\int_{-\infty}^{\infty} c_V(x_1, x_2, x_3)\, dx_1 \Big) dx_2 \Big\} dx_3$$

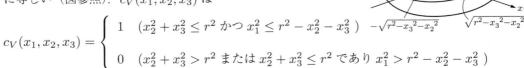

に等しい（図参照）．$c_V(x_1, x_2, x_3)$ は

$$c_V(x_1, x_2, x_3) = \begin{cases} 1 & (x_2^2 + x_3^2 \leq r^2 \ \text{かつ} \ x_1^2 \leq r^2 - x_2^2 - x_3^2) \\[2mm] 0 & (x_2^2 + x_3^2 > r^2 \ \text{または} \ x_2^2 + x_3^2 \leq r^2 \ \text{であり} \ x_1^2 > r^2 - x_2^2 - x_3^2) \end{cases}$$

をみたすので，$x_2^2 + x_3^2 \leq r^2$ かつ $x_1^2 \leq r^2 - x_2^2 - x_3^2$ のとき

$$\int_{-\infty}^{\infty} c_V(x_1, x_2, x_3)\, dx_1 = 2\sqrt{r^2 - x_2^2 - x_3^2}.$$

が成立する．したがって，$\displaystyle\int_{\mathbb{R}^3} c_V(x)\, dx = 2 \int_0^r 2 \Big\{ \int_0^{\sqrt{r^2 - x_3^2}} 2\sqrt{r^2 - x_2^2 - x_3^2}\, dx_2 \Big\} dx_3$ である．次に $x_2 = \sqrt{r^2 - x_3^2}\, y_2$ と変数変換することで，

$$\int_{\mathbb{R}^3} c_V(x)\,dx = 2\int_0^r 2\{\int_0^1 2\sqrt{r^2-x_3^2}\sqrt{1-y_2^2}\sqrt{r^2-x_3^2}\,dy_2\}\,dx_3$$

$$= 8\int_0^r \{\int_0^1 \sqrt{1-y_2^2}\,dy_2\}(r^2-x_3^2)\,dx_3$$

を得る. $\int_0^1 \sqrt{1-y_2^2}\,dy_2$ は半径 1 の円の面積の $\frac{1}{4}$ を表すので $\frac{\pi}{4}$ であるのだが, 計算だけで処理しようと思えば次のようにすればよい. $y_2=\sin\theta$ と置くと, この積分は $\int_0^{\frac{\pi}{2}} \sqrt{1-\sin^2\theta}\cos\theta\,d\theta$

$= \int_0^{\frac{\pi}{2}} \cos^2\theta\,d\theta = \frac{\pi}{4}$ [9)] となる. したがって, $\int_{\mathbb{R}^3} c_V(x)\,dx = 2\pi\int_0^r (r^2-x_3^2)\,dx_3 = \frac{4\pi}{3}r^3$ となり, 求める球の体積は $\frac{4\pi}{3}r^3$ である.

(例題 6.2 の説明終り)

6.2 曲面上の積分

本節では, 関数 $f(x)$ の x が $\mathbb{R}^n$ ではなく何か曲面上を動く場合の積分を考える. 最初に, そもそもそういう設定の積分を考えたくなるような実例をあげてみたい.

球面 S (例えば地球表面) の各点 x の温度を $f(x)$ として, $f(x)$ の平均とはどういうものかを考えてみよう. S を微小な領域 $S^1, S^2, \ldots, S^m$ で分割し (互いに境界以外では共通部分がないものとする), 各 S^i から 1 点 c^i をとり, S^i での温度を $f(c^i)$ で近似する. $S^1, \cdots, S^m$ での平均とは, 面積比 $\frac{|S^1|}{|S|}, \cdots, \frac{|S^m|}{|S|}$ でとった平均 $\sum_{i=1}^m f(c^i)\frac{|S^i|}{|S|}$ であるとするのが自然であるだろう. したがって, S における $f(x)$ の平均とは

$$\lim_{m\to\infty}\sum_{i=1}^m f(c^i)|S^i|\frac{1}{|S|}$$

と定義するといいだろう. $\lim_{m\to\infty}\sum_{i=1}^m f(c^i)|S^i|$ は S における $f(x)$ の積分とよぶべきものである. この積分の定義にはいくつかのやり方があるだろうが, ここでは, 曲面を細かく分割し, 各部分を接平面に射影したもの[10)]の面積を考え, それと関数値の積をたしたもの (その極限値) を積分とすることにする (以下で詳しく触れる).

はじめに基本的なこととして, $\mathbb{R}^n_x$ 内の $n-1$ 次元曲面 S の定義について再度確認しておこう. 「S が $n-1$ 次元曲面である」とは, S の各点においてその近く $U\,(\subset\mathbb{R}^n_x)$ で定義された局所座標系 $x=h(y)\,(y\in\tilde{U}\subset\mathbb{R}^n_y)$ が存在して, $\mathbb{R}^n_y$ 内の $n-1$ 次元平面の一部分 $V\,(\subset\{y\mid y_n=0\})$ を h で移したものが $S\cap U$ になっているときを言う (第 5 章例題 5.3 の後の説明を参照).

しばしば使われる表示法は, 何か関数 $g(x)\,(x=(x_1,\cdots,x_n)=(x',x_n))$ があって,

---

9) $\cos^2\theta = \dfrac{1+\cos 2\theta}{2}$ を使うとよい.

10) S を平面 H へ射影したものとは, H の各点から H へ降ろした垂線の足の全体をいう.

(6.9)
$$S \cap U = \{x|\ g(x) = 0\}$$

となっているというものである. ここで $\partial_x g(x) \neq 0 \ (x \in U)$ であるとする. この定義にともなって, 次の座標変換 $x \mapsto y \ (= (y', y_n))$ がよく使われる.

$$y' = x', \ y_n = g(x)$$

座標系 y を使うと, $S \cap U$ は y-空間において $y_n = 0$ の一部分として表される. 座標変換の一般論については, 次の第 7 章で取り扱う.

関数 $k(x')$ のグラフとは, 曲面 $x_n = k(x') \ (= \{x = (x', x_n); \ x_n = k(x')\})$ のことである. これは, 上記の $g(x)$ を $g(x', x_n) = x_n - k(x')$ としたものである. $k(0) = 0$ かつ $\partial_{x'} k(0) = 0$ とすると, $k(x')$ のグラフは $x = (0, 0)$ において x'-空間 $(= \{(x', x_n)|\ x_n = 0\})$ にちょうど接しており, 接平面は x'-空間となっている. グラフ上の点 $(x', k(x'))$ をこの接平面へ射影した点は $(x', 0)$ で表される. ここで, $\{x|\ |x'| < \varepsilon\} \ (\varepsilon > 0)$ の範囲にある曲面 ($k(x')$ のグラフ) と接平面との x_n-方向のズレは $C\varepsilon^2$ 以下 (C は ε によらない正定数) になることに注意しよう. つまり, $\varepsilon \to 0$ のとき, この意味で曲面は局所的に接平面で近似できるということである.

例題 6.3 $\mathbb{R}^n$ において, ベクトル α, $\bar{\alpha} \ (|\alpha| = 1, \ |\bar{\alpha}| = 1)$ に垂直な $(n-1$ 次元) 平面をそれぞれ H, $\bar{H}$ とする. $\bar{H}$ の点 x を H に射影した点を $P(x)$ で表す. 平面内の領域 K の面積を $|K|$ で表す. $\bar{H}$ 内の領域 $\bar{S}$ に対して

(6.10)
$$|P(\bar{S})| = \alpha \cdot \bar{\alpha} \ |\bar{S}| \qquad (P(\bar{S}) \text{ は } \{P(x)\}_{x \in \bar{S}})$$

が成立することを示せ. ここで, α と $\bar{\alpha}$ のなす角は $[0, \pi)$ の範囲にあるとする.

H が x'-空間 $(x' = (x_1, x_2, \cdots, x_{n-1}))$ になり, x_n-軸正の向きが α の向きに等しくなるように (直交) 座標系 $x = (x_1, \cdots, x_n)$ をとる. $H \cap \bar{H}$ は $n-2$ 次元平面である ($n \geq 3$ のとき). この $n-2$ 次元平面が x''-平面 $(x'' = (x_1, \cdots, x_{n-2}))$ になるように, 座標系 $(x_1, x_2, \cdots, x_{n-1})$ がとってあるとする[11]. 面積 $|\bar{S}|$ とは, $\bar{S}$ を平面 $\bar{H}$ 内の長方形 $\bar{I}_1, \cdots, \bar{I}_m$ (境界以外は共通部分がないとする) の和集合で近似し, その近似の度合いを高くしていったときの和 $\displaystyle\sum_{i=1}^{m} |\bar{I}_i|$ の極限値である. その際, $P(\bar{I}_i) \ (i = 1, \ldots, m)$ が x'-平面の長方形であり, 各辺が各 x_j-軸 $(j = 1, \ldots, n-1)$ に平行であるようにとる[12] (そのようにしてもよい).

さらに, $\cup_{i=1}^{m} \bar{I}_i$ が $\bar{S}$ を近似しているならば, $\cup_{i=1}^{m} P(\bar{I}_i)$ は $P(\bar{S})$ を近似していることが分かる. したがって, $\displaystyle\lim_{m \to \infty} \sum_{i=1}^{m} |P(\bar{I}_i)|$ は $P(\bar{S})$ の面積である. 一方, α と $\bar{\alpha}$ のなす角を θ とすると, $|P(\bar{I}_i)| = \cos\theta |\bar{I}_i|$ という関係式が成立する. なぜなら, P で移すことで, $\bar{I}_i$ の辺の長さが変わるのは x_{n-1}-軸方向のもの (これを $[a_n^{n-1}, b_n^{n-1}]$ とする) だけであり, 長さ $(b_n^{n-1} - a_n^{n-1})$ は $(b_n^{n-1} - a_n^{n-1}) \cos\theta$ になるからである. ゆえに, $\cos\theta = \alpha \cdot \bar{\alpha}$ であることに注意すると

---

[11] x_{n-1}-軸の方向は自動的に決まることに注意せよ.
[12] つまり, $P(\bar{I}_i)$ が $\{x|\ a_i \leq x_i \leq b_i \ (i = 1, \ldots, n-1)\}$ という形の集合になっている.

$|P(\bar{I}_i)| = \alpha \cdot \bar{\alpha} |\bar{I}_i|$ が得られる．したがって，(6.10) が成立する．

（例題 6.3 の説明終り）

　以後，曲面 S について，各点で (6.9) の関数 $g(x)$ が存在して，局所的に S は $\{x|\ g(x) = 0\}$ で表せるものとする．ここで，S の法ベクトルについて少し確認しておこう．$x\ (\in S)$ における S に垂直な単位ベクトル $p(x)$ は，互いに逆向きのもので 2 つ考えられる．今 x を S 上で連続的にいろいろ変化させたとき，$p(x)$ の向きが逆転することはない（**向き付け可能**）と仮定する（そのような S のみを対象にする[13]）．例題 5.4 より，$p(x)$ は，$|\partial_x g(x)|^{-1}\partial_x g(x)$ または $-|\partial_x g(x)|^{-1}\partial_x g(x)$ に等しいことになるが，前者に等しいとする．つまり，そのように $p(x)$ を選ぶものとする．

　$S\ (\subset \mathbb{R}^n_x)$ の周辺で定義されている関数 $f(x)$ があるとして，S における $f(x)$ の積分 $\int_S f(x)\,dS_x$ の定義について考えることにしよう．$\mathbb{R}^n_x$ の (n 次元) 長方形 I における積分は，$\lim_{m\to\infty} \sum_{i=1}^m f(c^i)|I_i|$ と定義した（(6.1) を参照）．ここで $\{I_i\}_{i=1,2,\dots}$ は I を分割する長方形であった．この定義を想起しながら，曲面 S における積分 $\int_S f(x)\,dS_x$ を以下のように定義する．

　$\mathbb{R}^n$ を幅 ε の格子で分割し，この格子によってつくられる (n 次元) 立方体と S の共通部分を $S^1, S^2, \dots, S^{m(\varepsilon)}$ とする．すなわち S を $S^1, S^2, \dots, S^{m(\varepsilon)}$ で分割する．各 S^i から 1 点 c^i をとり，それを接点とする S の接平面を $\bar{H}^i$ とする．$x\ (\in S^i)$ を接平面 $\bar{H}^i$ へ射影したものを $P^i(x)$ で表し，$\bar{S}^i = P^i(S^i)$ とする．積分 $\int_S f(x)\,dS_x$ を

$$(6.11) \qquad \int_S f(x)\,dS_x = \lim_{\varepsilon\to 0} \sum_{i=1}^{m(\varepsilon)} f(c^i)|\bar{S}^i|$$

と定義する．さらに，S の面積 $|S|$ は $\int_S 1\,dS_x$ で定義する．

　上記の極限値の存在について少し説明しておこう．$\bar{S}^i$ は $n-1$ 次元平面 $\bar{H}^i$ 内の領域になるので，この領域の面積 $|\bar{S}^i|$ は前節で述べた意味で定義される（面積確定条件 (6.8) とその後の説明を参照）．このとき，i によらない正定数 C が存在し $|\bar{S}^i| \le C\varepsilon^{n-1}$ となる．さらに，$0 < s_0 \le \sum_{i=1}^{m(\varepsilon)} |\bar{S}^i| \le s_1$ となる ε によらない定数 s_0, s_1 が存在する[14]．これより，(6.11) にある極限値の存在は，(6.1) のときと同様のアイデアで証明できる．すなわち，$\lim_{j\to\infty} \varepsilon_j = 0$ となる正数の列 $\varepsilon_j\ (j = 1, 2, \dots)$ が存在して，点列 $\sum_{i=1}^{m(\varepsilon_j)} f(c^i)|\bar{S}^i|\ (j = 1, 2, \dots)$ が基本列（第 15 章（補章）第 1 節を参照）になることが証明できる[15]．

　ここでは，(6.11) の極限値の存在を証明なしに認めることにする．

---

[13] そうでない曲面も存在する．例えば，メビウスの帯など．
[14] このような S のみを考察の対象としていると言うべきかもしれない．
[15] その際，$f(x)$ の一様連続性を使う．

定理 6.2 ベクトル α ($|\alpha| = 1$) に垂直な $n-1$ 次元平面 H をとり，曲面 S を H に射影することを考える．点 x を H に射影したものを $P(x)$ で表し，集合 $\{P(x)\}_{x \in S}$ を $P(S)$ で表す．さらに，P は一対一であり，S の単位法ベクトル $p(x)$ に対して常に $p(x) \cdot \alpha \geq \alpha_0$ (α_0 は正定数) が成立しているとする．このとき，$P(S)$ の面積 $|P(S)|$ について次の等式がなりたつ．

$$(6.12) \qquad |P(S)| = \int_S \alpha \cdot p(x)\, dS_x.$$

証明 座標 $x = (x', x_n) = (x_1, \cdots, x_{n-1})$ を，x'-平面と H が一致するように取っておく．$\alpha = (0, \cdots, 0, 1)$ となる．$S^1, \cdots, S^{m(\varepsilon)}$ を，(6.11) にある S の分割とする．$\bar{H}^i$ を S^i の接平面とし (接点を c^i とする)，S^i を $\bar{H}^i$ へ射影したものを $\bar{S}^i$ とする．例題 6.3 の考察より，$|P(\bar{S}^i)| = \alpha \cdot p(c^i)|\bar{S}^i|$ が成立する．積分の定義から $\int_S \alpha \cdot p(x)\, dS_x = \lim_{\varepsilon \to 0} \sum_{i=1}^{m(\varepsilon)} \alpha \cdot p(c^i)|\bar{S}^i|$ である．したがって，$\lim_{\varepsilon \to 0} \sum_{i=1}^{m(\varepsilon)} |P(\bar{S}^i)| = |P(S)|$ であることを示すとよい．

$\{S^i\}_{i=1,2,\ldots}$ が互いに境界以外に共通点を持たないことと，$x \in S$ の範囲では P が一対一であることから，$P(S) = \cup_{i=1}^{m(\varepsilon)} P(S^i)$ であり，$|P(S)| = \sum_{i=1}^{m(\varepsilon)} |P(S^i)|$ が成立する．この和は，$\sum_{i=1}^{m(\varepsilon)} |P(\bar{S}^i)|$ で近似できると考えられるので，$|P(\bar{S}^i)|$ と $|P(S^i)|$ の差を評価することにする (図参照).

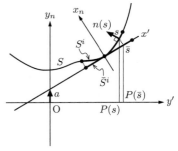

各 $\bar{H}^i$ において座標 $\bar{x}' = (\bar{x}_1, \cdots, \bar{x}_{n-2}, \bar{x}_{n-1})$ を，$(x_1, \cdots, x_{n-2}) = (\bar{x}_1, \cdots, \bar{x}_{n-2}) + (c_1^i, \cdots, c_{n-2}^i)$ であり，$\bar{x}_{n-1}$-軸が平面 $\bar{H}^i$ 上にあるようにとる ($\bar{x}_j$-軸 ($j-1, \ldots, n-1$) は互いに直交している). S^i は関数 $f^i(\bar{x}')$ のグラフで表されているとする．さらに，$\bar{x}_{n-1}$-軸と x_{n-1}-軸のなす角 θ は $\theta \geq 0$ であるとする．$\bar{x}_n$-軸は $\bar{x}'$-平面に垂直で，点 $x = c^i$ は $\bar{x} (= (\bar{x}_1, \cdots, \bar{x}_n)) = 0$ で表されているとする．

$f^i(0) = 0, \partial_{\bar{x}'} f^i(0) = 0$ となるから，第4章の定理 4.2 より $|f(\bar{x}')| \leq C|\bar{x}'|^2$ が成立する．S^i の点は $\bar{x} = (\bar{x}', f^i(\bar{x}'))$ で表されるから，S^i の点 $s (= (\bar{x}', f^i(\bar{x}'))$ を H^i に射影した点 $\bar{s} (= (\bar{x}', 0))$ とのズレは高々 $C|\bar{x}'|^2 (\leq C\varepsilon^2)$ である．さらに，s と $\bar{s}$ の x 座標の成分 $x_1, \cdots, x_{n-2}$ は一致しているので，s と $\bar{s}$ との座標のズレは x_{n-1} 成分のみに起こっており，それは $C\varepsilon^2$ 以下である (つまり $|P(s) - P(\bar{s})| \leq C\varepsilon^2$).

H (x'-平面) 内の集合 K に対して，この特性関数を $c_K(x')$ [16]で表すことにすると (以下

---

[16] $c_K(x') = 1\ (x' \in K),\ = 0\ (x' \notin K))$

では，H 上の点は $(x', 0)$ で表すべきだが，0 を省略して x' で表す），

$$|P(S^i)| = \int_{\mathbb{R}^{n-1}} c_{P(S^i)}(x')\,dx' = \int \left(\int c_{P(S^i)}(x'', x_{n-1})\,dx'' \right) dx_{n-1}$$
$$(x'' = (x_1, \cdots, x_{n-2}))$$

が成立する．s が S^i 上を動いたとき，$P(s)$ と $P(\bar{s})$ の x'' 座標については一致している．x_{n-1} 座標についてのズレは $C\varepsilon^2$ 以下である．しかも $P(S^i)$, $P(\bar{S}^i)$ は $\{x' \mid |x' - P(c^i)| \leq \varepsilon\}$ 内にあるので，ε によらない定数 C_1 が存在して

$$\left| \int c_{P(S^i)}(x'', x_{n-1})\,dx'' - \int c_{P(\bar{S}^i)}(x'', x_{n-1})\,dx'' \right| \leq C_1 \varepsilon^{n-1}$$

となることが分かる．したがって，$\left| \int \left(\int c_{P(S^i)}(x'', x_{n-1})\,dx'' \right) dx_{n-1} - \int \left(\int c_{P(\bar{S}^i)}(x'', x_{n-1})\,dx'' \right) dx_{n-1} \right| \leq C_1 \varepsilon^n$ が成立する．

以上のことから次の不等式が成立する．

$$\left| |P(S^i)| - |P(\bar{S}^i)| \right| \leq C_1 \varepsilon^n.$$

この不等式と $m(\varepsilon) \leq C_2 \varepsilon^{-n+1}$（定数 C_2 は ε によらない）であることに注意すると $\sum_{i=1}^{m(\varepsilon)} \left| |P(S^i)| - |P(\bar{S}^i)| \right| \leq C_1 C_2 \varepsilon$ が得られる．したがって，

$$\left| |P(S)| - \sum_{i=1}^{m(\varepsilon)} |P(\bar{S}^i)| \right| \leq C_1 C_2 \varepsilon$$

がなりたつ．この不等式は，任意の $\varepsilon\,(>0)$ に対してなりたつので，(6.12) が得られる．

（証明終り）

注意 6.2　定理 6.2 より，曲面 S 上で定義された関数 $f(x)$ に対して

$$\int_S f(x)\,p(x) \cdot dS_x = \int_S f(x) \cos \theta(x)\,dS_x = \int_{\bar{S}} f(P^{-1}(\bar{x}))\,d\bar{S}_{\bar{x}}$$

が成立する．ここで，$\bar{x} = P(x)$, $\bar{S} = P(S)$ であり，$\theta(x)$ は $x\,(\in S)$ における $p(x)$ と α のなす角である（$\cos\theta(x) = \theta(x) \cdot \alpha$ である）．

上記の等式が成立することは，定理 6.2 より S の微小部分 DS と $\overline{DS} = P(DS)$ の間に $|\overline{DS}| = \int_{DS} \cos\theta(x)\,d(DS)_x$ という関係があることから分かる．

（注意 6.2 の説明終り）

曲面上の積分は，流体の流れの流量などを表示するのによく使われる．今，3次元空間 $\mathbb{R}^3_x$ 内にある流体（気体または液体）が流れているとしよう（図参照）．各点 $x\,(=(x_1, x_2, x_3))$ における流体の速度は時間に対して一定で $v(x)$ であるとする．この中に (2次元) 曲面 S（網などを想定するとよい）を入れたとき，S を通過していく流体の量は単位時間あたりいくらになるかを考えてみよう．S の通過に際して抵抗は

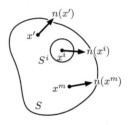

ないとし，流れの向きは S 上で逆転することはない（つまり S の単位法ベクトル $n(x)$ に対して常に $v(x) \cdot n(x) > 0$）とする.

　S を微小な領域 S^i $(i = 1, 2, \ldots, m)$ で分割し，各 S^i における流体の速度を $v(x^i)$ $(x^i \in S^i)$ で近似する．微小な時間 δ の間に S^i を通過する流体の量は，S^i を $v(x^i)$ の向きに $|v(x^i)|\delta$ だけ移動させてできる立体の体積で近似できる．この体積は，$v(x^i)$ に垂直な平面に S^i を射影したもの $\bar{S}^i$ の面積に $|v(x^i)|\delta$ をかけたものに等しい．定理 6.2 より，$|\bar{S}^i| = \displaystyle\int_{S^i} \left(|v(x^i)|^{-1} v(x^i)\right) \cdot n(x)\, dS_x^i$ であるが，これを $|v(x^i)|^{-1} v(x^i) \cdot n(x^i)|S^i|$ で近似する．したがって，S^i を通過する流体の単位時間あたりの体積は $v(x^i) \cdot n(x^i)|S^i|$ で近似できる．S の分割を限りなく細かくしていったときの極限値 $\displaystyle\lim_{m \to \infty} \sum_{i=1}^{m} v(x^i) \cdot n(x^i)|S^i|$ が，真の単位時間あたりの通過量となるだろう．この極限値は，$\displaystyle\int_S v(x) \cdot n(x)\, dS_x$ ということである.

　$v(x) \cdot n(x)$ の符号が変わるのをゆるして $\displaystyle\int_S v(x) \cdot n(x)\, dS_x$ を考えると，これは S からの流入分と流出分とを差し引きした量になっていることに注意しよう．この量は，S が閉じた曲面でその中で流体が湧き出ているか（あるいは膨張しているか）どうかを問題にしているときに重要になってくる.

───────────── **章末問題** ─────────────

6.1　次の等式を積分の定義に立ち返って証明せよ.

(1) $\displaystyle\int_D \left(f(x) + g(x)\right) dx = \int_D f(x)\, dx + \int_D g(x)\, dx, \quad \int_D cf(x)\, dx = c\int_D f(x)\, dx$

(2) D において $f(x) \leq g(x)$ ならば $\displaystyle\int_D f(x)\, dx \leq \int_D g(x)\, dx$ がなりたつ.

6.2　$x_1 \cdots x_n$-空間において，$x_1 \cdots x_{n-1}$-平面の図形 K' を，$a = {}^t(a_1, \cdots, a_{n-1}, a_n)$ $(a_n > 0)$ だけ平行移動させてできる立体を K とする．すなわち

$$K = \left\{ \begin{pmatrix} x' \\ 0 \end{pmatrix} + t \begin{pmatrix} a' \\ a_n \end{pmatrix} \;\middle|\; x' \in K', 0 \leq t \leq 1 \right\} \quad (a' = {}^t(a_1, \cdots, a_{n-1}))$$

とする．$|K| = a_n|K'|$ が成立することを示せ.

6.3　$x_1 x_2 x_3$-空間において，$x_1 x_3$-平面上の曲線 $x_3 = x_1^2$ を x_3-軸のまわりに回転させた容器がある（x_3-軸は鉛直上向きで，長さの単位は cm）．この容器に毎分 $1\,l$ $(= 1000\,\mathrm{cm^3})$ 液体を注入したとき，液面が $x_3 = h$ になるまでの時間（分）を求めよ（小数点以下は切り捨て）．さらに，注入し始めて t 分後の液面の上昇スピード（cm/秒）を求めよ（小数点以下は切り捨て）.

6.4　空間 $\mathbb{R}_x^3$ に 2 次元曲面 $S = \{x = (x', x_3) \mid x_3 = g(x'),\ x' \in S'\}$ がある．ここで S' は $\mathbb{R}_{x'}^2$ 内の有界な領域である．S の周辺で定義された関数 $f(x)$ の積分 $\displaystyle\int_S f(x)\, dS_x$ は，

$$\int_{S'} f(x', g(x'))\sqrt{1 + |\partial_{x'} g(x')|^2}\, dx'$$ に等しいことを示せ.

第 7 章

変数変換と積分

第 5 章でさまざまな座標系を考えた．さらに，座標系を換えたとき，微分した関数の形がどのように変わるかを調べた．これは，変数変換に対する微分の変換公式を求めることを意味する．この章では，一般的な変数変換（座標変換）に対して，積分の変換公式などがどのようなものになるか考えてみたい．また，これに関連して，一般的な座標変換に対して，その逆変換の存在などについても考察したい．

7.1 積分変数の変換

1 変数のとき，置換積分とは次のようなものであった[1]．変数変換 $x = h(y)$ が与えられているとして，$a = h(\alpha)$, $b = h(\beta)$ とするとき

$$\int_a^b f(x)\,dx = \int_\alpha^\beta f(h(y))\frac{dh}{dy}(y)\,dy$$

が成立する．これは，変数 x の積分を y の積分で表したものといえる．以下において，n 次元積分に対するこの種の変換公式がとのようなものになるか考えてみよう．

$\mathbb{R}_y^n$ から $\mathbb{R}_x^n$ への写像 $x = h(y)$ があり（$y = {}^t(y_1, \cdots, y_n)$, $x = {}^t(x_1, \cdots, x_n)$），有界な[2]領域 $\tilde{D}$ が領域 D に移っているとする．$\tilde{D}$ において $x = h(y)$ は一対一であり，各点 $x^0 = h(y^0)$ の近くで $x = h(y)$ は局所座標系になっているとする．このとき，次節の定理 7.2 より，写像 $x = h(y)$ の逆写像 $h^{-1}(x)$ が存在し，$y = h^{-1}(x)$ は y^0 の近くで $\mathbb{R}_y$ の局所座標系になっている．関数 $f(x)$ の積分 $\int_D f(x)dx$ に関する次の定理がなりたつ．

定理 7.1 上記の写像 $x = h(y)$ により，領域 $\tilde{D}$ $(\subset \mathbb{R}_y^n)$ が D $(\subset \mathbb{R}_x^n)$ に移っているとする．このとき，次の等式が成立する．

$$\int_D f(x)dx = \int_{\tilde{D}} f(h(y))|\det \partial_y h(y)|\,dy.$$

この定理の証明は後ですることにして，この定理の利用例について述べよう．1 変数のとき

---

[1] 例えば，「微分積分入門－現象解析の基礎－」（曽我日出夫著　学術図書出版社）の第 10 章の定理 10.1 を参照せよ．
[2] $\tilde{D}$ が有界とは，$\tilde{D} \subset \{y|\ |y| < r\}$ となる定数 r が存在するという意味である．

置換積分を利用することである種の積分が具体的に計算可能となる例がある[3].　多変数のときの似た例をあげてみたい.　$g(s) = \sqrt{\pi}^{-1} e^{-s^2}$ は確率論でよく使われる関数であり[4],　区間 $[a,b]$ に対応する事象の確率を $\int_a^b g(s)ds$ で表すことに使われる.　また,　$(-\infty, \infty)$ は事象の全体を表しており,　$\int_{-\infty}^\infty g(s)ds = 1$ であることが要請される.　次の例題 7.1 はこれを保証するものである.

例題 7.1　　次の等式を証明せよ.

(7.1) $$\int_0^\infty e^{-s^2} ds \left(= \lim_{L \to \infty} \int_0^L e^{-s^2} ds \right) = \frac{\sqrt{\pi}}{2} .$$

次の等式が成立する.

$$\lim_{L \to \infty} \left(\int_0^L e^{-s^2} ds \right)^2 = \lim_{L \to \infty} \left(\int_0^L e^{-x_1^2} dx_1 \int_0^L e^{-x_2^2} dx_2 \right)$$

$$= \lim_{L \to \infty} \int_0^L \left(\int_0^L e^{-x_1^2} dx_1 \right) e^{-x_2^2} dx_2$$

$$= \lim_{L \to \infty} \int_{I_L} e^{-|x|^2} dx \qquad (x = {}^t(x_1, x_2),\ I_L = [0,L] \times [0,L]).$$

$S_L = \{x|\ |x| \leq L,\ 0 \leq x_i\ (i=1,2)\}$ とおくと,　$\displaystyle \lim_{L \to \infty} \int_{I_L} e^{-|x|^2} dx = \lim_{L \to \infty} \int_{S_L} e^{-|x|^2} dx$ であることが分かる.　ここで,　極座標 (r, θ) を導入する $(x_1 = r \cos \theta,\ x_2 = r \sin \theta)$.　定理 7.1 より

$$\int_{S_L} e^{-|x|^2} dx = \int_0^{\frac{\pi}{2}} \left\{ \int_0^L e^{-r^2} \left| \det \begin{pmatrix} \cos \theta & -r \sin \theta \\ \sin \theta & r \cos \theta \end{pmatrix} \right| dr \right\} d\theta = \int_0^{\frac{\pi}{2}} \int_0^L e^{-r^2} r\, dr d\theta$$

が成立する.　$\displaystyle \int_0^L r e^{-r^2} dr = -\frac{1}{2} \int_0^L \frac{d}{dr} e^{-r^2} dr = 2^{-1} \left(\frac{\pi}{2} - e^{-L^2} \right)$ であるから $\displaystyle \lim_{L \to \infty} \int_{S_L} e^{-|x|^2} dx = \frac{\pi}{4}$ となり,　$\displaystyle \int_0^\infty e^{-s^2} ds = \frac{\sqrt{\pi}}{2}$ が得られる.

（例題 7.1 の説明終り）

　積分は,　簡単に言えば,　領域を正方形の微小部分に分割して,　各微小部分ごとにその面積と関数値をかけたものの総和（極限値）である.　変数変換に対してこの微小部分の面積がどのように変換されるかが,　定理 7.1 の証明の要点になる.　それは,　正方形を線型変換（アフィン変換）で移したとき,　移った図形の面積がどうなるかを調べることに帰着される.　すなわち次の補題が基本となる.

---

[3] 例えば,「微分積分入門－現象解析の基礎－」（曽我日出夫著　学術図書出版社）の第 10 章の「例 10.1~4 」を参照せよ.

[4] $g(s)$ は正規分布とよばれ,　自然界によく現れる出現率を表す.

> **補題 7.1**　　A を正則な $n \times n$-行列[5]とする．空間 $\mathbb{R}_x^n$ 内の正方形 $I_\delta = \{x = {}^t(x_1, \cdots, x_n) | -2^{-1}\delta \le x_i - x_i^0 < 2^{-1}\delta, \ i = 1, \ldots, n\}$ $(\delta > 0)$ を，変換 $y = A(x - x^0) + a$ $(y = {}^t(y_1, \cdots, y_n))$ によって，空間 $\mathbb{R}_y^n$ に移した集合を D_δ とする．このとき，次の等式がなりたつ．
>
> $$(7.2) \qquad\qquad |D_\delta| = |\det A||I_\delta| .$$

この補題の証明は後ほど行うことにして，定理 7.1 を証明することにする．

定理 7.1 の証明　　最初に $\mathbb{R}_x^n$ から $\mathbb{R}_y^n$ への写像 $y = \tilde{h}(x)$ について次の不等式が成立することを示す．微小な正方形 $I_\varepsilon = \{x | -2^{-1}\varepsilon \le x_i - x_i^0 < 2^{-1}\varepsilon, \ i = 1, \ldots, n\}$ $(\varepsilon > 0)$ を $\tilde{h}(x)$ で移した集合 $\tilde{h}(I_\varepsilon)$ の面積 $|\tilde{h}(I_\varepsilon)|$ について，$\varepsilon \le \varepsilon_0$ のとき

$$(7.3) \qquad |\det \partial_x \tilde{h}(x^0)||I_\varepsilon| - C_- \varepsilon^{n+1} \le |\tilde{h}(I_\varepsilon)| \le |\det \partial_x \tilde{h}(x^0)||I_\varepsilon| + C_+ \varepsilon^{n+1}$$

が成立する．ここで，ε_0, $C_\pm$ は ε によらない正定数である．

$\tilde{h}^0(x) = \tilde{h}(x^0) + \partial_x \tilde{h}(x^0)(x - x^0)$ とおくと，これは補題 7.1 において $A = \partial_x \tilde{h}(x^0)$, $a = \tilde{h}(x^0)$ とおいたものであるので，この補題より $|\tilde{h}^0(I_\delta)| = |\det \partial_x \tilde{h}(x^0)||I_\delta|$ である．したがって，$H \subset K$ ならば $|H| \le |K|$ である[6]ことに注意すると，不等式 (7.3) の成立は，

$$(7.4) \qquad \tilde{h}^0(I_{\varepsilon - \tilde{C}_- \varepsilon^2}) \subset \tilde{h}(I_\varepsilon) \subset \tilde{h}^0(I_{\varepsilon + \tilde{C}_+ \varepsilon^2})$$

よりしたがうこと (図参照) が分かる（$\tilde{C}_\pm$ は後で決め

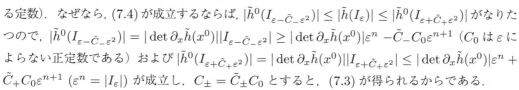

る定数）．なぜなら，(7.4) が成立するならば，$|\tilde{h}^0(I_{\varepsilon - \tilde{C}_- \varepsilon^2})| \le |\tilde{h}(I_\varepsilon)| \le |\tilde{h}^0(I_{\varepsilon + \tilde{C}_+ \varepsilon^2})|$ がなりたつので，$|\tilde{h}^0(I_{\varepsilon - \tilde{C}_- \varepsilon^2})| = |\det \partial_x \tilde{h}(x^0)||I_{\varepsilon - \tilde{C}_- \varepsilon^2}| \ge |\det \partial_x \tilde{h}(x^0)|\varepsilon^n - \tilde{C}_- C_0 \varepsilon^{n+1}$（$C_0$ は ε によらない正定数である）および $|\tilde{h}^0(I_{\varepsilon + \tilde{C}_+ \varepsilon^2})| = |\det \partial_x \tilde{h}(x^0)||I_{\varepsilon + \tilde{C}_+ \varepsilon^2}| \le |\det \partial_x \tilde{h}(x^0)|\varepsilon^n + \tilde{C}_+ C_0 \varepsilon^{n+1}$ $(\varepsilon^n = |I_\varepsilon|)$ が成立し，$C_\pm = \tilde{C}_\pm C_0$ とすると，(7.3) が得られるからである．

(7.4) の $\tilde{h}(I_\varepsilon) \subset \tilde{h}^0(I_{\varepsilon + \tilde{C}_+ \varepsilon^2})$ については，両辺に $\tilde{h}^0(x)$ の逆写像 $(\tilde{h}^0)^{-1}(y) = \partial_x \tilde{h}(x^0)^{-1}(y - \tilde{h}(x^0)) + x^0$ をほどこして，$(\tilde{h}^0)^{-1}(\tilde{h}(I_\varepsilon)) \subset I_{\varepsilon + \tilde{C}_+ \varepsilon^2}$ を示すとよい．第 4 章の定理 4.1 より，$\tilde{h}(x) = \tilde{h}(x^0) + \partial_x \tilde{h}(x^0)(x - x^0) + R(x)$, $|R(x)| \le C_1 |x - x^0|^2$ が成立する．したがって，$(\tilde{h}^0)^{-1}(\tilde{h}(x)) = (\tilde{h}^0)^{-1}(\tilde{h}(x^0) + \partial_x \tilde{h}(x^0)(x - x^0) + R(x)) = x - x^0 + \partial_x \tilde{h}(x^0)^{-1} R(x)$ である．ゆえに，$x \in I_\varepsilon$ のとき，ε によらない正定数 $\tilde{C}_+$ が存在して

$$\left|(\tilde{h}^0)^{-1}(\tilde{h}(x))\right| \le |x - x^0 + \partial_x \tilde{h}(x^0)^{-1} R(x)| \le \varepsilon + \tilde{C}_+ \varepsilon^2$$

が成立する．これより $(\tilde{h}^0)^{-1}(\tilde{h}(I_\varepsilon)) \subset I_{\varepsilon + \tilde{C}_+ \varepsilon^2}$ が得られる．

次に (7.4) の $\tilde{h}^0(I_{\varepsilon - \tilde{C}_- \varepsilon^2}) \subset \tilde{h}(I_\varepsilon)$ を確かめよう．両辺に $y = \tilde{h}(x)$ の逆写像 $\tilde{h}^{-1}(y)$ をほどこして，$\tilde{h}^{-1}(\tilde{h}^0(I_{\varepsilon - \tilde{C}_- \varepsilon^2})) \subset I_\varepsilon$ を示すとよい．次節の定理 7.2 より，逆写像 $\tilde{h}^{-1}(y)$ につい

---

[5] $\det A \ne 0$ をみたす行列

[6] 第 6 章の (6.8) にある正方形の集合 $\{I_-^j\}_{i=1,\ldots,m_-}$ について，H に対するものはすべて K に含まれるので，極限値である $|H|$ と $|K|$ に対して $|H| \le |K|$ がなりたつ．

て，$\tilde{h}^{-1}(y) = x^0 + \partial_x \tilde{h}(x^0)^{-1}(y - \tilde{h}(x^0)) + Q(y)$, $|Q(y)| \leq C_2|y - \tilde{h}(x^0)|^2$ $(C_2$ は y によらない正定数$)^{7)}$が成立することが分かる．したがって，$\tilde{h}^{-1}(\tilde{h}^0(x)) = x^0 + \partial_x \tilde{h}(x^0)^{-1}(\tilde{h}^0(x) - \tilde{h}(x^0)) + Q(\tilde{h}^0(x)) = x^0 + (x - x^0) + Q(\tilde{h}^0(x))$ である．ゆえに，$x \in I_{\varepsilon - \tilde{C}_- \varepsilon^2}$ ならば，$|\tilde{h}^{-1}(\tilde{h}^0(x)) - x^0| \leq \varepsilon - \tilde{C}_- \varepsilon^2 + C_2|\tilde{h}^0(x) - \tilde{h}(x^0)|^2$ がなりたつ．さらに，x によらない正定数 C_3 が存在して $|\tilde{h}^0(x) - \tilde{h}(x^0)| \leq C_3|x - x^0|$ が成立するので，$|\tilde{h}^0(x) - \tilde{h}(x^0)| \leq C_3(\varepsilon - \tilde{C}_- \varepsilon^2)^2 \leq C_3 \varepsilon^2$ がなりたつ．したがって，$\tilde{C}_-$ を $C_2 C_3 \leq \tilde{C}_-$ にとっておけば，$x \in I_{\varepsilon - \tilde{C}_- \varepsilon^2}$ ならば $|\tilde{h}^{-1}(\tilde{h}^0(x)) - x^0| \leq \varepsilon - \tilde{C}_- \varepsilon^2 + C_2 C_3 \varepsilon^2 \leq \varepsilon$ がしたがう．つまり，$\tilde{h}^{-1}(\tilde{h}^0(I_{\varepsilon - \tilde{C}_- \varepsilon^2})) \subset I_\varepsilon$ が得られる．

以上により，(7.3) が成立することが確かめられた．

(7.3) をもとに定理 7.1 を証明することにしよう．積分 $\int_D f(x)dx$ は次のような和の極限値として定義した．D を，境界以外に共通部分を持たない微小な正方形 $I^1, I^2, \ldots, I^m$ の和集合で近似し，

$$\int_D f(x)\,dx = \lim_{m \to \infty} \sum_{j=1}^m f(x^j)|I^j| \quad (x^j \in I^j)$$

とした．ここで，$I^1, I^2, \ldots, I^m$ は次のようなものとする$^{8)}$．各座標軸を幅 ε (> 0) で区切ってできる n 次元格子を考え，そのとき生じる正方形で D を近似する．すなわち，I^j は $\{x = {}^t(x_1, \cdots, x_n)| -2^{-1}\varepsilon \leq x_i - x_i^j < 2^{-1}\varepsilon, i = 1, \ldots, n\}$ という形をしているとする．第 6 章の積分の定義では，I^j はすべての境界を含めた正方形としたが，ここでは片方の境界は含めないことにする．このようにしても第 6 章の積分と同じものになる$^{9)}$．また，D を近似している正方形 I^j の個数を $m(\varepsilon)$ とすると，$\int_D f(x)\,dx = \lim_{\varepsilon \to 0} \sum_{j=1}^{m(\varepsilon)} f(x^j)|I^j|$, $\lim_{\varepsilon \to 0} \varepsilon^{n+1} m(\varepsilon) = 0$ が成立する．さらに，$D(\varepsilon) = \bigcup_{j=1}^{m(\varepsilon)} I^j$ としたとき，$\mathbb{R}_y^n$ 上の関数 $g(y)$ について $\lim_{\varepsilon \to 0} \int_{h^{-1}(D(\varepsilon))} g(y)\,dy = \int_{h^{-1}(D)} g(y)\,dy$ が成立することが分かる$^{10)}$．

次節の定理 7.2 より $\det \partial_x(h^{-1})(x^0) = \det\left[(\partial_y h(y^0))^{-1}\right] = (\det \partial_y h(y^0))^{-1}$ $((x^0 = h(y^0))$ であるから，$\tilde{h}(x) = h^{-1}(x)$ に対して (7.3) を使うと

$$\left||h^{-1}(I^j)| - |\det \partial_y h(y^j)|^{-1}|I^j|\right| \leq C_1 \varepsilon^{n+1} \quad (C_1 = \max\{C_-, C_+\})$$

が成立する．したがって，$\int_{h^{-1}(I^j)} 1\,dy = |h^{-1}(I^j)|$ であるので，$\left|\int_{h^{-1}(I^j)} |\det \partial_y h(y^j)|\,dy - \right.$

---

7) $\tilde{h}^{-1}(y)$ を $y = \tilde{h}^{-1}(x^0)$ においてテイラー展開したものである．また，$\tilde{h}^{-1}(\tilde{h}(x^0)) = x^0$ であることに注意せよ．

8) このとき，近似の仕方によらず，極限値は同じものになることが分かっている．というより，そのようになる関数を対象としている．

9) このようにしたのはとなり合わせの正方形の共通部分がないようにして，扱いやすくするためである．

10) ここでは証明しないが，集合 S の特性関数 $\varphi_S(y)$ について，$\lim_{\varepsilon \to 0} \varphi_{D(\varepsilon)}(y)g(y) = \varphi_D(y)g(y)$ となることから $\lim_{\varepsilon \to 0} \int \varphi_{D(\varepsilon)}(y)g(y)\,dy = \int \varphi_D(y)g(y)\,dy$ がしたがうことを示すことになる．

$\left| |I^j| \right| \le |\det \partial_y h(y^j)| C_1 \varepsilon^{n+1}$ となる．ゆえに，定数 C_2 を，$C_1 \max\limits_{1 \le j \le m(\varepsilon)} |f(x^j)||\det \partial_y h(y^j)|$ $\le C_2$（ε にもよらない）をみたすようにとると，次の不等式が得られる．

$$\left| \int_{h^{-1}(I^j)} f(x^j))|\det \partial_y h(y^j)| \, dy - f(x^j)|I^j| \right| \le C_2 \varepsilon^{n+1}.$$

また，$\int_{h^{-1}D(\varepsilon)} f(h(y))|\det \partial_y h(y)| \, dy = \sum\limits_{j=1}^{m(\varepsilon)} \int_{h^{-1}(I^j)} f(h(y))|\det \partial_y h(y)| \, dy$ である（第6章の (6.3) を参照）ことに注意すると，

$$
\begin{aligned}
(7.5) \quad \int_{h^{-1}D(\varepsilon)} f(h(y))|\det \partial_y h(y)| \, dy &= \sum_{j=1}^{m(\varepsilon)} f(x^j)|I^j| \\
&+ \sum_{j=1}^{m(\varepsilon)} \left\{ \int_{h^{-1}(I^j)} f(x^j)|\det \partial_y h(y^j)| \, dy - f(x^j)|I^j| \right\} \\
&+ \sum_{j=1}^{m(\varepsilon)} \int_{h^{-1}(I^j)} \left\{ f(h(y))|\det \partial_y h(y)| - f(x^j)|\det \partial_y h(y^j)| \right\} dy
\end{aligned}
$$

が得られる．さらに，$y \in I^j$ ならば $\left| f(h(y))|\det \partial_y h(y)| - f(x^j)|\det \partial_y h(y^j)| \right| \le C_3 \varepsilon$ が成立する．しかも，定数 C_3 は j, ε によらないものでとれる．

以上のことから，ε によらない定数 C_4 が存在して，

$$\left| \int_{h^{-1}D(\varepsilon)} f(h(y))|\det \partial_y h(y)| \, dy - \sum_{j=1}^{m(\varepsilon)} f(x^j))|I^j| \right| \le C_4 \sum_{j=1}^{m(\varepsilon)} \varepsilon^{n+1}$$

となることがわかる．$\varepsilon \to 0$ のとき，$\sum\limits_{j=1}^{m(\varepsilon)} \varepsilon^{n+1}$ は 0 に，$\int_{h^{-1}D(\varepsilon)} f(h(y))|\det \partial_y h(y)| \, dy$ は $\int_{\tilde{D}} f(h(y))|\det \partial_y h(y)| \, dy$ に，$\sum\limits_{j=1}^{m(\varepsilon)} f(x^j))|I^j|$ は $\int_D f(x) \, dx$ に収束する．したがって，(7.5) より，$\int_{\tilde{D}} f(h(y))|\det \partial_y h(y)| \, dy = \int_D f(x) \, dx$ が成立する．

（証明終り）

補題 7.1 の証明　n についての数学的帰納法により証明する．基本となるのは，次の単純化した2つの場合における面積の変換式 (7.6) (7.7) である．行列 A を2つの行列の積で表し，それぞれの行列の変換に対する面積の変換式つまり (7.6) と (7.7) を組み合わせるというのが証明のアイデアである．

空間 $\mathbb{R}^n_{(y',y_n)}$ $(y' = {}^t(y_1,\cdots,y_{n-1}), n \geq 2)$ において，空間 $\mathbb{R}^{n-1}_{y'}$ の領域 K' を $a = {}^t(a_1,\cdots,a_{n-1},a_n)$ の向きに $\delta\,(> 0)$ だけ平行移動してできる図形を K とする．すなわち

(7.6)
$$K = \left\{ \begin{pmatrix} y' \\ 0 \end{pmatrix} + t \begin{pmatrix} a' \\ a_n \end{pmatrix} \,\middle|\, y' \in K', -\frac{1}{2}\delta \leq t \leq \frac{1}{2}\delta \right\}$$

とする．このとき，次の等式がなりたつ．

$$|K| = \delta a_n |K'|.$$

(7.7)
$H = \begin{pmatrix} E' & 0 \\ {}^t k' & k_n \end{pmatrix}$ とし，線型変換 $x = Hy$ $\big(x = {}^t(x_1,\cdots,x_n), y = {}^t(y_1,\cdots,y_n) \big)$ を考える．ここで，E' は $n-1$ 次元単位行列（対角成分が 1 であり他の成分は 0 である行列），${}^t k' = (k_1,\cdots,k_{n-1})$，$k_n \neq 0$ である．このとき，領域 $D\,(\subset \mathbb{R}^n)$ に対して，面積 $|D|$，$|HD|$ $\big(HD = \{Hy\}_{y \in D} \big)$ について次の関係式が成立する．

$$|HD| = |k_n||D|.$$

(7.6) は第 6 章の章末問題 6.2 と同じことを主張している．証明は読者にまかせたい．

(7.7) は後で証明することにして補題 7.1 を証明しよう．一般性を失うことなく，$y^0 = 0$ としてよい[11]．$n = 1$ のとき 明らかに補題の主張はなりたつので，$n-1$ のとき補題 7.1 は正しいとして，n のときも正しいということを示すことになる．

A を $A = \begin{pmatrix} A' & a' \\ {}^t b' & a_{nn} \end{pmatrix}$ というように 4 つに分けて書き，

$$\tilde{A} = \begin{pmatrix} A' & a' \\ 0 & a_{nn} \end{pmatrix}, \quad B = \begin{pmatrix} E' & 0 \\ {}^t \tilde{b}' & \tilde{b}_n \end{pmatrix}$$

とおく（${}^t\tilde{b}', \tilde{b}_n$ は後で決める）．$\det A \neq 0$ なので，あらかじめ行を入れ換えることによって[12]，$a_{nn} \neq 0$ としてよい．さらに，$\det A' \neq 0$ としてよい．$\mathbb{R}^n$ の領域 I に対して，$K = \tilde{A}I$ は (7.6) にある条件をみたすものになり，$H = B$ は (7.7) にある条件をみたすものになっている．$B\tilde{A} = \begin{pmatrix} A' & a' \\ {}^t\tilde{b}'A' & {}^t\tilde{b}'a' + \tilde{b}_n a_{nn} \end{pmatrix}$ であるので，${}^t\tilde{b}' = {}^t b' A'^{-1}$，$\tilde{b}_n = 1 - {}^t\tilde{b}'a'\,a_{nn}^{-1}$ ととっておけば，$B\tilde{A} = A$ が成立する．

(7.7) より，$|AI_\delta| = |B\tilde{A}I_\delta| = |\tilde{b}_n||\tilde{A}I_\delta|$ である．$I'_\delta = \{y' = {}^t(y_1,\cdots,y_{n-1})| -2^{-1}\delta \leq y_i < 2^{-1}\delta,\ i = 1,\dots,n-1\}$，$I^n_\delta = \{y_n| -2^{-1}\delta \leq y_n < 2^{-1}\delta\}$ とすると，$I_\delta = I'_\delta \times I^n_\delta$ であり，$\tilde{A}I_\delta = \{\tilde{y}|\ \tilde{y}' = A'y' + y_n\tilde{a}',\ \tilde{y}_n = a_{nn}y_n,\ y' \in I'_\delta, y_n \in I^n_\delta\}\ (= A'I'_\delta \times a_{nn}I^n_\delta)$ と

---

[11] $\tilde{y} = y - y^0$ と置いて，$\tilde{y}$ を改めて y と書いたと思うとよい．

[12] (7.2) において，A の行の入れ換えによって，$|D_\delta|$，$|\det A|$ は変わらないことに注意せよ．

なる．$A'I'_\delta \times a_{nn}I^n_\delta$ は (7.6) において，$K' = A'I'_\delta$ としたときの集合と同じ形である．ゆえに，(7.6) より，$|\tilde{A}I_\delta| = |a_{nn}||A'I'_\delta|\delta$ となる．$(n-1) \times (n-1)$ 行列 A' に対しては，補題 7.1 は正しいとしていたから，$|A'I'_\delta| = |\det A'||I'_\delta|$ である．$\det \tilde{A} = a_{nn} \det A'$ であるので，$|\tilde{A}I_\delta| = |a_{nn}||\det A'||I'_\delta|\delta = |\det \tilde{A}||I_\delta|$ が成立する．したがって，$|AI_\delta| = |\tilde{b}_n||\det \tilde{A}||I_\delta|$ がなりたつ．

ここで，$\det A = \det(B\tilde{A}) = \det B \det \tilde{A} = \tilde{b}_n \det \tilde{A}$ であることに注意すると，$|AI_\delta|\,(= |D_\delta|) = |\det A||I_\delta|$ が得られる．ゆえに，補題 7.1 にある (7.2) は n のときもなりたつ．

（補題 7.1 の証明終り）

最後に，(7.7) を確かめよう．集合 K の特性関数を $\varphi_K(x)$ で表すと，第 6 章の定理 6.1 より

$$|HD| = \int_{\mathbb{R}^n} \varphi_{HD}(x)\,dx = \int_{\mathbb{R}^{n-1}} \left\{ \int_{\mathbb{R}} \varphi_{HD}(x', x_n)\,dx_n \right\} dx'$$

となる．ここで，$x' = {}^t(x_1, \ldots, x_{n-1})$，$x = {}^t({}^tx', x_n)$ である．

$$x' = y', \ x_n = {}^tk'y' + k_ny_n$$

であるので，x' を固定したとき，y' も固定され

$$\int_{\mathbb{R}} \varphi_{HD}(x', x_n)\,dx_n = \int_{\mathbb{R}} \varphi_{HD}(y', {}^tky', +k_xy_n)|k_n|\,dy_n$$

となる（ここで，1 次元の変数変換に対する積分の変換公式は既に分かっているものとしている）．$\varphi_{HD}(y', {}^tky' + k_ny_n) = 1$ となる必要十分条件は，$(y', {}^tky' + k_ny_n) \in HD$ すなわち $(y', y_n) \in D$ であることである．したがって，$\varphi_{HD}(y', {}^tky', +k_ny_n) = \varphi_D(y', y_n)$ となり

$$\int_{\mathbb{R}^{n-1}} \left\{ \int_{\mathbb{R}} \varphi_{HD}(x', x_n)\,dx_n \right\} dx' = \int_{\mathbb{R}^{n-1}} \left\{ \int_{\mathbb{R}} \varphi_D(y', y_n)|k_n|\,dy_n \right\} dy'$$

がなりたつ．ゆえに，$|HD| = |k_n||D|$ である．

((7.7) の証明終り)

7.2 逆写像定理

空間 $\mathbb{R}^n_y$ $(y = {}^t(y_1, \cdots, y_n))$ から空間 $\mathbb{R}^n_x$ $(x = {}^t(x_1, \cdots, x_n))$ への写像 $x = h(y)$ $(h(y) = {}^t(h_1(y), \cdots, h_n(y)))$ があるとする．これが x^0 $(= h(y^0))$ の近くで局所座標系になっているとは，y^0 の近くで $h(y)$ のヤコビ行列 $\partial_y h(y)$ が正則行列[13]になっているときを言った（第 5 章の第 2 節を参照）．このようになっていれば，写像 $y \mapsto x\,(= h(y))$ の逆写像 $x \mapsto y = h^{-1}(x)$ が存在して（図参照），これが空間 $\mathbb{R}^n_y$ の y^0 における局所座標系になっていることが期待

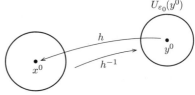

される．本節ではこれが自動的に保証されることを示したい．このことは，多変数版の置換積分（積分変数の変換）を厳密に論じようとすると前節でみたように，避けて通れないことで

---

13) $\det \partial_y h(y) \neq 0$ である行列

あった. さらに, この逆写像の存在は微分方程式の解法のときなど (例えば, 第5章の定理5.3 を参照), さまざまのところで利用される.

まず, $x = h(y)$ がアフィン変換ならば (すなわち $h(y) = A(y - y^0) + y^0$, $\det A \neq 0$) 行列の計算から逆写像 $h^{-1}(x)$ が具体的に書けることに注意しよう. すなわち, $h^{-1}(x) = (\det A)^{-1} \operatorname{cof} A(x - h(y^0)) + h(y^0)$ である. ここで $\operatorname{cof} A$ は A の余因子行列[14]である. $h(y)$ が一般の写像の場合にはこのような議論ですまないが, 「$\det \partial_y h(y^0) \neq 0$ ならば, $h(y)$ は y^0 の近くで一対一になっている」ことは, 比較的容易に確かめられる.

例題 7.2 $\det \partial_y h(y^0) \neq 0$ ならば, y^0 の近くで常に $\det \partial_y h(y) \neq 0$ であり, 写像 $y \mapsto h(y)$ は一対一になっていることを示せ.

ε_0 を十分小さく取っておくと, $y \in U_{\varepsilon_0}(y^0) = \{y : |y - y^0| < \varepsilon_0\}$ において

$$(7.8) \qquad |\partial_y h(y)^{-1} u| \geq C_1 |u|, \ u \in \mathbb{R}^n$$

が成立する (C_1 は y によらない正定数である). これは, $|\det \partial_y h(y)| \geq \dfrac{1}{2} |\det \partial_y h(y^0)| > 0$ としてよいことと, $\partial_y h(y)^{-1} = (\det \partial_y h(y))^{-1} (\operatorname{cof} \partial_y h(y))$ であることから分かる. 第3章の定理3.2 より,

$$(7.9) \qquad h(\tilde{y}) = h(y) + \partial_y h(y)(\tilde{y} - y) + R(\tilde{y}, y), \quad |R(\tilde{y}, y)| \leq C_2 |\tilde{y} - y|^2$$

が成立する (C_2 は $y, \tilde{y}$ によらない正定数である). 今 $h(\tilde{y}) = h(y)$ とすると, (7.8) と (7.9) より

$$|\tilde{y} - y| = |(\partial_y h(y))^{-1} R(\tilde{y}, y)| \leq C_1 C_2 |\tilde{y} - y|^2$$

が得られる. したがって, ε $(0 < \varepsilon \leq \varepsilon_0)$ を十分小さく取ると, $\tilde{y}, y \in U_\varepsilon(y^0)$ において, $C_1 C_2 |y - \tilde{y}| < 1$ とでき, $|\tilde{y} - y| < |\tilde{y} - y|$ が成立しなければならない. これより $|\tilde{y} - y| = 0$ がしたがう. よって, $y = \tilde{y}$ であり, $h(y)$ は $U_\varepsilon(y^0)$ で一対一である.

(例題 7.2 の説明終り)

逆写像定理

定理 7.2 $x = h(y)$ が $\det \partial_y h(y^0) \neq 0$ をみたすならば, y^0 の近くで $x = h(y)$ は一対一で上へ[15]の写像になっている. さらに, 逆写像 $h^{-1}(x)$ は ($x^0 = h(y^0)$ の近くで) 連続で (何回でも) 微分可能になり, 偏導関数はすべて連続である. 言いかえると, $x = h(y)$ が x^0 $(= h(y^0))$ の近くで局所座標系になっているならば, x^0 の近くで定義された逆写像 $h^{-1}(x)$ が存在し, $y = h^{-1}(x)$ は y^0 の近くで (y-空間の) 局所座標系になっているということになる. このとき, 次の等式が成立する.

$$(7.10) \qquad (\partial_x h^{-1})(x)\big|_{x = h(y)} = (\partial_y h(y))^{-1}.$$

---

[14] 余因子行列とは, その i 行 j 列成分が A の j 行 i 列余因子 $\operatorname{cof} A_{ji}$ になっている行列である. $\operatorname{cof} A_{ji}$ は, A の j 行 i 列を除いた行列の行列式に $(-1)^{i+j}$ をかけたものである. 詳しくは, 例えば,「新しい線形代数通論」(磯 祐介 著　サイエンス社発行) の第6章をみよ.

[15] ($x^0 = h(y^0)$ の近くの) 任意の x に対して $x = h(y)$ となる y が存在するという意味である.

証明 $\partial_y h(y^0) \neq 0$ であれば y^0 の近く $\tilde{U}$ で $h : y \mapsto x$ は 1 対 1 になっている（例題 7.1 参照）.
したがって，x を $h(\tilde{U})$ に限定すれば，$x = h(y)$ の逆写像が存在する.しかし，$(x^0 = h(y^0)$
の近くの）任意の x に対して $h^{-1}(x)$ が定義できるかどうか，つまり $x = h(y)$ となる y が存
在しているかどうかは分からない.さらに，$h^{-1}(x)$ の展開式（ヤコビ行列[16]）が $h(y)$ の展開
式（ヤコビ行列）とどういう関係にあるかも分からない.以下の証明では，これらのことが明
らかになるようにしていきたい.

上述の (7.9) において，$\tilde{y} = y^0$ とおいて $\partial_y h(y^0)^{-1}$ をかけることによって，$\partial_y h(y^0)^{-1}$
$\big(h(y) - h(y^0)\big) + y^0 + \partial_y h(y^0)^{-1} R(y, y^0) = y$ が得られる.したがって，もし $x = h(y)$ の逆写
像 $y = h^{-1}(x)$ が存在するとすれば，y を $h^{-1}(x)$ に置き換えた等式 $h^{-1}(x) = \partial_y h(y^0)^{-1}\big(x - $
$h(y^0)\big) + y^0 - \partial_y h(y^0)^{-1} R(h^{-1}(x), y^0)$ が成立する.このことを意識した上で，$\mathbb{R}^n$ から $\mathbb{R}^n$
への写像 $h^*(x)\ (\in \mathbb{R}^n)$ に関する方程式

$$(7.11) \qquad h^*(x) = \partial_y h(y^0)^{-1}\big(x - h(y^0)\big) + y^0 - \partial_y h(y^0)^{-1} R(h^*(x), y^0)$$

を考え，この解の存在を示すことにする.この $h^*(x)$ が $h^{-1}(x)$ になる.実際，(7.11) の両
辺に $\partial_y h(y^0)$ をかけた等式を変形して $x = h(y^0) + \partial_y h(y^0)\big(h^*(x) - y^0\big) + R(h^*(x), y^0)$ が
得られる.この右辺は (7.9) において $y = h^*(x)$，$\tilde{y} = y^0$ としたときのものに等しいので，
$x = h(h^*(y))$ が成立する.ゆえに $x = h(y)$ となる y が存在する.

(7.11) の解 $h^*(y)$ の存在について考えよう.この存在は，逐次近似法と呼ばれる以下のよう
な方法で示すことができる.写像 $h_1^*(x), \cdots, h_i^*(x), \cdots$ を次のように定義する.

$$h_1^*(x) = \partial_y h(y^0)^{-1}\big(x - h(y^0)\big) + y^0$$
$$h_2^*(x) = \partial_y h(y^0)^{-1}\big(x - h(y^0)\big) + y^0 + \partial_y h(y^0)^{-1} R(h_1^*(x), y^0)$$
$$\vdots$$
$$h_i^*(x) = \partial_y h(y^0)^{-1}\big(x - h(y^0)\big) + y^0 + \partial_y h(y^0)^{-1} R(h_{i-1}^*(x), y^0)$$
$$\vdots$$

x を $x^0 = h(y^0)$ の近くで動かすとき，任意の x に対して $\lim_{i \to \infty} h_i^*(x)$ が存在する（この極限値
を $h^*(x)$ とする）.これは，十分小さい正数 ε に対して $y, \tilde{y}$ が $|y - y^0| \leq \varepsilon$，$|\tilde{y} - y^0| \leq \varepsilon$ の範
囲にあるとき（この範囲を $\tilde{U}$ とする），次の不等式が成立することから証明することができる.

$$(7.12) \qquad \left|\partial_y h(y^0)^{-1}\big(R(y, y^0) - R(\tilde{y}, y^0)\big)\right| \leq \frac{1}{2}|y - \tilde{y}|.$$

(7.12) より $\lim_{i \to \infty} h_i^*(x)$ の存在を導くことは，第 15 章（補章）の章末問題 15.3 で読者にまかせ
ることにし，ここでは逆写像 $h^{-1}(x)\ (= h^*(x))$ が得られたことにする.

(7.12) より，$h^{-1}(x)$ に関する次の不等式が成立する.$x^0 = h(y^0)$ の十分近く $U\ (\subset h(\tilde{U}))$
において，

---

[16] 行列 $(\partial_{x_1} h^{-1}(x), \cdots, \partial_{x_n} h^{-1}(x))$（第 3 章の (3.8) を参照）.

(7.13) $x, \tilde{x} \in U$ のとき $|h^{-1}(x) - h^{-1}(\tilde{x})| \le C|x - \tilde{x}|$.

ここで C は $x, \tilde{x}$ によらない正定数である. この不等式から $h^{-1}(x)$ が U で連続[17]であることが分かる. さらに $\lim_{i \to \infty} R(h_{i-1}^*(x), y^0) = R(h^*(x), y^0)$ になることも分かる.

(7.13) の成立を確かめておこう. 等式 (7.11) より

$$h^{-1}(x) - h^{-1}(\tilde{x}) = \partial_y h(y^0)^{-1}(x - \tilde{x}) - \partial_y h(y^0)^{-1}\big(R(h^{-1}(x), y^0) - R(h^{-1}(\tilde{x}), y^0)\big)$$

がなりたつ. したがって, (7.12) より $|h^{-1}(x) - h^{-1}(\tilde{x})| \le |\partial_y h(y^0)^{-1}(x - \tilde{x})| + 2^{-1}|h^{-1}(x) - h^{-1}(\tilde{x})|$ がしたがう. これより, $(1 - 2^{-1})|h^{-1}(x) - h^{-1}(\tilde{x})| \le |\partial_y h(y^0)^{-1}(x - \tilde{x})|$ となり, (7.13) が得られる.

以下において不等式 (7.12) を証明することにする. 第 4 章の定理 4.1 より $R(y, y^0) = \int_0^1 (1-s)\dfrac{d^2}{ds^2}h(y^0 + s(y - y^0))\,ds = \sum_{j,l=1}^n h_{jl}(y)(y_j - y_j^0)(y_l - y_l^0)$ $\Big(h_{jl}(y) = \int_0^1 (\partial_{y_j}\partial_{y_l}h)(y^0 + s(y - y^0))\,ds\Big)$ となるから,

$$R(y, y^0) - R(\tilde{y}, y^0) = \sum_{j,l=1}^n \Big\{ \big(h_{jl}(y) - h_{jl}(\tilde{y})\big)(y_j - y_j^0)(y_l - y_l^0)$$
$$+ h_{jl}(\tilde{y})\big((y_j - y_j^0)(y_l - y_l^0) - (\tilde{y}_j - y_j^0)(\tilde{y}_l - y_l^0)\big)\Big\}$$

が成立する. $(y_j - y_j^0)(y_l - y_l^0) - (\tilde{y}_j - y_j^0)(\tilde{y}_l - y_l^0) = (y_j - y_j^0)\big((y_l - y_l^0) - (\tilde{y}_l - y_l^0)\big) + \big((y_j - y_j^0) - (\tilde{y}_j - y_j^0)\big)(\tilde{y}_l - y_l^0)$ であるので, $|(y_j - y_j^0)(y_l - y_l^0) - (\tilde{y}_j - y_j^0)(\tilde{y}_l - y_l^0)| \le |(y_j - y_j^0)(y_l - \tilde{y}_l)| + |(y_j - \tilde{y}_j)(\tilde{y}_l - y_l^0)|$ がなりたつ. したがって, $y, \tilde{y}$ が $|y - y^0| \le \varepsilon$, $|\tilde{y}_j - y_j^0| \le \varepsilon$ $(\varepsilon > 0)$ をみたすならば, $|(y_j - y_j^0)(y_l - y_l^0) - (\tilde{y}_j - y_j^0)(\tilde{y}_l - y_l^0)| \le \varepsilon|y_l - \tilde{y}_l| + \varepsilon|y_j - \tilde{y}_j|$ が得られる. ゆえに

$$|R(y, y^0) - R(\tilde{y}, y^0)| \le \sum_{j,l=1}^n \Big\{ (h_{jl}(y) - h_{jl}(\tilde{y}))\varepsilon^2 + 2\varepsilon|y - \tilde{y}| \Big\}$$

がなりたつ. さらに, $j, l, y, \tilde{y}$ によらない定数 C が存在して $|h_{jl}(y) - h_{jl}(\tilde{y})| \le C|y - \tilde{y}|$ が成立するので, 結局

$$|R(y, y^0) - R(\tilde{y}, y^0)| \le \sum_{j,l=1}^n \big(C|y - \tilde{y}|\varepsilon^2 + 2\varepsilon|y - \tilde{y}|\big) = n^2 C(\varepsilon + 2)\varepsilon|y - \tilde{y}|$$

がなりたつ. よって, ε を十分小さくとっておけば, 不等式 (7.12) が得られる.

最後に, $h^{-1}(x)$ の微分可能性を調べよう. すなわち, $e^i = {}^t(0, \cdots, \overset{i}{1}, 0, \cdots)$ (第 i 成分のみ 1) として, 極限値

$$\partial_{x_i}(h^{-1})(x) = \lim_{\delta \to 0} \frac{1}{\delta}\Big(h^{-1}(x + \delta e^i) - h^{-1}(x)\Big)$$

を調べよう. 不等式 (7.9) において, $\tilde{y} = h^{-1}(x + \delta e^i)$, $y = h^{-1}(x)$ を代入して

---

[17] $\lim_{\tilde{x} \to x} h^*(\tilde{x}) = h^*(x)$ が成立する.

$$\delta e^i = (x + \delta e^i) - x = (\partial_y h)(h^{-1}(x))(h^{-1}(x + \delta e^i) - h^{-1}(x)) + R(h^{-1}(x + \delta e^i), h^{-1}(x))$$

が得られる. $h^{-1}(x)$ は $x = x^0$ の近くで連続であることを既に確かめたので, x が x^0 に近い所では $\det(\partial_y h)(h^{-1}(x^0)) \neq 0$ より $\det(\partial_y h)(h^{-1}(x)) \neq 0$ であることがしたがう. したがって, δ によらない定数 C_1 が存在して

$$\left| \{(\partial_y h)(h^{-1}(x))\}^{-1} e^i - \delta^{-1}(h^{-1}(x + \delta e^i) - h^{-1}(x)) \right|$$

$$\leq \delta^{-1}|\{(\partial_y h)(h^{-1}(x))\}^{-1} R(h^{-1}(x + \delta e^i), h^{-1}(x))| \leq \delta^{-1} C_1 |R(h^{-1}(x + \delta e^i), h^{-1}(x))|$$

$$\leq \delta^{-1} C_1 C_2 |h^{-1}(x + \delta e^i) - h^{-1}(x)|^2 \leq C_1 C_2 C^2 \delta \qquad ((7.9), (7.13) \text{ より})$$

がなりたつ. ゆえに, $\{(\partial_y h)(h^{-1}(x))\}^{-1} e^i = \lim_{\delta \to 0} \delta^{-1}(h^{-1}(x + \delta e^i) - h^{-1}(x))$ $(i = 1, \ldots, n)$ が成立する. したがって, (7.10) と同じ意味の等式 $\{(\partial_y h)(h^{-1}(x))\}^{-1} = (\partial_{x_1}(h^{-1})(x), \cdots, \partial_{x_n}(h^{-1})(x))$ が得られる. $(\partial_y h(y))^{-1} = (\partial_{y_1} h(y), \cdots, \partial_{y_n} h(y))^{-1}$, $h^{-1}(x) = {}^t(h_1^{-1}(x), \cdots, h_n^{-1}(x))$ として, 行列で表示すれば次のようになる.

$$\begin{pmatrix} \partial_{y_1} h_1(y) & \cdots & \partial_{y_n} h_1(y) \\ \vdots & & \vdots \\ \partial_{y_1} h_n(y) & \cdots & \partial_{y_n} h_n(y) \end{pmatrix}^{-1} = \begin{pmatrix} (\partial_{x_1} h_1^{-1})(h(y)) & \cdots & (\partial_{x_n} h_1^{-1})(h(y)) \\ \vdots & & \vdots \\ (\partial_{x_1} h_n^{-1})(h(y)) & \cdots & (\partial_{x_n} h_n^{-1})(h(y)) \end{pmatrix}$$

もし何らかの方法で $h^{-1}(x)$ の連続性と微分可能性が保証されているとすれば, 等式 $h^{-1}(h(y)) = y$ から $h^{-1}(x)$ と $h(y)$ のヤコビ行列同士の関係式 (7.10) が求められることに注意しよう. 実際, $h_i^{-1}(h_1(y), \cdots, h_n(y)) = y_i$ であるので, この両辺を y_j で微分すると, 第3章の定理 3.1 より $\sum_{k=1}^{n} \frac{\partial h_i^{-1}}{\partial x_k}(h(y)) \frac{\partial h_k}{\partial y_j}(y) = \delta_{ij}$ が得られる, すなわち $\{\partial_x h^{-1}(x)|_{x=h(y)}\}\{\partial_y h(y)\} = I$ であるからである.

(7.10) は $\partial_x h^{-1}(x) = (\partial_y h(y))^{-1}|_{y=h^{-1}(x)}$ と同等である. この右辺の行列の各成分は連続で微分可能な関数であるから, 左辺も連続で微分可能である. したがって, この左辺を微分することで, $h^{-1}(x)$ の第2階の偏導関数が求まることになる. 以上の操作を繰り返すことにより, $h^{-1}(x)$ は何回でも微分可能であり, 偏導関数は全て連続であるであることが分かる.

(証明終り)

例題 7.3 $e_1, \cdots, e_n$ を $\mathbb{R}_x^n$ の正規直交基底[18]とする. 次の変数変換 $x = h(y)$ を導入する (第5章の例 5.4 を参照).

$$h(y) = y_1 e_1 + \cdots + y_n e_n \quad (y = {}^t(y_1, \cdots, y_n))$$

このとき, 逆写像 $h^{-1}(x)$ を求めよ. さらに,

(7.14)
$$\int_D f(y)\, dy = \int_{h(D)} f(h^{-1}(x))\, dx$$

が成立することを示せ.

---

[18] 任意の x に対して $x = \sum_{i=1}^{n} c_i e_i$ となる c_i が存在し, $|e_i| = 1$ $(i = 1, \ldots, n)$, $e_i \cdot e_j = 0$ $(i \neq j)$ である.

$E = (e_1, \cdots, e_n)$ とおくと，$h(y) = Ey$ である．$e_1, \cdots, e_n$ は正規直交基底であるから，

$$
{}^t E E = \begin{pmatrix} {}^t e^1 \\ \vdots \\ {}^t e^n \end{pmatrix} (e_1, \cdots, e_n) = \begin{pmatrix} e^1 \cdot e^1 & \cdots & e^1 \cdot e^n \\ \vdots & & \vdots \\ e^n \cdot e^1 & \cdots & e^n \cdot e^n \end{pmatrix} = \begin{pmatrix} 1 & & \\ & \ddots & \\ & & 1 \end{pmatrix}
$$

が成立する．よって，$h^{-1}(x) = {}^t E x$ である．さらに $1 = \det({}^t E E) = \det {}^t E \det E = (\det {}^t E)^2$ であるから，$\left| \det \left[\partial_x h^{-1}(h(y)) \right] \right| = |\det {}^t E| = 1$ となる．ゆえに，定理 7.1 より (7.14) が得られる.

（例題 7.3 の説明終り）

章末問題

7.1　次の積分の値を求めよ．

(1) $\displaystyle\int_D (x_1^2 + x_2^2)^2\, dx, \quad D = \{ x = (x_1, x_2) |\ x_1^2 + x_2^2 \leq 1 \}.$

(2) $\displaystyle\int_D (x_1 - x_2)^2 \sin(x_1 + x_2)\, dx, \ D = \left\{ x = (x_1, x_2) |\ 0 \leq x_1 - x_2 \leq \frac{\pi}{2},\ 0 \leq x_1 + x_2 \leq \frac{\pi}{2} \right\}.$

7.2　$f(x) = (x_1^2 + 2 x_1 x_2 + 2 x_2^2 + 1)^{-2}$ とおく．積分 $\displaystyle\int_{\mathbb{R}^2} f(x)\, dx \left(= \lim_{r \to \infty} \int_{\{x|\ |x| \leq r\}} f(x)\, dx \right)$ の値を求めよ．

7.3　$x_1 x_2 x_3$-空間において，$x_1 x_3$-平面上に曲線 $x_3 = x_1^2$（l とする）がある．l 上の点 $P(x_1) (= {}^t(x_1, 0, x_1^2))$ に始点があり，向きが x_2-軸と同じ単位ベクトル（有向線分）を $e^2(x_1)$ とする．$P(x_1)$ に始点があって $e^2(x_1)$ と l に垂直であり，大きさが $1 + 4 x_1^2$ であるベクトルを $e^1(x_1)$ とする（$e^1(x_1)$ の x_3-成分は負とする）．$P(x_1)$ が l 上を原点から点 $(1, 0, 1)$ まで移動するとき，$e^1(x_1)$, $e^2(x_1)$ がつくる四辺形がなぞってできる立体 V の体積を求めよ．

7.4　空間 $\mathbb{R}_y^n$ から $\mathbb{R}_x^n$ への写像 $x = h(y) \left(= {}^t(h_1(y), \cdots, h_n(y)) \right)$ があり，常に $\partial_y h_i(y)$ $(\neq 0,\ i = 1, \ldots, n)$ は互いに直交しているとする．次の問に答えよ．

(1) 写像 $x = h(y)$ の逆写像 $y = h^{-1}(x)$ が存在することを示せ．

(2) $\mathbb{R}_y^n$ の領域 D を $h(y)$ で移したものを $\tilde{D}$ と書くことにする．D において $x = h(y)$ は一対一であるとする．関数 $f(y)$ に対して次の等式が成立することを示せ．

$$
\int_D f(y)\, dy = \int_{\tilde{D}} |(\partial_y h_1)(h^{-1}(x))|^{-1} \cdots |(\partial_y h_n)(h^{-1}(x))|^{-1} f(h^{-1}(x))\, dx.
$$

第 8 章

ベクトル場と線積分

空間の各点で何かベクトルが定まっているとき，その空間を**ベクトル場**と呼んでいる．そのような空間において，径路にそう積分について考えてみたい．径路にそう積分は，線積分とよばれ，第 6 章の 1 次元曲面（曲線）上の積分と同じものである．本章では，具体的なベクトル場を考え，そこでの線積分の意味や線積分についての基本事項について説明したい．ベクトル場は一般に時間 t に依存しているかもしれないが，本章では t によらないとする，あるいは，t を固定するごとの考察をしていると考えてほしい．また，ベクトル場の各成分は，何階でも微分可能であり，各偏導関数は連続であるとする（以後の章でもそのように仮定する）．

8.1 ベクトル場の線積分

水平面（空間 $\mathbb{R}_x^2$）を，ヨットが地点 A から地点 B まで移動したとする．その経路を l とする．今風がふいており，その各点 $x\,(=\,{}^t(x_1, x_2))$ での速度は $w(x)$（列ベクトル）である．ヨットが風から受ける力の向きは，風の向きと同じであり，大きさは風の速さに比例する（比例定数は a）とする．ヨットの速さは風の速さより十分小さいとする．ヨットが l 上を移動する間に，風から受けるエネルギー（風力による仕事）がどれだけになるかを考えてみよう．

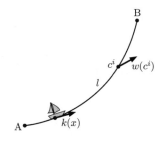

l 上に A から B まで順番に分点 $x^1, x^2, \cdots, x^n$ をとり，l を微小な線分 $x^{i-1}x^i$ の和で近似する．各 $x^{i-1}x^i$ では，風は一定（$= w(c^i)$（c^i は $x^{i-1}x^i$ 上の 1 点である））とすると（図参照），そこでの仕事は $aw(c^i)|\overrightarrow{x^{i-1}x^i}|\cos\theta_i$ である．ここで θ_i はベクトル $\overrightarrow{x^{i-1}x^i}\,(=\,x^i - x^{i-1})$ と $w(c^i)$ のなす角である．したがって，求めるエネルギーは

$$(8.1) \qquad \lim_{n\to\infty}\sum_{i=1}^{n} aw(c^i)|\overrightarrow{x^{i-1}x^i}|\cos\theta_i$$

となるだろう．これは，第 6 章で考えた曲面上の積分 (6.11) と同じものである．上記の場合は 1 次元の曲面，つまり曲線の場合である．l の各点 x における単位接線ベクトルを $k(x)$ とすれば（$k(x)$ の向きは B にむかう向きにとる），(8.1) は

$$\int_l aw(x) \cdot k(x)\, dl_x$$

に等しい.

例題 8.1 上記の風の速度 $w(x)$ が, 領域 S において次のようになっているとする.
(S から離れている) ある定点 x^0 を中心に同心円状に時計の反対回りに風がふいて,
$|w(x)| = c|\overrightarrow{x^0 x}|$ (c は正定数) である. このとき, S 内において, 径路の始点と終点が同
じであれば, ヨットが受けるエネルギーは径路によらないことを示せ.

まず, $w(x) \left(= {}^t(w_1(x), w_2(x)) \right) = {}^t(-cx_2, cx_1)$ となることに注意しよう. 2 つの径路
$l, \tilde{l} (\subset S)$ があり, 両者の始点 (= A) と終点 (= B) が同じであるとする. 一般に径路 l^* 上を A か
ら B に向かって進むとき, l^*_{AB} で表すことにする. $\displaystyle\int_{\tilde{l}_{AB}} aw(x) \cdot k(x) \, dl_x = -\int_{\tilde{l}_{BA}} aw(x) \cdot k(x) \, dl_x$
であるから, 結局

$$\int_{l_{AB}} aw(x) \cdot k(x) \, dl_x - \int_{\tilde{l}_{AB}} aw(x) \cdot k(x) \, dl_x = \int_{l \cup \tilde{l}} aw(x) \cdot k(x) \, dl_x = 0$$

を示すことになる. ここで $l \cup \tilde{l}$ は, 径路 l を進み, 次に径路 $\tilde{l}$ を進むという径路である. この
径路は閉じた径路である. $l \cup \tilde{l}$ が囲む領域を D をとする. 下述の定理 8.1 より

$$\int_{l \cup \tilde{l}} aw(x) \cdot k(x) \, dl_x = \int_D a\{\partial_{x_2}(cx_1) - \partial_{x_1}(cx_2)\} \, dx = 0$$

が成立する. したがって, ヨットが受けるエネルギーは径路によらない.

(例題 8.1 の説明終り)

$v(x) (= {}^t(v_1(x), v_2(x)))$ を $\mathbb{R}^2$ 内のベクトル場とし, l を $\mathbb{R}^2$ 内の閉じた曲線とする. (8.1)
と同種の積分 $\displaystyle\int_l v(x) \cdot k(x) \, dl_x$ について次の定理がなりたつ.

グリーンの定理

定理 8.1 $\mathbb{R}^2_x$ において, D を閉じた曲線 l で囲まれた領域とする. このとき, ベクトル
場 $v(x) \left(= {}^t(v_1(x), v_2(x)), x = {}^t(x_1, x_2) \right)$ に関する次の等式が成立する.

$$\int_l v(x) \cdot k(x) \, dl_x = \int_D \left(\partial_{x_2} v_1(x) - \partial_{x_1} v_2(x) \right) dx.$$

注意 8.1 上式の右辺にある関数 $\partial_{x_2} v_1(x) - \partial_{x_1} v_2(x)$ はベクトル場の様子を表すある量であ
り, 回転と呼ばれているものである. このことについては第 10 章で詳しく説明する.

定理 8.1 の証明 第 6 章の定理 6.1 より 2 次元の積分は 1 次元積分の繰り返しで表される. 1
次元積分の基本公式として, $\displaystyle\int_a^b \frac{df}{dt}(t) \, dt = f(b) - f(a)$ (微積分の基本公式[1]) がある. これ
は, 区間における 1 次元積分が端点の値に等しくなる (次元が減る) ことを意味している. 2 次
元の (D 上の) 積分が 1 次元の (l の) 積分に等しくなるという定理の主張は, 結局このことに
帰着される. $\displaystyle\int_l v(x) \cdot k(x) \, dl_x = \int_l v_1(x) k_1(x) \, dl_x + \int_l v_2(x) k_2(x) \, dl_x$ であり, 以下において

---

[1] 例えば,「微分積分入門−現象解析の基礎−」(曽我日出夫著 学術図書出版社) の第 8 章の定理 8.1 を参照.

$$\int_l v_1(x)k_1(x)\,dl_x = \int_D \partial_{x_2} v_1(x)\,dx$$

が成立することを示す. $\displaystyle\int_l v_2(x)k_2(x)\,dl_x = -\int_D \partial_{x_1} v_2(x)\,dx$ については，変数 x_1, x_2 を入れ換えた議論をすればよい.

x_1 を固定して x_2 について積分し，次に x_1 について積分することにする．x_1 を固定したとき，点 (x_1, x_2) が D 内にあるような x_2 の全体 $J(x_1)$ は，有限個の区間の和集合で構成されるとする．そうならないときは，有限個になるような領域で D を近似し，その積分値がもともとの D や l における積分値に収束するようにできること[2]を利用すれば証明できる．$J(x_1)$ を構成する区間を $[a^i(x_1), b^i(x_1)]$ $(i = 1, \ldots, m(x_1))$ とする．点 $(x_1, a^i(x_1))$, 点 $(x_1, b^i(x_1))$ は l 上にあることに注意しよう．第6章の定理 6.1 より，$\alpha = \min\{x_1 |\ (x_1, x_2) \in D\}$, $\beta = \max\{x_1 |\ (x_1, x_2) \in D\}$ とすると，

$$\int_D \partial_{x_2} v_1(x)\,dx = \int_\alpha^\beta \left\{ \int_{J(x_1)} \partial_{x_2} v_1(x_1, x_2)\,dx_2 \right\} dx_1$$

となる．区間 $[\alpha, \beta]$ は有限個の区間 $[\alpha^j, \beta^j]$ $(j = 1, \ldots, k)$ に分けられ，各 $[\alpha^j, \beta^j]$ では $m(x_1)$ は一定になっているとする[3] $(\alpha = \alpha^1, \beta^1 = \alpha^2, \cdots, \beta^{k-1} = \alpha^k, \beta^k = \beta)$（図参照）．したがって，$x_1$ が $\alpha^j \le x_1 \le \beta^j$ にあるときの $m(x_1)$ を m^j とすると，

$$\int_D \partial_{x_2} v_1(x)\,dx = \sum_{j=1}^k \int_{\alpha^j}^{\beta^j} \left\{ \sum_{i=1}^{m^j} \int_{a^i(x_1)}^{b^i(x_1)} \partial_{x_2} v_1(x_1, x_2)\,dx_2 \right\} dx_1$$

$$= \sum_{j=1}^k \sum_{i=1}^{m^j} \int_{\alpha^j}^{\beta^j} \left\{ v_1(x_1, b^i(x_1)) - v_1(x_1, a^i(x_1)) \right\} dx_1$$

と書ける.

x_1 を $\alpha^j \le x_1 \le \beta^j$ の範囲を動かしたとき，点 ${}^t(x_1, b^i(x_1))$ は l 上を動く．l のこの部分を l_b^{ji} で表し，l_b^{ji} 内の微小な断片を $\tilde{l}$ とする．$\tilde{l}$ を x_1-軸に射影したとき，第6章の定理 6.2 より，$\tilde{l}$ の長さは $\displaystyle\int_{\tilde{l}} \cos\theta(x)\,d\tilde{l}_x$ $\left(= \displaystyle\int_{\tilde{l}} k_1(x)\,d\tilde{l}_x \right)$ になる．ここで $\theta(x)$ は $x\ (\in l)$ における $k(x)$ とベクトル ${}^t(1, 0)$ （x_1-軸）のなす角であり[4]，$k_1(x) = \cos\theta(x)$ である．$k_1(x) < 0$ のときは $\cos\theta(x) < 0$ つまり $2^{-1}\pi < \theta$ になるような表記をしている．$k_1(x) > 0$ のときは $\cos\theta(x) > 0$ である．上記のことから，線積分 $\displaystyle\int_{l_b^{ji}} k(x)\cdot v(x)\,d(l_b^{ji})_x$ は $\displaystyle\int_{\alpha^j}^{\beta^j} v_1(x_1, b^i(x_1))\,dx_1$ に等しいことが分かる．点 ${}^t(x_1, a^i(x_1))$ が動く l の部分 $(= l_a^{ji})$ について同様の考察をすると，

---

[2] 厳密に言えば，このようにできる領域 D を対象にしているというべきかもしれない．

[3] そうならないときは，やはり，有限個になる領域で D を近似することを利用すればよい．

[4] $\theta(x)$ は x における l に対する単位法ベクトルと x_1-軸に対する単位法ベクトルとのなす角と一致することに注意せよ．

$\int_{l_a^{ji}} k(x) \cdot v(x) \, d(l_a^{ji})_x = -\int_{\alpha^j}^{\beta^j} v_1(x_1, a^i(x_1)) \, dx_1$ が分かる．また，l から $\cup_{j=1}^k \cup_{i=1}^{m^j} (l_b^{ji} \cup l_a^{ji})$ を除いた部分を l^0 とすると，l^0 においては $k_1(x) = 0$ となり，$\int_{l^0} k_1(x) v_1(x) \, dl_x = 0$ となる．以上のことから次の等式が得られる．

$$\sum_{j=1}^k \sum_{i=1}^{m^j} \int_{\alpha^j}^{\beta^j} \{v_1(x_1, b^i(x_1)) - v_1(x_1, a^i(x_1))\} \, dx_1 = \int_l k_1(x) v_1(x) \, dl_x.$$

したがって，$\int_l v_1(x) k_1(x) \, dl_x = \int_D \partial_{x_2} v_1(x) \, dx$ が成立する．x_1 と x_2 を入れ換えて，同じような考察から $\int_l v_2(x) k_2(x) \, dl_x = -\int_D \partial_{x_1} v_2(x) \, dx$ となることが分かる．ゆえに，定理 8.1 が得られる．

（証明終り）

　上述の積分 $\int_l v(x) \cdot k(x) \, dl_x$ は一般の空間 $\mathbb{R}_x^n$ $(n \geq 2)$ においても定義できる．今 $\mathbb{R}_x^n$ の各点 $x = {}^t(x_1 \cdots x_n)$ においてベクトル $w(x) = {}^t(w_1(x), \cdots, w_n(x))$ が定義されているとする．l を $\mathbb{R}_x^n$ 内の曲線とし，各 $x\,(\in l)$ における l の単位接線ベクトルを $k(x)$ とする．次の形の積分を l にそう $w(x)$ の**線積分**という．

$$(8.2) \qquad\qquad \int_l w(x) \cdot k(x) \, dl_x.$$

これは，(8.1) のように l を折れ線で近似して作った和の極限値と一致する．ベクトル $k(x)$ の向きは 2 通り考えられ，連続的につながる向きにどちらか一方のものに取ってあるとする．したがって，(8.2) では $k(x)$ の向きをどのように取っているか（つまり l の進む向き）を示しておかなくてはならない．l が 2 次元平面内の閉じた曲線の場合は，普通，1 周して元にもどることが時計の反対周りになっているように $k(x)$ の向きを選ぶ（何も言わなければそうする）．(8.2) において，被積分関数がもっと一般の形になっている場合にも線積分と呼ばれる．すなわち，x の（スカラー値）関数 $f(x)$ が与えられているとき，$\int_l f(x) \, dl_x$ を l にそう $f(x)$ の線積分という．

　曲線は媒介変数表示されることが多い．l が $x = u(t)$ により表示されているとする．すなわち，$l = \{x \,|\, x = u(t), \, a \leq t \leq b\}$ とすると，この $u(t)$ を使って，線積分は次のように書ける．

$$(8.3) \qquad\qquad \int_l f(x) \, dl_x = \int_a^b f(u(t)) \left| \frac{du}{dt}(t) \right| dt.$$

このことは，l 上の 2 点 $x = u(p)$，$x = u(q)$ からなる微小な線分 $[u(p), u(q)]$ の長さが $|u'(c)|(q - p)$ で表せる c が存在することから容易に分かる．l が閉じた曲線であるとは，上記の $u(t)$ として周期関数があることを意味する．つまり，何か正定数 $p\,(> 0)$ があって，すべての t に対して $u(t) = u(t + p)$ がなりたつ（この p を周期とよぶ）．

　$\mathbb{R}_x^3$ の各点 x において，単位電荷が力 $E(x)$ を受けるとする．このとき，$E(x)$ をベクトル場の一種とみて，これを特に**電場**という．この状態の中に電荷 q を置くと，この電荷は x において $qE(x)$ の力を受ける．

例題 **8.2**　電場 $E(x)$ の中を，電気量 q, 質量 m の粒子（質点）が径路 l にそって移動したとする．このとき，粒子の速さの増加は

$$\sqrt{2m^{-1}\left|\int_l qE(x)\cdot k(x)dl_x\right|}\quad (k(x) \text{ は } x\,(\in l) \text{ における } l \text{ の単位接線ベクトル})$$

に等しいことを示せ．ただし，粒子が受ける仕事はすべて速さの増加に換わるとする．

l 上の各 x において粒子は $qE(x)$ の力を受ける．したがって，l にそう移動により粒子は仕事 $\int_l qE(x)\cdot k(x)\,dl_x$ を受ける．この仕事により粒子の速さが v だけ増加したとすると，$\int_l qE(x)\cdot k(x)\,dl_x = \frac{1}{2}mv^2$ が成立する．よって，速さの増加は $\sqrt{2m^{-1}\left|\int_l qE(x)\cdot k_x\,dl_x\right|}$ となる．

（例題 8.2 の説明終り）

例題 **8.3**　何か山があるとし，地図（空間 $\mathbb{R}_x^2$）の位置 x における山の勾配を $v(x)$ ($={}^t(v_1(x),v_2(x))$) とする（$v(x)$ の向きは x における山の傾斜の最大になる向きであり，$|v(x)|$ はそのときの傾斜率を表す）．位置 $x=a$ から（地図上の）一定距離を移動するとして，高さの増加が最大になるのは常に $v(x)$ の向きに進むときであることを示せ．

常に最大傾斜の向きに進めば高さの増加は当然最大になると思われるから，この例題は直感的には明らかであるが，厳密に（数学的に）示すことを考えてみるというが例題の意図である．

移動する径路を l（地図上の曲線）とする．(8.1) のときのように，l 上に点列 $x^0, x^1, \cdots,$ x^n をとり ($x^i = {}^t(x_1^i, x_2^i)$)，l を折れ線 $x^{i-1}x^i$ $(i=1,\dots,n)$ で近似する．このとき，x^0 は l 上を進む始点 a であり x^n は終点である．また，この折れ線に沿って移動しても，l に沿っても高さの増加は同じである．x^{i-1} での山の勾配 $v(x^{i-1})$ とは，地図に高さ含めた 3 次元空間 (x_1x_2z- 空間) における $x=x^{i-1}$ での接平面の勾配のことである．この接平面の方程式は，x^{i-1} における高さを z^{i-1} とすると，$z = v_1(x^{i-1})(x_1 - x_1^{i-1}) + v_2(x^{i-1})(x_2 - x_2^{i-1}) + z^{i-1}$ である（第 0 章参照）．したがって，この接平面において $\overrightarrow{x^{i-1}x^i}$ に対応する z-成分の増分は $v_1(x^{i-1})(x_1^i - x_1^{i-1}) + v_2(x^{i-1})(x_2^i - x_2^{i-1}) = v(x^{i-1})\cdot\overrightarrow{x^{i-1}x^i}$ である．実際の高さの増分をこれで近似すると，折れ線全体での増分は

$$\sum_{i=1}^n v(x^{i-1})\cdot\overrightarrow{x^{i-1}x^i}$$

である．$n\to\infty$ のとき，この極限値は

(8.4)　　　$\displaystyle\int_l v(x)\cdot k(x)\,dl_x$　　($k(x)$ は $x\,(\in l)$ における l の単位接線ベクトル)

である．これが $|l|$ に対応する高さの増分である．$|l|$ をいろいろに変えてこの値が最大になるときの l がどういうものかをみるとよいことになる．(8.4) の被積分関数 $v(x)\cdot k(x)$ が最大に

なるのは $k(x) = |v(x)|^{-1}v(x)$ のときである．したがって，常にこのようになっているとき，すなわち $v(x)$ の向きに進むとき (8.4) は最大となる．

（例題 8.3 の説明終り）

例題 8.3 の曲線 l が次のように媒介変数表示されているとする．

$$l = \left\{ x \mid x = u(t) \ \left(= {}^t(u_1(t), u_2(t)) \right),\ 0 \le t \le \tilde{t} \right\}$$

と表示されているとする．このとき，一般性を失うことなく常に $\left|\dfrac{du}{dt}(t)\right|$ であるとしてよい．また，l の長さ $|l|$ は $\displaystyle\int_0^{\tilde{t}} \left|\dfrac{du}{dt}(t)\right| dt = \tilde{t}$ であるから，「$|l|$ が一定」とは「$\tilde{t}$ が定数」を意味する．さらに，$k(u(t)) = \dfrac{du}{dt}(t)$ となるので，l に対する高さの増加 (8.4) は

$$(8.5) \qquad \int_0^{\tilde{t}} v(u(t)) \cdot \frac{du}{dt}(t)\, dt$$

と書ける．

したがって，$u(t)$ を使って例題 8.3 の主張を次のように言いなおすことができる．

$u(t)$ をいろいろに変化させたとき，(8.5) が最大となる $u(t)$ は

$$(8.6) \qquad \begin{cases} \dfrac{du}{dt}(t) = |v(u(t))|^{-1}v(u(t)), & 0 < t < \tilde{t} \\ u(0) = a \end{cases}$$

をみたすものである．

このように，何か関数の入った積分（今の場合は (8.5)）があるとして，この積分値が最大または最小（極大または極小）となる関数がどんなものかを調べることを**変分問題**という．さらに，このような問題設定で何かの法則が導けることを**変分原理**と呼んでいる．18 世紀中頃オイラーによって変分問題が研究され出し，その後，ラグランジュはさまざまな法則が変分原理で得られることを示した．これ以後，変分問題を解析するためのさまざまな数学的手法が開発され，その成果は**変分法**としてまとめれている．本章の補足で，基本的な物理現象として知られているバネの振動現象を変分原理の立場から考えてみたい．

8.2　保存系ベクトル場

今，空間 $\mathbb{R}^3_x$ の原点に質点（質量を m とする）があり，固定されているとする．位置 $x\,(= {}^t(x_1, x_2, x_3))^{5)}$ に単位質量をおくと，万有引力の法則により，この質点は原点への向きに大きさ $c\,m|x|^{-2}$（c は重力定数）の力，つまり $c\,m|x|^{-2}(-|x|^{-1}x)$ を受ける．この力を $G(x)$（列ベクトル）とすると，$G(x)$ はベクトル場の一種になる．力を表すベクトル場は特に**力場**と呼ばれる．

---

5) 以下では，x を点の位置ベクトルとみる．

> **例題 8.4**　　上記の力場 $G(x)$ の中を，径路 l に沿って単位質量の質点が位置 $x=a$ から $x=b$ まで移動したとする．l は原点を通らないものとする．このとき，質点が受ける力のする仕事 W は，$c\,m|a|^{-1}-c\,m|b|^{-1}$ となることを示せ．

前節で考えた風による仕事のときと同じような近似を考える．すなわち，l 上に分点 $x^1(=a),x^2,\cdots,x^n(=b)$ をとり，折線 $\{x^{i-1}x^i\}_{i=1,\ldots,n}$ を考え，各 $x^{i-1}x^i$ での受ける力は一定で $G(x^{i-1})$ であるとすると，折れ線全体での $G(x^{i-1})$ による仕事は $\displaystyle\sum_{i=1}^{n}G(x^{i-1})\cdot\overrightarrow{x^{i-1}x^i}$ である $(\overrightarrow{x^{i-1}x^i}=x^i-x^{i-1})$．$n\to\infty$ としたときのこの極限値が W である．つまり W は

$$W=\int_{l_{a\to b}}G(x)\cdot k(x)\,dl_x=\lim_{n\to\infty}G(x^{i-1})\cdot\overrightarrow{x^{i-1}x^i}$$

となる[6]．ここで，$l_{a\to b}$ は $k(x)$ の向きを a から b に向かっていくように取っていることを意味する．ベクトル $\overrightarrow{x^{i-1}x^i}$ をベクトル x^{i-1} の向きとその直角の向きに分解し，それぞれを $w^{i-1},w_{\perp}^{i-1}$ とする $(\overrightarrow{x^{i-1}x^i}=w^{i-1}+w_{\perp}^{i-1})$．$x^{i-1}$ と x^i のなす角を θ_{i-1} とすると（図参照），$G(x^{i-1})$ と x^{i-1} の方向は同じだから

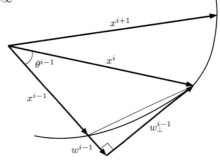

$$G(x^{i-1})\cdot\overrightarrow{x^{i-1}x^i}=G(x^{i-1})\cdot w^{i-1}=-|G(x^{i-1})||w^{i-1}|=-\frac{c\,m}{|x^{i-1}|^2}(|x^i|\cos\theta_{i-1}-|x^{i-1}|)$$

となる．ここで常に $0\le\theta_i\le 2^{-1}\pi$ であり，$\displaystyle\lim_{n\to\infty}\max_{i=1,\ldots,n}\theta_i=0$ としてよい．$r=|x|$ とおき，$r_i=|x^i|$ とすると

$$(8.7)\qquad\sum_{i=1}^{n}G(x^{i-1})\cdot\overrightarrow{x^{i-1}x^i}=-\sum_{i=1}^{n}\frac{c\,m}{r_{i-1}^2}(r_i-r_{i-1})+\sum_{i=1}^{n}\frac{c\,m}{r_{i-1}^2}(1-\cos\theta_{i-1})r_i$$

が成立する．(8.7) の右辺第 1 項は，$n\to\infty$ のとき $\displaystyle-\int_{|x^0|}^{|x^n|}\frac{c\,m}{r^2}\,dr$ に収束する．$1-\cos\theta_{i-1}=2\sin^2\dfrac{\theta_{i-1}}{2}$ であり，$\left|\sin\dfrac{\theta_{i-1}}{2}\right|\le d\big(\min(r_{i-1},r_i)\big)^{-1}|\overrightarrow{x^{i-1}x^i}|$ となる i によらない定数 $d\,(>0)$ が存在するので

$$\left|\sum_{i=1}^{n}\frac{c\,m}{r_{i-1}^2}(1-\cos\theta_{i-1})r_i\right|$$

$$\le c\,m\big(\max_{i=1,\ldots,n}\frac{r_i}{r_{i-1}^2}\big)2d^2\big(\min_{n=1,\ldots n}(r_{i-1},r_i)\big)^{-2}\sum_{i=1}^{n}|\overrightarrow{x^{i-1}x^i}|^2$$

---

[6] 仕事 W の定義を $\displaystyle\int_{l_{a\to b}}G(x)\cdot k(x)dl_x$ とすると言う方が正確かもしれない

$$\leq C \sum_{i=1}^{n} |\overrightarrow{x^{i-1}x^i}| \big(\max_{n=1,\ldots,n} |\overrightarrow{x^{i-1}x^i}| \big) \leq CL \max_{n=1,\ldots,n} |\overrightarrow{x^{i-1}x^i}| \xrightarrow{n\to\infty} 0$$

が得られる．ここで，$c\, m \big(\max_{i=1,\ldots,n} \dfrac{r_i}{r_{i-1}^2} \big) 2d^2 \big(\min_{n=1,\ldots n} (r_{i-1}, r_i) \big)^{-2} \leq C$ をみたす n によらない

正定数 C が取れること，および $\sum_{i=1}^{n} |\overrightarrow{x^{i-1}x^i}| \leq L$ をみたす n によらない正定数 L が取れること

に注意しよう．したがって，$n \to \infty$ のとき，(8.7) の右辺第 2 項は 0 に収束する．以上のことから

$$W = \int_{l_{a \to b}} G(x) \cdot k(x)\, dl_x = c\, m|a|^{-1} - c\, m|b|^{-1}$$

が成立する[7)].

（例題 8.4 の説明終り）

　　例題 8.4 から分かるように，力場 $G(x)$ では，質点がある径路にそって移動するとき，受ける力の仕事 W は径路の端点が変わらなければ不変である．一般に 2 点を結ぶ径路に対するベクトル場の線積分が，径路の取り方によらないとき，このベクトル場を**保存系ベクトル場**とよぶ．特に，ベクトルが力を表しているときは，**保存力**あるいは保存力場という．

　　保存力場であることと

(8.8)　　　　　　閉じた曲線に対して常に力場の線積分（$= W$）が 0 となる

こととは同等になる．ただし，曲線が囲む領域は力場の定義されている領域内にあるとする．また，$\partial_x \big(\dfrac{c\, m}{|x|} \big) = -\dfrac{c\, m}{|x|^2} \dfrac{1}{|x|} x = G(x)$ となるから，

(8.9)　　　　　径路の終点を動かしたときの仕事 W の勾配がちょうど力場に一致している

ことが分かる．

　　実は，(8.8) と (8.9) はもっと一般的な設定で必要十分の関係になっている．すなわち，$\mathbb{R}^n_x$ ($n \geq 2,\ x = {}^t(x_1, \cdots, x_n)$) の領域で定義された n 次元ベクトル場に関して次の定理がなりたつ．

定理 8.2　ベクトル場 $v(x) = {}^t(v_1(x), \cdots, v_n(x)))$ に対して

$$v(x) = -\partial_x \varphi(x)$$

となるようなスカラー値関数が存在する必要十分条件は，閉じた曲線 l に対して（l が囲む領域は $v(x)$ の定義域内にあるとする）それにそう線積分が常に 0 であることである．つまり，

$$\int_l v(x) \cdot k(x)\, dl_x = 0.$$

[7)] ここでの説明は線積分の定義に立ち返ったものになっている．もし $\partial_x (cm|x|^{-1}) = cm|x|^{-2} (-|x|^{-1}x) = G(x)$ に気が付けば，l の媒介変数表示 $l = \{ x = u(t);\ t_0 \leq t \leq t_1,\ u(t_0) = a,\ u(t_1) = b\ \big(\big| \dfrac{du}{dt}(t) \big| = 1 とする \big) \}$ を導入すると，$\displaystyle\int_{l_{a \to b}} G(x) \cdot k(x)\, dl_x = \int_{t_0}^{t_1} \dfrac{d}{dt} \{ cm|u(t)|^{-1} \}\, dt = cm|b| - c\, |a|^{-1}$ となり，同じ結果が得られる．

注意 8.1　$\varphi(x)$ は，$v(x)$ の**ポテンシャル関数**（$v(x)$ が力場のときは**位置エネルギー**）と呼ばれる．$\varphi(x)$ がポテンッシャル関数ならば，任意の定数 d に対して，$\varphi(x)+d$ もポテンッシャル関数となる．さらに，2つのポテンシャル関数の差は定数に限られる．

定理 8.2 の証明　今 $v(x)=-\partial_x\varphi(x)$ となる関数 $\varphi(x)$ があるとする．l を閉じた曲線とし，周期が $p\ (>0)$ の周期関数 $u(t)$ により表されるとする．このとき，常に $|\frac{du}{dt}(t)|=1$ であるとしてもよい[8]．$k(u(t))=\frac{du}{dt}(t)$ となるから，第2章の定理 2.1 より，$v(u(t))\cdot k(u(t))=-\partial_x\varphi(u(t))\cdot\frac{du}{dt}(t)=-\frac{d}{dt}\{\varphi(u(t))\}$ が成立する．したがって

$$\int_l v(x)\cdot k(x)\,dl_x=-\int_0^p \frac{d}{dt}\{\varphi(u(t))\}\,dt=\varphi(u(0))-\varphi(u(p))=0$$

が得られる．

　次に，$\int_l v(x)\cdot k(x)\,dl_x=0$ からポテンシャル関数の存在がいえることを示そう．点 a を固定し，各 x に対して a から x をつなぐ径路 $l_{a\to x}$ をとり，

$$\varphi(x)=-\int_{l_{a\to x}} v(y)\cdot k(y)\,d(l_{a\to x})_y$$

とおく．この値は径路 $l_{a\to x}$ のとり方によらない[9]．したがって，各 x に対してスカラー値 $\varphi(x)$ が定まる．$x(h)={}^t(x_1,\cdots,x_{i-1},x_i+h,x_{i+1},\cdots,x_n)$ とすると，$\partial_{x_i}\varphi(x)=-\lim_{h\to 0}h^{-1}\{\int_{l_{a\to x(h)}} v(y)\cdot k(y)\,d(l_{a\to x(h)})_y-\int_{l_{a\to x}} v(y)\cdot k(y)\,d(l_{a\to x})_y\}$ である．さらに，端点が等しければ線積分は径路の取り方によらないから，

$$\int_{l_{a\to x(h)}} v(y)\cdot k(y)\,d(l_{a\to x(h)})_y-\int_{l_{a\to x}} v(y)\cdot k(y)\,d(l_{a\to x})_y$$
$$=\int_{l_{x\to x(h)}} v(y)\cdot k(y)\,d(l_{x\to x(h)})_y=\int_0^h v_i(x_1,\cdots,x_i+h,\cdots,x_n)\,dy_i$$

が成立する．したがって，$\partial_{x_i}\varphi(x)=-\lim_{h\to 0}\frac{1}{h}\int_0^h v_i(x_1,\cdots,x_i+h,\cdots,x_n)\,dy_i=-v_i(x_1,\cdots,x_i,\cdots,x_n)$ が得られる．ゆえに，$v(x)=-\partial_x\varphi(x)$ である．

（証明終り）

　定理 8.2 より，保存系ベクトル場を，ポテンシャル関数が存在するようなベクトル場と定義してもよいことになる．

例題 8.5　空間 $\mathbb{R}^3_x$ の原点に電気量 q の電荷が固定されているとする．この電荷によってつくられる電場 $E(x)$ は保存力場であることを示し，そのポテンシャル関数を求めよ．

---

[8] そうでないときは，$\int_a^t |\frac{du}{ds}(s)|^{-1}\frac{du}{ds}(s)\,ds$ を改めて $u(t)$ とすればよい

[9] なぜなら，$\int_{l_{a\to x}} v(y)\cdot k(y)\,d(l_{a\to x})_y-\int_{\tilde{l}_{a\to x}} v(y)\cdot k(y)\,d(\tilde{l}_{a\to x})_y=\int_{l_{a\to x}\cup\tilde{l}_{x\to a}} v(y)\cdot k(y)\,d(l\cup\tilde{l})_y=0$ となるから．

位置 x に置いた単位電荷が受ける力が $E(x)$ である．クーロンの法則（第 9 章の (9.5) を参照）から

$$E(x) = c \, \frac{q}{|x|^2} n(x), \quad n(x) = \frac{1}{|x|} x$$

となる．これは，$E(x)$ が本質的には重力と同じ種類の力である（逆 2 乗法則をみたす）ことを意味しているから，例題 8.4 の考察がそのまま通用する．したがって，$E(x)$ は保存力であり，例題 8.4 のときと同じ関数 $q|x|^{-1}$（ポテンシャル関数）で表されるはずである．このことを確かめてみよう．

$\varphi(x) = c \, q |x|^{-1}$ とおくと，$\partial_{x_i}(|x|^{-1}) = -|x|^{-2} \dfrac{2x_i}{2\sqrt{x_1^2 + x_2^2 + x_3^2}}$ であるから，$-\partial_x \varphi(x) = c \, q \, |x|^{-2} n(x)$ が成立する．したがって，$-\partial_x \varphi(x) = E(x)$ である．定理 8.2 より $E(x)$ は保存力であり，上記の $\varphi(x)$ がポテンシャル関数である．

（例題 8.5 の説明終り）

補足（変分原理について）

17 世紀後半ニュートンが惑星の運行の解析に微分積分を導入した．それ以来，様々な自然現象を微分積分（微分方程式）を通して数理的に解析することが盛んになった．18 世紀後半，オイラーやラグランジュは変分原理を提唱し，いろいろな自然現象はこの原理で統一的にみることができると主張した．**変分原理**とは次のような考え方である．

　　自然現象は，それに対応して何か関数の集合から実数への写像があり，

　　その実数値の極大（あるいは極小）を与えるような形で起こる．

この写像は独立変数が関数になっているような関数といえるもので，**汎関数**とよばれる．汎関数の極大極小問題（極値問題）は変分問題と言われ，それを調べる方法を**変分法**とよんでいる．後に具体例で示すが，汎関数の極値はある微分方程式をみたし，その方程式はちょうど考えている現象を表すものになっている[10]．

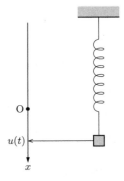

バネにおもりをぶらさげたときの振動現象を，上記の変分原理の考え方からみてみたい．おもりは上下に微小な運動をしているとする（図参照）．この現象については，ニュートンの運動法則から微分方程式が導け，その微分方程式を使って詳細な分析ができることが知られている（例えば，「微分積分入門－現象解析の基礎－」（曽我日出夫著　学術図書出版社）の第 7 章を参照）．以下において，ある汎関数を定義して，その汎関数の極値が存在すればそれは（ニュートンの運動法則からの）微分方程式の解になっていること，さらにある条件の下ではあるがその微分方程式の解は確かに汎関数の極値になることを示したい．

今，鉛直下向きに x-軸が取ってあり，静止の位置が $x = 0$ であるとする．バネがフックの法則[11]に従うとすれば，位置 x においておもりに働く力 F（バネの力と重力の合力）は，x に比

---

[10]　汎関数に（極値よりも弱い）停留値が存在しさえすれば，それに対応する微分方程式が得られ，その方程式が現象を表すものになることが知られている．

[11]　バネの力はノビと比例する（力の向きはノビが増える向きとは逆である）．

例する．比例定数は負（$= -k\ (< 0)$）となる．おもりが位置 x から原点まで移動する間に力 F がする仕事は $\int_x^0 (-kx)dx = \frac{1}{2}kx^2$ である．これはいわゆる「x における位置エネルギー」である．おもりの速度が v であるとき，その運動エネルギーは $\frac{1}{2}mv^2$ である（m はおもりの質量）．運動エネルギーと位置エネルギーとの差

$$L(x,v) = \frac{1}{2}mv^2 - \frac{1}{2}kx^2$$

を考える．$L(x,v)$ は**ラグランジュアン**とよばれている．時刻 t におけるおもりの位置を $x = u(t)$ とすると，おもりの動きは $u(t)$ がどんな関数になるかということで決まる．時刻 $t = 0, T$ におけるおもりの位置がそれぞれ $x = 0, d\ (\neq 0)$ となる，つまり $u(0) = 0,\ u(T) = d$ をみたしているときについて考察してみる．T は $\sin\sqrt{\frac{k}{m}}T \neq 0$ をみたしているとする．

汎関数 $I(u)$ を

$$I(u) = \int_0^T L\big(u(t), u'(t)\big)\, dt \quad \left(= \int_0^T \left\{ \frac{1}{2}m\frac{du}{dt}(t)^2 - \frac{1}{2}ku(t)^2 \right\} dt \right)$$

と定義する．まず，$I(u)$ の極値 $u(t) = \tilde{u}(t)$ が存在するとしよう．$v(0) = v(T) = 0$ をみたす任意の関数を $v(t)$ とする．$v(t)$ を固定しておいて，実数 ε を 0 の近くで動かすことにして

$$F(\varepsilon) = I(\tilde{u} + \varepsilon v) \quad \left(= I(\tilde{u}) + \varepsilon \int_0^T \left\{ m\frac{d\tilde{u}}{dt}(t)\frac{dv}{dt}(t) \ - \ k\tilde{u}(t)v(t) \right\} dt + \varepsilon^2 I(v) \right)$$

を考えると，$\tilde{u}(0) + \varepsilon v(0) = 0, \tilde{u}(T) + \varepsilon v(T) = d$ が成立し，$F(\varepsilon)$ は $\varepsilon = 0$ で極値をとる．したがって，$\frac{dF}{d\varepsilon}(0) = 0$ である．すなわち $\frac{dF}{d\varepsilon}(0) = \int_0^T \left\{ m\frac{d\tilde{u}}{dt}(t)\ \frac{dv}{dt}(t) \ - \ k\tilde{u}(t)v(t) \right\} dt = 0$ が成立する[12]．したがって，$v(0) = v(T) = 0$ に注意して部分積分公式を使うと

$$\int_0^T \big(m\frac{d^2\tilde{u}}{dt^2}(t) + k\tilde{u}(t) \big) v(t)\, dt = 0$$

が得られる．これが $v(0) = v(T) = 0$ をみたす任意の関数 $v(t)$ に対して成立するためには，常に $m\frac{d^2\tilde{u}}{dt^2}(t) + k\tilde{u}(t) = 0$ でなければならない．

結局，$\tilde{u}(t)$ は次の式をみたす．

$$(8.10) \qquad m\frac{d^2\tilde{u}}{dt^2}(t) + k\tilde{u}(t) = 0, \quad 0 \leq t \leq T,$$

$$(8.11) \qquad \tilde{u}(0) = 0, \quad \frac{d\tilde{u}}{dt}(T) = d.$$

(8.10) は，ニュートンの運動法則から導かれる方程式と同じものである．この方程式の解で $\tilde{u}(0) = 0$ をみたすものは，一般的に $\tilde{u}(t) = c\ \sin\sqrt{\frac{k}{m}}t$（$c$ は任意定数）であることが分かっている．$\frac{d\tilde{u}}{dt}(T) = d$ でなければならないので $c = (\sin\sqrt{\frac{k}{m}}T)^{-1}d$ である．以上により $I(u)$ の極値 $\tilde{u}$ が存在するとすれば，$\tilde{u}(t) = (\sin\sqrt{\frac{k}{m}}T)^{-1}d\ \sin(\sqrt{\frac{k}{m}}t)$ であることが分かった．

---

[12] $\frac{dF}{d\varepsilon}(0) = 0$ は，$F(0)$ が（極値であることより弱い条件である）停留値であれば成立する．したがって，下記の方程式 (8.10) の成立は，$I(u)$ の極値の存在より弱い条件でなりたつ可能性があることに注意せよ．

次に, $\tilde{u}(t) = (\sin\sqrt{\frac{k}{m}}T)^{-1}d\sin(\sqrt{\frac{k}{m}}t)$ が $I(u)$ の極値になっているかどうかを考えよう. 以下において, T にある限定的な条件を課せば,「極値になっている」の証明ができることを示したい. $u(t)$ を, $u(0)=0, u(T)=d$ をみたし $\tilde{u}(t)$ と異なる任意の関数とし, $v(t)=u(t)-\tilde{u}(t)$ とおく. $v(t)$ は $v(0)=v(T)=0$ をみたす. $\int_0^T\{m\frac{d\tilde{u}}{dt}(t)\frac{dv}{dt}(t) - k\tilde{u}(t)v(t)\}\,dt = -\int_0^T\{m\frac{d^2\tilde{u}}{dt^2}(t)+k\tilde{u}(t)\}v(t)\,dt = 0$ であるから

$$I(\tilde{u}+v) = I(\tilde{u}) + \int_0^T\{m\frac{d\tilde{u}}{dt}(t)\frac{dv}{dt}(t) - k\tilde{u}(t)v(t)\}\,dt + I(v) = I(\tilde{u}) + I(v)$$

が成立する.

ここで, δ を十分小さい正数として T が $(0<)\ T\le\sqrt{\frac{m-2\delta}{k}}$ をみたすとする. このとき

$$(8.12)\qquad I(v)\Big(=\int_0^T\frac{1}{2}m\frac{dv}{dt}(t)^2\,dt - \int_0^T\frac{1}{2}kv(t)^2\,dt\Big) \ge \delta\int_0^T\frac{dv}{dt}(t)^2\,dt$$

が成立する, つまりこのような δ が存在する. これが正しいとすれば, $I(u)\ \Big(=I(\tilde{u})+I(v)\Big)\ge I(\tilde{u})+\delta\int_0^T\frac{dv}{dt}(t)^2\,dt > I(\tilde{u})$ となり[13], $\tilde{u}$ が $I(u)$ の極小値であることになる. (8.12) を確かめよう.

$v(0)=0$ であるので $v(t)=\int_0^t\frac{dv}{ds}(s)\,ds$ と書ける. したがって, $v(t)^2 = \Big(\int_0^t\frac{dv}{ds}(s)\,ds\Big)^2$ が成立する. 一般に $\Big(\int_0^t f(s)g(s)\,ds\Big)^2\le\int_0^t f(s)^2\,ds\int_0^t g(s)^2\,ds$ がなりたつこと（積分のシュワルツ不等式[14]）が知られている. $f(t)=1, g(s)=\frac{dv}{ds}(s)$ とおいて, $\Big(\int_0^t\frac{dv}{ds}(s)\,ds\Big)^2\le\int_0^t 1\,ds\int_0^t\frac{dv}{ds}(s)^2\,ds\le T\int_0^T\frac{dv}{ds}(s)^2\,ds$ が得られる. ゆえに, $v(t)^2\le T\int_0^T\frac{dv}{ds}(s)^2\,ds$ となり, $T\le\sqrt{\frac{m-2\delta}{k}}$ ならば

$$\int_0^T\frac{1}{2}kv(t)^2\,dt \le \frac{1}{2}kT^2\int_0^T\frac{dv}{ds}(s)^2\,ds \le \Big(\frac{1}{2}m-\delta\Big)\int_0^T\frac{dv}{dt}(t)^2\,dt$$

が成立する. この不等式より (8.12) が得られる.

以上のことから, T が $\sin\sqrt{\frac{k}{m}}T\ne 0$, $T\le\sqrt{\frac{m-2\delta}{k}}$ をみたす条件の下では, はじめに述べた変分原理の主張にある極値が確かに存在し, それは振動の微分方程式の解と一致することが確かめられた.

一般に, 変分原理から得られる極値（もっと弱い停留値）がみたす微分方程式（上記の場合は (8.10)）は**オイラー・ラグランジュの微分方程式**とよばれている. この微分方程式は, 停留

---

[13] $0\le t\le T$ で常に $\frac{dv}{dt}(t)=0$ ならば $v=0$ になってしまうことに注意せよ.

[14] $(f,g)=\int_0^t f(s)g(s)\,ds$ を, 第 1 章の補題 1.1 の内積 $a\cdot b$ と同様のものとみて, この補題の証明と同じやり方を使うと証明できる. すなわち, t の 2 次式 $(tf+g,tf+g)=(f,f)t^2+2(f,g)t+(g,g)$ について補題 1.1 のときと同様のことをすればよい.

値の存在の必要条件として得られるものである．いろいろな変分問題において，極値（あるいは停留値）の存在を一般的な条件の下で証明することは難しいことが多い．現象を具体的に解析するには，変分原理から直接試みるより，むしろ（オイラー・ラグランジュの）微分方程式から分析する方が有効なことが少なくない．バネの振動現象においても，微分方程式 (8.10) から得られる詳細な結果[15]を変分原理から直接得ることは難しい．しかし，ラグランジュは，個別に得られているさまざまな現象の方程式が，変分原理という統一的な見方でまとめ得ることを指摘したのである．オイラーやラグランジュの後，変分原理に関連する数学は大きく発展して変分学として 1 つの分野となっていった．詳しいことは「あとがき」の文献 [10] などを参照してほしい．

─────────────── 章末問題 ───────────────

8.1　空間 $\mathbb{R}^2_x$ $(x = {}^t(x_1, x_2))$ において，単位電荷が円 $|x| = 1$ 上を速さ ω で反時計回りに回転しているとする．$\mathbb{R}^2_x$ には，時間 t に対して周期的に変化し，x に関して一様な電場 $E(t) = {}^t(0, \sin \omega t)$ が存在しているとする．このとき，時間 $0 \leq t \leq T$ においてこの電荷が受ける力の仕事 $U(T)$ について，$\lim_{T \to \infty} \dfrac{U(T)}{T}$ が正の値になることがあるか（その理由も述べよ）．またもしあるとすれば，どういうときにどういう値に収束するかを示せ．

8.2　$\mathbb{R}^2_x$ $(x = {}^t(x_1, x_2))$ のベクトル場 $v(x)$ $(= {}^t(v_1(x), v_2(x)))$ を，$\mathbb{R}^2$ から $\mathbb{R}^2$ への写像とみたとき，このヤコビ行列 $\partial_x v(x)$ が対称行列[16]ならば，ベクトル場 $v(x)$ は保存系であることを示せ．さらに，この逆もなりたつことを示せ．

8.3　$\mathbb{R}^2$ $(x = {}^t(x_1, x_2))$ において，長さ r のバネがあり，一端が $x = 0$ に固定されている．他端が位置 x $(|x| > r)$ にあるとき，バネの力を $F(x)$（ベクトル）とする．$|x| > r$ の領域において，$F(x)$ は保存系ベクトル場となることを示せ．さらに，そのポテンシャル関数を求めよ．ここで，バネの力の大きさはバネのノビに比例するものとする．

8.4　次の (1)(2) について，ベクトル場（速度場あるいは電場）が保存系になるかどうか調べよ．保存系になる場合にはそのポテンシャル関数を求めよ．

(1) $x_1 x_2$-空間において，流体の x $(= {}^t(x_1, x_2) \neq 0)$ における速度 $v(x)$ は常にベクトル x に直角で時計回りの向きになっており，大きさは $h(|x|)$ であるとする．ここで，$h(s) = 0$ $(0 \leq s \leq 1)$，$h(s) = 1$ $(2 \leq s)$ であるとする．

(2) $x_1 x_2 x_3$-空間に電気量 $q, \tilde{q}$ の 2 個の電荷が位置 ${}^t(0, 0, 0)$ と ${}^t(r, 0, 0)$ にある．これらがつくる電場 $E(x)$[17]を $x \neq {}^t(0, 0, 0), {}^t(r, 0, 0)$ において考える．

───────────────────────────────

[15] 例えば，おもりは周期運動し，その周期が $\sqrt{\dfrac{m}{k}}$ となることなど．

[16] 転置行列が元のものと同じになっている行列．

[17] 2 つの電荷から受ける力はそれぞれが単独のときに受ける力のベクトル和になることが知られている．

92

第9章

流体の流れとベクトル場

　実際の流体は，分子レベルまで非常に微視的にみると，粒子状のもので構成されているが，仮想的に何か連続的なものでできていると考える．本章では，そのような考えの下で，流体の現象を解析するためにどのような表示法や数学的手法が使われるかかをみてみたい．さらに，流体の流れとその流量との基本公式（発散定理等）について説明したい．すでに述べた通り，以後の章を含めてベクトル場の各成分は連続関数であり何階でも微分可能で，各偏導関数は連続であるとする．

9.1　流れの表示

　空間 $\mathbb{R}^3_x$ 内に何か流体が静かに流れているとする．流れの状況を表すには2つの考え方がある．一つは各位置で流体がどんな速度（流速）をもっているかに注目する考え方である．もう一つは，流体は微粒子で構成されていると考え，各微粒子がどんな曲線を描くかに注目するものである．

前者の考え方に立てば，流れの状況は，時刻 t において各位置 x における速度がどうなっているか，つまりベクトル場で表すことになる．このベクトル場を $v(t,x) = {}^t(v_1(t,x), v_2(t,x), v_3(t,x))$ とする．これは位置 x にある微粒子の速度でもある．また，後者の考え方に立てば，各位置にある微粒子の描く軌跡に注目することになる（図参照）．この軌跡は**流跡線**とよばれる．速度場を基本にする考察をオイラーの方法，流跡線を基本とするものをラグランジュの方法とよんでいる．

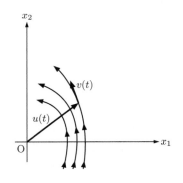

　時刻 $\tilde{t}$ において位置 $\tilde{x}$ にある微粒子が各時刻 t において $x = u(t)$ $(= u(t;\tilde{t},\tilde{x}))$ の位置にあるとすると，この粒子の描く流跡線は $\{x|\ x = u(t),\ t \in I\}$ （I は考えている時間）で表示される．このとき，微粒子の流れの向きも考慮に入れる．つまり，流跡線とは単なる曲線ではなく，向きもセットになっているもの（有向曲線）である．この $u(t)$ について，ベクトル場 $v(t,x)$ との間に $\dfrac{du}{dt}(t) = v(t,u(t))$ $(t \in I)$, $u(\tilde{t}) = \tilde{x}$ という関係式がなりたつはずである．これは，時刻 $t = \tilde{t}$ のときに位置 $\tilde{x}$ にある微粒子の流跡線を定める方程式になる．

ベクトル場 $v(t,x)$ を考えるとき，t を固定するごとに，接線ベクトルが $v(t,x)$ に一致している曲線を導入することがある．すなわち，t を $\tilde{t}$ に固定したとして，$x=x^0$ を通るこの曲線は，方程式 $\dfrac{dw}{ds}(s)=v(\tilde{t},w(s))$ $(s\in I\subset\mathbb{R})$，$w(\tilde{t})=x^0$ の解 $w(s)=w(s;\tilde{t},x^0)$ によって与えられる．この曲線を**流線**とよんでいる．$v(t,x)$ が t によらなければ，前述の流跡線 $x=u(t;\tilde{t},\tilde{x})$ と流線 $x=w(t;\tilde{t},\tilde{x})$ とは同じものである．

流線に垂直で微小な曲面 $\tilde{S}$ を考え（流線と曲面の交点を x^0 とする），その曲面を通る流体の単位時間当たりの体積 $\tilde{V}$ に注目する．この単位面積当たりの体積のこと（つまり $\lim\limits_{|\tilde{S}|\to 0}\dfrac{\tilde{V}}{|\tilde{S}|}$）を，**フラックス**，**流線密度**（**線束密度**）などとよぶ．流線とフラックスをセットにして考えたものを**線束**（または**流束**）とよぶ．

$t=\tilde{t}$，$x=\tilde{x}$ におけるフラックスはちょうど $v(\tilde{t},\tilde{x})$ の大きさに等しい．したがって，線束を与えることとベクトル場を与えることとは同等になる．すなわち，各時刻 t における各位置 x を通る線束が定まっていれば，x における微粒子の移動の向きと速さ（つまり速度）が定まる．逆に，各時刻 t における各位置 x の微粒子の速度 $v(t,x)$ が定まっていれば，時刻 t に x を通る流線（$x=w(s;t,x)$）が上記の微分方程式から定まる．流線や流跡線の存在は，次の定理 9.1 より保証される．

定理 9.1　t の区間 $[a,b]$，空間 $\mathbb{R}^n_x$ において，ベクトル場 $v(t,x)={}^t(v_1(t,x),\cdots,v_n(t,x))$ $(x={}^t(x_1,\cdots,x_n))$ が与えられており，$v(t,x)$ は有界とする[1]．$\tilde{t}\,(\in(a,b))$ を任意に固定する．このとき，任意の $\tilde{x}$ に対して，次の方程式 (9.1) をみたす解 $u(t)$ がただ1つ存在する．

$$(9.1)\qquad \begin{cases} \dfrac{du}{dt}(t)=v(t,u(t)),\quad a<t<b \\ u(\tilde{t})=\tilde{x}. \end{cases}$$

（流線の方程式に対しては，上記の $v(t,x)$ が t によらないものとすればよいので，上記の方程式に対する考察で十分である．）

証明のアイデア　証明のアイデアは次のようなものである．$u(t)$ が (9.1) をみたすとし，第一番目の等式を t について積分すると

$$(9.2)\qquad u(s)=\tilde{x}+\int_{\tilde{t}}^s v(t,u(t))\,dt$$

が成立する．逆に $u(s)$ がこの等式をみたすと，両辺を s で微分することで，$\dfrac{du}{ds}(t)=v(t,u(t))$ が得られる．しかも，$u(\tilde{t})=\tilde{x}$ が成立している．つまり，この $u(t)$ は (9.1) の解である．したがって，(9.2) について必要事項を証明してもよい．$u^1(s)=\tilde{x}$ とおき，$u^2(s),\cdots,u^{k+1}(s),\cdots$ $(k=1,2,\ldots)$ を

$$(9.3)\qquad u^{k+1}(s)=\tilde{x}+\int_{\tilde{t}}^s v(t,u^k(t))\,dt$$

---

[1] (t,x) によらない定数 L があって，常に $|v(t,x)|\le L$ が成立するという意味である．

で定義する．$k \to \infty$ のとき，関数列 $u^1, u^2, \cdots, u^k, \cdots$ は何かに収束していることが分かる．その極限の関数を $u(s)$ とすると，$\lim_{k\to\infty} u^{k+1}(s) = \lim_{k\to\infty} u^k(s) = u(s)$ であるので，(9.3) より (9.2) が成立する．したがって (9.1) の解が得られたことになる．詳しい証明は第 15 章（補章）の第 2 節にあるのでそこをみてほしい．

（アイデアの説明終り）

　上記のように，何か次々と関数の列を作って，その極限の関数が解になっているというやり方を **逐次近似法** という．この方法で証明するには，関数列の極限の定義を明確にしなくてはならない．そのため，関数の集合に距離のようなものを導入して，極限への収束の意味を明確にする必要がある（詳しくは第 15 章（補章）の第 2 節を参照）．

　上記の「証明のアイデア」では，t の範囲 (a, b) は $\tilde{x}$ に依存するものになってしまう．しかし，実際は，t の範囲はあらかじめあたえられた区間 (a, b) であってよい．それは，(9.1) について局所的な解の存在と一意性が保証されれば，解の定義域を広げることができるからである．このことについて少し説明しておこう．

　今，局所的な意味で定理 9.1 が証明できたとする．このことより，まず解の一意性については，局所的でない意味で保証されることを確かめよう．$w(t), \tilde{w}(t)$ が共に有限区間 $[\alpha, \beta]$ で定義されており，方程式 $\frac{du}{dt}(t) = v(t, u(t)) = 0$，$\alpha < t < \beta$ をみたしているとする．ある t^* $(\alpha < t^* < \beta)$ に対して $w(t^*) = \tilde{w}(t^*)$ ならば，定理 9.1 より $[t^-, t^+]$ $(t^- < t^* < t^+)$ において常に $w(t) = \tilde{w}(t)$ となる $t^{\pm}$ が存在する．t^- あるいは t^+ を定理 9.1 の $\tilde{t}$ と考えることで，より広い区間で常に $w(t) = \tilde{w}(t)$ となる．この操作を繰り返すことにより $[\alpha, \beta]$ で常に $w(t) = \tilde{w}(t)$ となることが分かる．また，同様の操作によりある区間で解の存在が言えたとすると，それより少し広い区間で解が存在する．しかし，これを繰り返すことであらかじめ与えられた区間での存在が得られるかというと，その保証はない．それは，区間を広げるときその広がり方がどれぐらいかをはっきりさせないといけないからである[2]．このあたりの詳しいことは第 15 章（補章）の定理 15.1 の後にある説明を参照してほしい．

　方程式 (9.1) の解 $u(t)$ に対して，媒介変数表示 $x = u(t)$ で表される曲線が定まる．この曲線を **解曲線** とよんでいる．(9.1) のベクトル場 $v(t, x)$ が t によらないとき，**自律系** であるという．上述の流線の方程式は，$v(t, x)$ の t を固定して考えているので，自律系である．(9.1) の $\tilde{t}$ や $\tilde{x}$ をいろいろに取ることによって，$\mathbb{R}^n_x$ 内に解曲線で構成される曲線群を使って方程式の特徴を調べることが行われている．この分野は力学系などとよばれている．

例題 9.1　方程式 (9.1) のベクトル場 $v(t, x)$ $(= v(x))$ は t によらない（自律系）とする．この解曲線のうち閉じたもの（すなわち解が周期関数[3]）について考える（閉じた解曲線

---

[2] 限りなく存在域を広げていってもその極限が，あらかじめ与えられた区間 (a, b) になるとは限らないという意味である．

[3] $u(t)$ の定義域が $(-\infty, \infty)$ であり，ある定数 T に対して $u(t+T) = u(t)$，$t \in \mathbb{R}$ が成立しているとき，$u(t)$ を周期が T である周期関数とよぶ．

が存在すると仮定する). 異なる 2 つの閉じた解曲線がどこかで共有点を持つことはない
ことを示せ.

$w(t)$, $\tilde{w}(t)$ は周期関数であって, 方程式 $\dfrac{du}{dt}(t) = v(u(t))$ をみたしているとする. これらの
解曲線をそれぞれ $l, \tilde{l}$ とする. $l, \tilde{l}$ は共有点 $\tilde{x}$ を持つとし, $w(t_1) = \tilde{w}(t_2) = \tilde{x}$ であるとする.
$\bar{w}(t) = \tilde{w}(t + t_2 - t_1)$ とおくと, (9.1) が自律系であることから, $\bar{w}(t)$ は $w(t)$ と同じ方程式
(9.1) をみたす. したがって, 定理 9.1 およびその後の一意性の考察により, $\bar{w}(t)$ と $w(t)$ は同
じ解であり, $\bar{w}(t)$ と $w(t)$ の解曲線は一致する. さらに, $\bar{w}(t) = \tilde{w}(t + t_2 - t_1)$ と $\tilde{w}(t)$ はおな
じ曲線を定義する. よって, l と $\tilde{l}$ は一致する.

(例題 9.1 の説明終り)

任意の位置 x にある微粒子に注目して, その粒子に付随する量の(時間に関する)変化率を
表したいことがある. 例えば, 微粒子の速度の変化率(つまり加速度)について考えてみよう.
時刻 t における流れの速度場は $v(t,x)$ であるとする. 時刻 t のときに位置 x にある粒子に注目
して, その粒子の時刻 s における位置を $u(s)$ とすれば, 粒子の加速度は

$$\lim_{h \to 0} h^{-1} \big\{ v(t+h, u(t+h)) - v(t,x) \big\}$$
$$= \lim_{h \to 0} \left\{ \frac{v(t+h, u(t+h)) - v(t, u(t+h))}{h} + \frac{v(t, u(t+h)) - v(t,x)}{h} \right\}$$
$$= \partial_t v(t,x) + v(t,x) \cdot \partial_x v(t,x)$$

となる. このように, この種の変化率には, 常に $\partial_t + v \cdot \partial_x$ という形の微分が現れる. この微
分は**ラグランジュ微分**とよばれ, $\dfrac{D}{Dt}$ などで書かれることが多い.

空間 $\mathbb{R}^3_x$ 内を, 膨張や収縮をしない流体, つまり非圧縮性流体が流れ
ているとする. 非圧縮性の数学的な考察については次節で行う(定理 9.3
の証明の後にある説明を参照). 時刻 t における速度場が仮に維持され
たとし(つまり速度場 $v(t,x)$ の t を固定する), そのときの流線にそっ
て流体が流れたとする. さらに, 各粒子は止まることなく考えている領
域を通過していくとする. 1 本の流線を取り, それと接しない曲面 S を
考えると, ここを通る流体は管状の領域を形づくることになる(図参
照). これを**流管**とよぶ. 時刻 t において S 上にあった流体の粒子は流

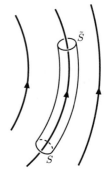

管を通って曲面 $\tilde{S}$ に移動しているとする. $\tilde{S}$ の位置を通過していく流体の単位時間当たりの
体積は, S の位置を通過したときのものと同じであるはずである(非圧縮性より). 数式で表
すと, $\displaystyle \int_S |v(t,x)| k(x) \cdot n(x)\, dS_x = \int_{\tilde{S}} |v(t,\tilde{x})| \tilde{k}(\tilde{x}) \cdot \tilde{n}(\tilde{x})\, d\tilde{S}_{\tilde{x}}$ [4] ということである. ここで,
$k(x), \tilde{k}(\tilde{x})$ はそれぞれ $x, \tilde{x}$ における流線の単位接線ベクトルであり, $n(x), \tilde{n}(\tilde{x})$ はそれぞれ
$x, \tilde{x}$ における $S, \tilde{S}$ の単位法ベクトルである.

---

[4] $|v(t,x)| k(x) = v(t,x)$, $|v(t,\tilde{x})| \tilde{k}(\tilde{x}) = v(t,\tilde{x})$ であることに注意せよ.

（時刻 t において）S 上にある各粒子の流線は互いに交わることはなく（定理 9.1 より），消えることもない．この流線の本数が数えられるものとして，x $(\in S)$ における本数の密度 $d(x)$ を，x を通る流線に垂直な微小な曲面 D を通過する単位面積当たりの本数と定める．すなわち，$d(x) = \lim\limits_{|D| \to 0} \dfrac{N}{|D|}$ （N は D を通過する流線の本数）[5]．$S, \tilde{S}$ における流線の本数は，それぞれ

$$\int_S d(x) \, k(x) \cdot n(x) \, dS_x, \quad \int_{\tilde{S}} \tilde{d}(\tilde{x}) \, \tilde{k}(\tilde{x}) \cdot \tilde{n}(\tilde{x}) \, d\tilde{S}_{\tilde{x}}$$

（$\tilde{d}(\tilde{x})$ は $\tilde{x}$ における流線の密度）であり，これらは等しい．このことと上述の等式 $\int_S |v(t,x)| k(x) \cdot n(x) \, dS_x = \int_{\tilde{S}} |v(t,\tilde{x})| \tilde{k}(\tilde{x}) \cdot \tilde{n}(\tilde{x}) \, d\tilde{S}_{\tilde{x}}$ から，密度 $d(x)$ と速さ $|v(t,x)|$ は比例していることが分かる．実際，上記の密度に関する等式と速度に関する等式とから，$\int_S |v(t,x)| k(x) \cdot n(x) \, dS_x \left(\int_S d(x) \, k(x) \cdot n(x) \, dS_x \right)^{-1} = \int_{\tilde{S}} |v(t,\tilde{x})| \tilde{k}(\tilde{x}) \cdot \tilde{n}(\tilde{x}) \, d\tilde{S}_{\tilde{x}} \left(\int_{\tilde{S}} \tilde{d}(x) \, \tilde{k}(\tilde{x}) \cdot \tilde{n}(\tilde{x}) \, d\tilde{S}_{\tilde{x}} \right)^{-1}$ が得られるが，これは S をいろいろに選んでも成立しなければならない．そのためには常に $|v(t,x)| k(x) \cdot n(x) \big(d(x) \, k(x) \cdot n(x) \big)^{-1} = |v(t,\tilde{x})| \tilde{k}(\tilde{x}) \cdot \tilde{n}(\tilde{x}) \big(\tilde{d}(x) \, \tilde{k}(\tilde{x}) \cdot \tilde{n}(\tilde{x}) \big)^{-1}$，つまり $|v(t,x)| \big(d(x) \big)^{-1} = |v(t,\tilde{x})| \big(\tilde{d}(\tilde{x}) \big)^{-1}$ でなくてはならない[6]．したがって，密度 $d(x)$ と速さ $|v(t,x)|$ は比例する．$d(x)$ と $|v(t,x)|$ が比例関係にあるということは，流速が速い所ほど流線の密度は高くなっていることを意味していることに注意しよう．

　以上のことから，流れの速さと流線密度は同じようなものと思っていいことになる．このことが，フラックスが流線密度とよばれることの由来である．

例題 9.2　原点 $x = 0$ から単位時間当たり q（体積）の非圧縮性流体がわき出しており，あらゆる向きに均等にしかも直線的に流れ出ているとする．このとき，原点から距離 r の位置における流体の流速を求めよ．

　半径 r の球面を S^r とし，S^r 上の点 x における流体の速度を $v(x)$ とする．$v(x)$ の大きさ $|v(x)|$ は一定であり，向きは x から原点に向かう逆向きである[7]．S^r 内の微小な領域 $\tilde{S}$ から流出する流体の体積は，単位時間当たり $|v(x)||\tilde{S}|$ であるから，S^r 全体では $|v(x)||S^r|$ となる．これは q に等しいはずなので，$|v(x)| = q \dfrac{1}{|S^r|} = \dfrac{1}{4\pi} \dfrac{q}{r^2}$ となる．以上のことから，求める流速 $v(x)$ は，式で書けば次のようになる．

$$(9.4) \qquad v(x) = \frac{1}{4\pi} \frac{q}{|x|^2} p(x) \qquad \text{（$p(x)$ は原点から x に向かう単位ベクトル $\left(= \frac{1}{|x|}x \right)$）．}$$

（例題 9.2 の説明終り）

第 13 章では，上記の非圧縮性流体に対する考え方を使って，電磁気の現象を考察する．そ

---

[5] 数学的には，まず $d(x)$ の存在を仮定して，D を通る流線の本数を $\int_D d(x)dx$ で定義することが多い．

[6] 厳密な議論をしようと思えば，S の周辺から $\tilde{S}$ の周辺への変換が退化していない（ヤコビ行列 J が $\det J \neq 0$ をみたす）ということが要る．

[7] 厳密なこと言うと，これが「あらゆる向きに均等にしかも直線的に流れ出ている」の数学的な定義である．したがって，これは当たり前と言えば当たり前である．

の考察の基本になるのは「場」の考え方である．ここで，場の考え方を簡単な例を使って説明しておこう（詳しくは第13章をみよ）．

今，原点（$x = 0$）に電気量 q の点状の粒子（電荷）が固定してあるとする．この状態に別の電気量 $\tilde{q}$ の電荷を x に置いたとき，この電荷がどんな力を受けるかを考えてみる．この力 F は，場の考え方が提唱される前に，**クーロンの法則**にしたがうことが知られていた．すなわち，F の向きは $q\tilde{q} < 0$ なら引力，$q\tilde{q} > 0$ なら斥力であり，F の大きさは電荷間の距離の2乗に反比例，$|q\tilde{q}|$ に比例するというものである．式で表すと

$$(9.5) \qquad F = c\frac{q\tilde{q}}{|x|^2}p(x) \quad (c \text{ は物理量の単位系で決まる定数},\ p(x) = \frac{1}{|x|}x)$$

となる．クーロンの法則は2つの電荷が直接影響しあって力を受けているという発想に乗っている．これを**遠隔操作**の考え方とよんでいる．

これに対して**場**の考え方は次のような発想に基づいている．原点に電荷を置くことによって，空間の状態が変わり，その変化した状態により2つ目の電荷が力を受けていると考える．つまり，空間の状態がどうなっているかを考察の基本にするということである．この発想は，一見回りくどいように感じるが，電磁波など，ある場所の変化が他の場所に時間的に遅れて現れる現象を説明するには，遠隔操作より自然なのである．電荷が影響を受ける「空間の状態」は，電場とよばれる3次元ベクトル場で表される．第8章（82ページ最下段落）ですでに述べたように，電場は，各点で単位電荷の受ける力で定義される．この定義より，1個の電荷によって発生する電場は，クーロンの法則 (9.5) から決まるのだが，あえて次のような別の発想を取り入れる．各電荷から仮想の非圧縮性流体が流れ出ており，各電荷について，その単位時間当たりの流出量（体積）は電気量に比例する．この流れの流速が電場を表していると考えるのである．例題 9.2 は，「1個の電荷については，クーロンの法則を出発点にしても，ある仮想の流体の考え方を使っても，同じ結果 (9.4) が得られる」ということを示している．このことは，電荷が複数個になってもなりたつ．どちらの考え方に乗っても同じように思えるが，電磁波などの現象を解析するには場の考え方を取る方が自然なのである．

9.2 発散定理

平面 $\mathbb{R}^2_x$ 上に何か液体が静かに流れているとする[8]．この液体はいろいろな所からわき出しており，各点 $x = {}^t(x_1, x_2)$ での流速 $v(x) = {}^t(v_1(x), v_2(x))$ はこのわき出しに影響を受けているとする．ただし，流速（$= v(x)$）は時間 t には依存していないとする．閉じた曲線 l で囲まれた領域から単位時間あたりのわき出し量（負の量で吸収も含める）が，$v(x)$ を使ってどのように表せるか考えてみよう．

l を微小な部分で分割し，その分割を $l_1, l_2, \ldots, l_m$ とする．各 l_i から1点 x^i をとると，l_i を通して領域の外側に向かう単位時間あたりの流出量は（今の場合は面積），近似的に $v(x^i) \cdot p(x^i)|l_i|$

---

[8] 流体は3次元的な存在であるので，「平面上をある一定の高さ（厚さ）で流れている流体であって，高さに関して一様な流れになっている」と言うべきかもしれない．厳密なことを言えば，仮想的な流れである．

で表せる．ここで $p(x)$ は x ($\in l$) における外向き単位法ベクトルである．l で囲まれた領域 V 全体からのわき出し量は，これらの和 $\sum_{i=1}^{m} v(x^i) \cdot p(x^i)$ で近似できるだろう．したがって，$m \to \infty$ としたときの和の極限値

$$\lim_{m \to \infty} \sum_{i=1}^{m} v(x^i) \cdot p(x^i) = \int_l v(x) \cdot p(x) \, dl_x$$

が V 内でのわき出し量となるだろう．

　上記の考え方は，3次元空間 $\mathbb{R}^3_x$ 内を流れる気体に対して，その膨張や収縮を考慮した量を考える場合にも有効である．すなわち，各点 x における気体の流速を $v(x)$ とすると，閉じた曲面 S 内での膨張量（体積）は，積分 $\int_S v(x) \cdot p(x) \, dS_x$ で表せることになる．

　以上の考察にならって，一般に n 次元空間 $\mathbb{R}^n_x$ で定義された n 次元ベクトル場 $v(x)$ ($= {}^t(v_1(x), \cdots, v_n(x))$ の積分 $\int_S v(x) \cdot p(x) \, dS_x$ を（S は閉じた曲面で，$p(x)$ は x ($\in S$) における外向き単位法ベクトルである），S が囲む領域からの（あるいは S 内からの）$v(x)$ に関する**わき出し量**あるいは**発散量**とよぶ．

　今，この S で囲まれた領域 V が微小であるとして，そこからの発散量が単位体積あたりどれぐらいになるか考えてみよう．それは，感覚的には $\lim_{|V| \to 0} \frac{1}{|V|} \int_S v(x) \cdot p(x) dS_x$ ということであるが，$v(x)$ の偏微分を使った量として表せる．この量を，V が $\tilde{x}$ に縮小していく行き方を具体的に指定して求めてみよう．

定理 9.2　V を $\tilde{x}$ を含む領域とし，$V^\varepsilon = \{x| \ x = \varepsilon(y - \tilde{x}) + \tilde{x}, \ y \in V\}$ ($\varepsilon > 0$) とする[9]．V^ε の境界を S^ε とし，S^ε の x における外向き単位法ベクトルを $p(x)$ とする．このとき，次の等式がなりたつ．

$$(9.6) \qquad \lim_{\varepsilon \to 0} \frac{1}{|V^\varepsilon|} \int_{S^\varepsilon} v(x) \cdot p(x) \, dS_x^\varepsilon = \frac{\partial v_1}{\partial x_1}(\tilde{x}) + \cdots + \frac{\partial v_n}{\partial x_n}(\tilde{x}).$$

　(9.6) を直接的な計算で示すこともできるが（章末問題 9.3 を参照），ここでは以下で述べる定理 9.3 を利用して証明することにする．(9.6) の右辺 $\sum_{i=1}^{n} \partial_{x_i} v_i(x)$ は，

$$\nabla \cdot v(\tilde{x}), \quad \mathrm{div}\, v(\tilde{x}), \quad \partial_x \cdot v(\tilde{x})$$

などと書かれ，ベクトル場 $v(x)$ の $\tilde{x}$ における**発散**（わき出し）とよばれる．

定理 9.2 の証明　第4章の定理 4.1 より，$\partial_{x_i} v(x) = \partial_{x_i} v(\tilde{x}) + R^i(x)$, $|R^i(x)| \leq C|x - \tilde{x}|$ が成立する．$\int_{V^\varepsilon} \partial_{x_i} v(\tilde{x}) \, dx = |V^\varepsilon| \partial_{x_i} v(\tilde{x})$ であるので，以下で述べる定理 9.3 を使うと

$$\frac{1}{|V^\varepsilon|} \int_{S^\varepsilon} v(x) \cdot p(x) \, dS_x^\varepsilon = \frac{1}{|V^\varepsilon|} \int_{V^\varepsilon} \mathrm{div}\, v(x) \, dx = \sum_{i=1}^{n} \left(\partial_{x_i} v(\tilde{x}) + \frac{1}{|V^\varepsilon|} \int_{V^\varepsilon} R^i(x) \, dx \right)$$

---

[9] V を $\tilde{x}$ を中心とする半径 1 の球とすると，V^ε は $\tilde{x}$ に縮小していく半径 ε の球になる．

がなりたつ. ここで $\left| \dfrac{1}{|V^\varepsilon|} \displaystyle\int_{V^\varepsilon} R^i(x)\,dx \right| \le C\varepsilon \xrightarrow{\varepsilon \to 0} 0$ であることに注意すると, 上の等式から (9.6) が得られる.

（証明終り）

定理 9.2 において, V が (n 次元) 正方形ならば, (9.6) は直接的な計算で導くことができる. そこで, (9.6) を認めて, 定理 9.3 にある $\displaystyle\int_S v(x) \cdot p(x)\,dS_x = \int_V \operatorname{div} v(x)\,dx$ を導くことを考えてみよう. V を微小な領域 $V^1, \cdots, V^m$ で分割する. V^j の境界を S^j とすると, 各 V^j からのわきだし量は $\displaystyle\int_{S^j} v(x) \cdot p^j(x)\,dS_x^j$ ($p^j(x)$ は x における S^j の外向き単位法ベクトル) である. 一方, (9.6) を認めれば, これはほぼ $\operatorname{div} v(x^j)|V^j|$ ($x^j \in V^j$) である. したがって, 分割を細かくしていくと, $\displaystyle\sum_{j=1}^m \int_{S^j} v(x) \cdot p^j(x)\,dS_x^j$ と $\displaystyle\sum_{j=1}^m \operatorname{div} v(x^j)|V^j|$ は一致していくと思われる.

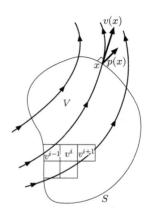

さらに, $\displaystyle\int_{S^i} v(x) \cdot p^i(x)\,dS_x^i$ と $\displaystyle\int_{S^j} v(x) \cdot p^j(x)\,dS_x^j$ ($i \ne j$) において, S^i と S^j の共通部分 S^{ij} では, $p^i(x)$ と $p^j(x)$ が逆向きであるので S^{ij} での積分は消し合い, 結局 $\displaystyle\sum_{i=1}^m \int_{S^i} v(x) \cdot p^i(x)\,dS_x^i$ では消し合う部分がない V の境界 S 上の積分 $\displaystyle\int_S v(x) \cdot p(x)\,dS_x$ のみが (図参照) 残ることになる. また, $\displaystyle\lim_{m \to \infty} \sum_{i=1}^m \operatorname{div} v(x^i)|V^i| = \int_V \operatorname{div} v(x)\,dx$ である. 以上のことから, 以下の定理 9.3 にある $\displaystyle\int_S v(x) \cdot p(x)\,dS_x = \int_V \operatorname{div} v(x)\,dx$ が成立する（と思われる）.

上記の考察は自然であるので, まず定理 9.2 を証明して, それを使って定理 9.3 を証明するというやり方の方がいいように思えるかもしれない. しかし, 数学上の証明のやりやすさなどから, ここでは定理 9.3 の証明を単独に証明し, それを使って定理 9.2 を導くというやり方を取っている.

> **発散定理**
>
> **定理 9.3**　V を曲面 S で囲まれた領域とし, $p(x)$ ($x \in S$) を x における外向き単位法ベクトルとする. このとき, 次の等式が成立する.
> $$\int_S v(x) \cdot p(x)\,dS_x = \int_V \operatorname{div} v(x)\,dx.$$

証明　第 8 章の定理 8.1 のときと同じアイデアで証明することにする. $p(x) = {}^t(p_1(x), \cdots, p_n(x))$ とすると, $\displaystyle\int_V \operatorname{div} v(x)\,dx = \sum_{i=1}^n \int_V \partial_{x_i} v_i(x)\,dx$ だから, 各 i について

$$(9.7) \qquad \int_S v_i(x) p_i(x)\,dS_x = \int_V \partial_{x_i} v_i(x)\,dx$$

が成立することを証明するとよい. 今 $i=1$ のときを考えよう. $i \geq 2$ のときも同様である.

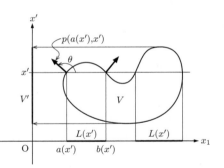

V の $x_2 \cdots x_n$-平面への射影図形を V' とする. V' の1点 x' を取り, $(x_1, x') \in V$ となっている x_1 の全体を $L(x')$ とすると (図参照), 第6章の定理 6.1 より

$$\int_V \partial_{x_1} v_1(x) \, dx = \int_{V'} \left(\int_{L(x')} \partial_{x_1} v_1(x_1, x') \, dx_1 \right) dx'$$

となる. $L(x')$ は線分の和集合になっている (可算個の無限和になるかもしれない)[10]. その1つを $[a(x'), b(x')]$ とすると, $\displaystyle\int_{a(x')}^{b(x')} \partial_{x_1} v_1(x_1, x') \, dx_1 = v_1(b(x'), x') - v_1(a(x'), x')$ となる. $p(a(x'), x')$ と x_1-軸とのなす角 θ をとすると, $\cos\theta \leq 0$ つまり $p_1(a(x'), x') \leq 0$ である. $p(b(x'), x')$ については $p_1(b(x'), x') \geq 0$ である. さらに, $p_1(a(x'), x') = 0$ または $p_1(b(x'), x') = 0$ となるような点 $(a(x'), x')$ および $(b(x'), x')$ の全体は, V において体積が0である[11]. また, V' 内の十分小さい領域 U' において $a(x')$ が定義されており, $S^a = \{(x_1, x') \mid x' \in U', x_1 = a(x')\}$ とすれば, $\displaystyle\int_{U'} v_1(a(x'), x')(-p_1(a(x'), x')) \, dx' = \int_{S^a} v_1(x) \, dS_x^a$ が成立する (第6章の定理 6.2 と注意 6.2 を参照). 同様に, $S^b = \{(x_1, x') \mid x' \in U', x_1 = b(x')\}$ については, $\displaystyle\int_{U'} v_1(b(x'), x') p_1(b(x'), x')) \, dx' = \int_{S^b} v_1(x) \, dS_x^b$ が成立する.

以上のことから, $\displaystyle\int_{V'} \left(\int_{L(x')} \partial_{x_1} v_1(x_1, x') \, dx_1 \right) dx'$ は $\displaystyle\int_{S^a} v_1(x) p_1(x) \, dS_x^a + \int_{S^b} v_1(x) p_1(x) \, dS_x^b$ という形の積分の和[12]で書けることが分かる. すなわち

$$\int_V \partial_{x_1} v_1(x) \, dx = \int_S v_1(x) p_1(x) \, dS_x$$

がなりたつことになる. したがって, (9.7) が成立し, 定理 9.3 が得られる.

(証明終り)

ここで, 「非圧縮性」について少し考察しておきたい. この素朴なイメージは,「収縮も膨張もしない」ということである. そうであれば, (裏表の区別のある) 閉じた曲面 S ($\subset \mathbb{R}_x^3$) をどのようにとっても, S からの湧き出し量 $\displaystyle\int_S v(x) \cdot p(x) dS_x$ は常に0であるはずである. 定理 9.2 と 9.3 より, このような $v(x)$ の状況は「常に $\operatorname{div} v(x) = 0$」で表現されていることになる. したがって, 数学的には

(9.8) $v(x)$ が非圧縮性であるとは $\operatorname{div} v(x) = 0$ であるときをいう

と定義することにする. 数学では, 論理展開の明確さややりやすさから, しばしば素朴なイメージが直接感じられないようなものを定義 (論理の出発点) とすることに注意しよう.

---

[10] 正確に言えば, このようになっている領域に限っているということになる. 例えば, 第6章にある面積確定条件 (6.8) をみたす領域であればよい.

[11] このようになる V のみを対象としているという方が正確かもしれない.

[12] 可算個の無限和になるかもしれない.

例題 **9.3** 関数 $\varphi(x)$ を保存系ベクトル場 $v(x)$ のポテンシャル関数とする（第 8 章の定理 8.2 と注意 8.1 を参照）. 曲面 S で囲まれた領域 V において, $\Delta\varphi(x) = 0$（**ラプラス方程式**）が成立しているならば

$$\int_S v(x) \cdot p(x) \, dS_x = 0$$

が成立することを示せ. ここで $\Delta = \partial_{x_1}^2 + \cdots + \partial_{x_n}^2$ であり, **ラプラシアン**とよばれている.

$v(x) = -\operatorname{grad}\varphi(x)$ $\left(= -{}^t(\partial_{x_1}\varphi(x), \cdots, \partial_{x_n}\varphi(x)) \right)$ である. 定理 9.3 より $\int_S v(x) \cdot p(x) \, dS_x = -\int_V \operatorname{div}\operatorname{grad}\varphi(x) \, dx = -\int_V \Delta\varphi(x) \, dx$ となる. V では $\Delta\varphi(x) = 0$ であるから, $\int_S v(x) \cdot p(x) \, dS_x = 0$ が成立する.

（例題 9.3 の説明終り）

──────────── 章末問題 ────────────

9.1 ベクトル場 $v(x)$ に対して, 微分方程式 $\dfrac{du}{dt}(t) = v(u(t))$ $(-\infty < t < \infty)$, $u(0) = \tilde{x}$ を考える. ここで, $v(x) = {}^t(v_1(x), v_2(x))$, $x = {}^t(x_1, x_2)$, $u(t) = {}^t(u_1(t), u_2(t))$ とする. この方程式の解曲線に関する次の問に答えよ.

(1) $v(x) = {}^t(1, 2x_1)$ のとき, 放物線 $x_2 = x_1^2 + c$（c は 0 または負の任意定数）は解曲線であることを示せ.

(2) $v(x) = {}^t(-x_2, x_1)$ のとき, 原点を中心とする円は解曲線であることを示せ.

9.2 次のベクトル場 $v(x)$ について, $\operatorname{div} v(x)$ を計算せよ.

(1) $v(x) = |x|^{-1} \, {}^t(-x_2, x_1)$ $\left(x = {}^t(x_1, x_2) \right)$

(2) $v(x) = |x|^{-k} \, {}^t(x_1, \cdots, x_n)$ $\left(x = {}^t(x_1, \cdots, x_n), \, k \text{ は正整数} \right)$ [13]

9.3 $I^\varepsilon = \left\{ x = {}^t(x_1, \cdots, x_n) \middle| \, |x_i| \le \dfrac{\varepsilon}{2} \, (\varepsilon > 0), \, i = 1, \cdots, n \right\}$ とし, I^ε の境界を S^ε で表す. このとき,

$$\lim_{\varepsilon \to 0} \frac{1}{|I^\varepsilon|} \int_{S^\varepsilon} v(x) \cdot p(x) \, dS_x^\varepsilon = \operatorname{div} v(0)$$

が成立することを（直接計算することで）示せ. ここで, $p(x)$ は x $(\in S^\varepsilon)$ における S^ε の外向き単位法ベクトルである.

9.4 次のベクトル場 $v(x)$ と閉じた曲面 S に関して, S からの $v(x)$ の発散量を求めよ.

(1) S は領域 $\{x = {}^t(x_1, x_2); \, |x| = 1\}$ の境界, $v(x) = {}^t(-x_2, x_1)$.

(2) S は領域 $\{x = {}^t(x_1, x_2, x_3); \, 0 \le x_i \le 1, \, i = 1, 2, 3\}$ の境界, $v(x) = {}^t(x_1, x_2^2, x_3^3)$.

(3) S は領域 $\{x = {}^t(x_1, x_2, x_3); \, 0 \le x_i \le 1, \, i = 1, 2, 3\}$ の境界, $v(x) = \operatorname{grad} |x|^2$.

──────────────────────────────

[13] $\operatorname{div} v(x)$ が x によらないときは, k がどのようなときか.

第 10 章

ベクトル場の回転

　静かに水が流れており，そこに小さな何かが浮かんでいるとしよう．この浮かんでいる物体の動きを詳しく調べようと思うと，単に物体の移動をみるだけではなく，（その物自身から視て）回転するかどうかまでみる必要がある．物体が回転するのは，流れの状態がそれを引き起こしているからである．本章では，流れの速度ベクトル場からこの回転に関係する数学的な量を抽出することを考えたい．それは，結局ベクトル場の成分を偏微分したものを使って表せるのである．

10.1　2 次元ベクトル場の回転

　今水平面上を静かに水が流れているとし，そこに小さな軽い円状のもの（リング）が浮いているとする．この円が回転するか否か，するとすればどれぐらいの角速度[1]で回るかを考えてみよう．水面 $\mathbb{R}^2_x$ での水の流れは，各点 $x = {}^t(x_1, x_2)$ での速度は $v(x) = {}^t(v_1(x), v_2(x))$ であるとする（時間にはよらないとする）．

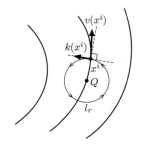

　浮いているものは半径 r の円 l_r であり，l_r を境界にもつ領域（円板）を S_r とする．l_r 上に n 等分点 $x^1, \ldots, x^n$ をとる．弧 $x^{i-1} x^i$ は，近似的にみて，円の中心 Q に関してどれぐらいの角速度で回転するか考えてみる（図参照）．弧 $x^{i-1} x^i$ に点 c^i をとり，c^i における単位接線ベクトルを $k(c^i)$ とする．このとき，$k(c^i)$ の向きは Q に関して反時計回りになるようにとる．$x = c^i$ において回転に寄与する $v(c^i)$ の成分は $v(c^i) \cdot k(c^i)$ である．したがって，弧 $x^{i-1} x^i$ の Q に関する角速度は（近似的に）$\dfrac{v(c^i) \cdot k(c^i)}{r}$ である．これらの平均値 $\dfrac{1}{n} \displaystyle\sum_{i=1}^{n} \dfrac{v(c^i) \cdot k(c^i)}{r}$ は，近似的に l_r が回る角速度を表している考えていいだろう．この $n \to \infty$ としたときの極限値 $\displaystyle\lim_{n \to \infty} \dfrac{1}{n} \sum_{i=1}^{n} \dfrac{v(c^i) \cdot k(c^i)}{r}$ は，流れによる l_r の回転角速度と思っていいだろう．$\dfrac{1}{n} = \dfrac{|l^i|}{2\pi r}$（$|l^i|$ は弧 $\mathrm{P}_{i-1}\mathrm{P}_i$ の長さ）なので，この極限値は次の線積分に等しくなることに注意しよう．

---

[1] 回転をみるとき，基準になる原点を定め，そのまわりの回転角度を考える．その角度の速度を角速度と言う．普通，回転角度は反時計回りを正にして一般角（ラジアン）でとる．

$$(10.1) \qquad \lim_{n \to \infty} \frac{1}{2\pi r^2} \sum_{i=1}^{n} v(c^i) \cdot k(c^i)|l^i| = \frac{1}{2\pi r^2} \int_{l_r} v(x) \cdot k(x) \, d(l_r)_x.$$

この線積分の $r \to 0$ とした極限値は，（平面 $\mathbb{R}_x^2$ の垂線を軸にしたときの）Q における $v(x)$ の回転成分というべきものと考えられる．

以上のような考察を背景にして，一般の（2 次元）ベクトル場 $v(x)$ に対して

$$(10.2) \qquad \lim_{r \to 0} \frac{1}{\pi r^2} \int_{l_r} v(x) \cdot k(x) \, d(l_r)_x \qquad (l_r \text{ は } \tilde{x} \text{ を中心とする半径 } r \text{ の円})$$

を，$\tilde{x}$ における $v(x)$ の**回転**とよぶことにする．

例題 10.1　$\mathbb{R}_x^2$ において，x_1-軸の向きに流体が流れており，その速度は ${}^t(\varphi(x_2), 0)$ である（x_1 によらない）．このとき，上記 (10.2) の原点 $x = 0$ における極限値が $-\dfrac{d\varphi}{ds}(0)$ となることを示せ．

中心が原点にあり半径 r の円 l_r を極座標で表す（つなわち $x_1 = r\cos\theta$, $x_2 = r\sin\theta$）. (10.2) において $v(x) = {}^t(\varphi(r\sin\theta), 0)$, $k(x) = {}^t(-\sin\theta, \cos\theta)$ となる．$\varphi(s) = \varphi(0) + \dfrac{d\varphi}{ds}(0)s + R(s)$, $|R(s)| \leq Cs^2$ が成立することに注意すると，

$$\frac{1}{\pi r^2} \int_{l_r} v(x) \cdot k(x) \, d(l_r)_x = -\frac{1}{\pi r^2} \int_0^{2\pi} \varphi(r\sin\theta) r \sin\theta \, d\theta$$

$$= -\frac{1}{\pi r^2} \int_0^{2\pi} \varphi(0) r \sin\theta \, d\theta - \frac{1}{\pi r^2} \int_0^{2\pi} \frac{d\varphi}{ds}(0) r^2 \sin^2\theta \, d\theta$$

$$- \frac{1}{\pi r^2} \int_0^{2\pi} R(r\sin\theta) r \sin\theta \, d\theta$$

が得られる．$\displaystyle\int_0^{2\pi} \sin\theta \, d\theta = 0$, $\displaystyle\int_0^{2\pi} \sin^2\theta \, d\theta = \int_0^{2\pi} 2^{-1} \, d\theta - \int_0^{2\pi} 2^{-1}\cos 2\theta \, d\theta = \pi$, $\left| \dfrac{1}{\pi r^2} \displaystyle\int_0^{2\pi} R(r\sin\theta) r \sin\theta \, d\theta \right| \leq Cr \xrightarrow{r \to 0} 0$（$C$ は r によらない定数）であるので，次の等式が成立する．

$$\lim_{r \to 0} \frac{1}{\pi r^2} \int_{l_r} v(x) \cdot k(x) \, d(l_r)_x = -\frac{d\varphi}{ds}(0).$$

（例題 10.1 の説明終り）

実は，次の定理で示す通り，「回転」の極限値は $v(x)$ の成分の偏微分したもので表せるのである．

定理 10.1　$\mathbb{R}_x^2$ において，閉じた曲線で囲まれた領域 S があり，$\tilde{x} \in S$ とする．$r > 0$ に対して $S_r = \{x \mid x = r(y - \tilde{x}) + \tilde{x}, \, y \in S\}^{[2]}$ とおき，S_r の境界を l_r で表す．このとき，ベクトル場 $v(x)$ について次の等式がなりたつ．

$$(10.3) \qquad \lim_{r \to 0} \frac{1}{|S_r|} \int_{l_r} v(x) \cdot k(x) \, d(l_r)_x = \partial_{x_1} v_2(\tilde{x}) - \partial_{x_2} v_1(\tilde{x})$$

---

[2] S を，$\tilde{x}$ を中心とする単位円板とすると，S_r は中心が $\tilde{x}$ にある半径 r の円板になる．

注意 10.1　(10.3) において，左辺の S_r を円板とすることで「回転」のイメージとつながった量になるが，数学的な明確さを考慮して，このイメージが感じにくいことを承知で，(10.3) の右辺を $\tilde{x}$ における「$v(x)$ の回転」と定義してしまうことが多い.

定理 10.1 の証明　基本になるのは第 8 章のグリーンの定理（定理 8.1）である. 定理 8.1 より，次の等式がなりたつ.

$$\int_{l_r} v(x) \cdot k(x)\, d(l_r)_x = \int_{S_r} \left(\partial_{x_2} v_1(x) - \partial_{x_1} v_2(x)\right) dx.$$

第 4 章の定理 4.1 より，$x \in S_r$ のとき，r によらない定数 C が存在して

$$\partial_{x_2} v_1(x) - \partial_{x_1} v_2(x) = \partial_{x_2} v_1(\tilde{x}) - \partial_{x_1} v_2(\tilde{x}) + R(x), \quad |R(x)| \le Cr$$

が成立する. また，$\int_{S_r} \left(\partial_{x_2} v_1(\tilde{x}) - \partial_{x_1} v_2(\tilde{x})\right) dx = (\partial_{x_2} v_1(\tilde{x}) - \partial_{x_1} v_2(\tilde{x}))|S_r|$ である. したがって，$\left|\int_{S_r} R(x)\, dx\right| \le Cr|S_r|$ となることに注意すると

$$\lim_{r\to 0} \frac{1}{|S_r|} \int_{l_r} v(x) \cdot k(x)\, d(l_r)_x$$

$$= \lim_{r\to 0} \frac{1}{|S_r|} \int_{S_r} \left\{\partial_{x_1} v_2(\tilde{x}) - \partial_{x_2} v_1(\tilde{x}) + R(x)\right\} dx = \partial_{x_1} v_2(\tilde{x}) - \partial_{x_2} v_1(\tilde{x})$$

が得られる.

（証明終り）

例題 10.2　$\mathbb{R}_x^2$ において，流線が原点中心の円になっているような流れがあるとする. 各点 x における速度 $v(x)$ は反時計回りの向きで，速さ $|v(x)|$ は原点からの距離に等しいとする. この速度場 $v(x)$ の x における回転を求めよ.

原点から点 $x = {}^t(x_1, x_2)$ に向かう単位ベクトル（有向線分）を $n(x) = {}^t(n_1(x), n_2(x))$ とすると，これに直角で反時計回りの向きの単位ベクトル $n^\perp(x)$ は ${}^t(-n_2(x), n_1(x))$ である. したがって，$v(x) = |x|n^\perp(x)$ となる. $n(x) = |x|^{-1}\,{}^t(x_1, x_2)$ であるから，$v(x) = {}^t(-x_2, x_1)$ である. ゆえに，$\partial_{x_1} v_2(x) - \partial_{x_2} v_1(x) = 1 + 1 = 2$ が得られる.

（例題 10.2 の説明終り）

定理 10.1 の S_r が正方形のとき，等式 (10.3) を直接計算で導くことができる（章末問題 10.1 を参照）. 以下において，S_r が正方形のとき (10.3) が得られたとして，S_r が円板や三角形などの他の形でも (10.3) が導けることを，定理 10.1 の証明とは違った発想で導いてみよう. この発想はしばしば使われるものである.

今，S_r は円板か三角形とし，しばらくの間 r を固定してしておく. x_1-軸と x_2-軸に平行な幅 h の格子を考える. h は r に対して十分小さいとする. この格子によってつくられた小正方形のうち，S_r と共通部分がある正方形を $\tilde{S}_h^1, \tilde{S}_h^2, \cdots, \tilde{S}_h^n$ とする. $\tilde{S}_h^i \cap S_r\ (= S^i)$ の周囲（境界）を l^i で表し，l^i に沿う単位接線ベクトルを $k^i(x)$ とする（$k^i(x)$ の向きは反時計回りになるようにとる）.

隣接する2つの図形 S^i, S^j について，$(S^i \cup S^j) \cap S_r$ の周囲を l^{ij} で表し，それにそう単位接線ベクトルを k^{ij} とすると

$$\int_{l^i} v(x) \cdot k^i(x)\, dl_x^i + \int_{l^j} v(x) \cdot k^j(x)\, dl_x^j = \int_{l^{ij}} v(x) \cdot k^{ij}(x)\, dl_x^{ij}$$

が成立する（図参照）．ここで，l^i と l^j の共通している
部分の線積分は符号が逆になり，お互い消し合うこと
に注意しよう．このような考察を次々と繰り返して，和

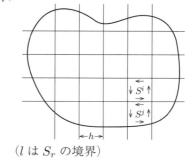

$\displaystyle\sum_{i=1}^{n} \int_{l^i} v(x) \cdot k^i(x)\, dl_x^i$ を考えると，結局，境界を共有して
いない線積分のみが残ることになる．したがって，

$$(10.4) \qquad \int_l v(x) \cdot k(x)\, dl_x = \sum_{i=1}^{n} \int_{l^i} v(x) \cdot k^i(x)\, dl_x^i \qquad (l\ \text{は}\ S_r\ \text{の境界})$$

がなりたつ．

定理 10.1 の証明のときと同様の考察により（r, S_r, l を h, S^i, l^i とする），各積分
$\displaystyle\int_{l^i} v(x) \cdot k^i(x)\, dl_x^i$ について次の不等式が成立することが分かる．

$$\left| \int_{l^i} v(x) \cdot k^i(x)\, dl_x^i - \{\partial_{x_1} v_2(\tilde{x}^i) - \partial_{x_2} v_1(\tilde{x}^i)\}|S^i| \right| \leq Ch \qquad (\tilde{x}^i \in S^i).$$

これを (10.4) に使って

$$\frac{1}{|S_r|} \int_l v(x) \cdot k(x)\, dl_x = \frac{1}{|S_r|} \sum_{i=1}^{n} |S^i| \{ (\partial_{x_i} v_2(\tilde{x}^i) - \partial_{x_2} v_1(\tilde{x}^i)) + R^i \}, \quad |R^i| \leq Ch$$

を得る．さらに，h が r に対して十分小さいとき，$\displaystyle\left| 1 - \sum_{i=1}^{n} \frac{|S^i|}{|S_r|} \right| \leq C_1 r \qquad \sum_{i=1}^{n} |S^i||R^i| \leq C_2 |S_r| h$
が成立することが分かる．したがって，$h \to 0$ とすることで

$$\left| \frac{1}{|S_r|} \int_l v(x) \cdot k(x)\, dl_x - (\partial_{x_1} v_2(\tilde{x}) - \partial_{x_2} v_1(\tilde{x})) \right| \leq C_3 r$$

が成立する．したがって，$\displaystyle\lim_{r \to 0} \frac{1}{|S_r|} \int_{S_r} (\partial_{x_1} v_2(x) - \partial_{x_2} v_1(x))\, dx = \partial_{x_1} v_2(\tilde{x}) - \partial_{x_2} v_1(\tilde{x})$ が得られる．

10.2　3次元ベクトル場の回転

前節では2次元ベクトル場の回転を定義した．本節では，3次元ベクトル場に対して，「回転」をどのように定義すればいいかを考えたい．

空間 $\mathbb{R}^3_x$ 内を流体が静かに流れているとしよう．各点 $x = {}^t(x_1, x_2, x_3)$ における流れの速度は $v(x) = {}^t(v_1(x), v_2(x), v_3(x))$ であるとする（時間によらないとする）．この流れに微小なリング l（半径 r の円）を置いたとしよう．l が円の中心 $\tilde{x}$ から見てどのような回転をするかを考えたいのだが，それは l の回転軸がどの向きにあるかで違ってくる．回転軸は，l を含んでいる平面に垂直な単位ベクトルで表すことにする．このベクトルの向きと回転の回り方の関係に

は，右ネジの進み方と左ネジのものの 2 通りが考えられる．「右ねじ」の進む方を選ぶのが一般的である[3]．今，この回転軸は $n = {}^t(n_1, n_2, n_3)$ であるとする．このとき，l の回る角速度は，l を含む平面を「2 次元ベクトル場のときの $x_1 x_2$-平面」と見なして考えればいいだろう．すなわち，この角速度は，l を境界にもつ領域（円板）を S_r とし，l に沿う単位接線ベクトルを $k(x)$ として，（近似的に）$\dfrac{1}{2|S_r|} \displaystyle\int_l v(x) \cdot k(x)\, dl_x$ であると言っていいだろう．

$\tilde{x}$ において単位ベクトル n をとり，$\tilde{x}$ を含み n に垂直な平面上に，$\tilde{x}$ を中心とする半径 r の円板 S_r をとり，S_r の境界を l とする．ベクトル場 $v(x)$ に対して，上述の線積分 $\displaystyle\int_l v(x) \cdot k(x)\, dl_x$ を導入して，

$$(10.5) \qquad \theta(n; v)(\tilde{x}) = \lim_{r \to 0} \frac{1}{|S_r|} \int_l v(x) \cdot k(x)\, dl_x$$

を $\tilde{x}$ における「n に関する $v(x)$ の回転」とよぶことにする．これは，n の向きの取り方でいろいろに変わる量であるが，以下の定理で示すように，実は n の向きを特定なものに取った量（つまり座標軸の向きのもの）を使って表せるのである．

定理 10.2　(10.5) において n の向きを x_i-軸の向きに取った $\theta(n; v)(\tilde{x})$ を $\theta_i(v)(\tilde{x})$ と書くことにする[4]．このとき，次の等式がなりたつ．

$$(10.6) \qquad \begin{aligned}
\theta_1(v)(\tilde{x}) &= \partial_{x_2} v_3(\tilde{x}) - \partial_{x_3} v_2(\tilde{x}), \\
\theta_2(v)(\tilde{x}) &= \partial_{x_3} v_1(\tilde{x}) - \partial_{x_1} v_3(\tilde{x}), \\
\theta_3(v)(\tilde{x}) &= \partial_{x_1} v_2(\tilde{x}) - \partial_{x_2} v_1(\tilde{x}).
\end{aligned}$$

さらに，任意の単位ベクトル $n = {}^t(n_1, n_2, n_3)$ に対して $\theta(n; v)(\tilde{x})$ は次のように表せる．

$$(10.7) \qquad \theta(n; v)(\tilde{x}) = \theta_1(v)(\tilde{x}) n_1 + \theta_2(v)(\tilde{x}) n_2 + \theta_3(v)(\tilde{x}) n_3.$$

注意 10.2　$\theta(v)(x) = {}^t\big(\theta_1(v)(x), \theta_2(v)(x), \theta_3(v)(x)\big)$ とおくと，(10.7) は，$\theta(n; v)(\tilde{x})$ が「$\theta(v)(x)$ と n の内積」に等しいことを意味している．このことから，ベクトル $\theta(v)(x)$ に次のような意味付けをすることができる．

　　$\theta(v)(x)$ の向きは $v(x)$ の回転角速度が最大になる向きであり，

　　$\theta(v)(x)$ の大きさはそのときの角速度（の 2 倍）を表している．

(注意 10.2 の説明終り)

このことから，ベクトル $\theta(v)(x)$ はベクトル場 $v(x)$ の回転成分を抽出していると考えられる．この考えに基づいて，$\theta(v)(x) = {}^t(\partial_{x_2} v_3(x) - \partial_{x_3} v_2(x), \partial_{x_3} v_1(x) - \partial_{x_1} v_3(x), \partial_{x_1} v_2(x) - \partial_{x_2} v_1(x))$ を「ベクトル場 $v(x)$ の**回転**」と呼び，

　　$\operatorname{curl} v(x), \quad \operatorname{rot} v(x), \quad \nabla \times v(x), \quad \partial_x \times v(x)$

などの記号で表す．この記号の意味は次の通りである．rot は英語の rotation の略記であり，

---

[3] l を含む平面を $x_1 x_2$-平面とし，回転軸のベクトルと x_3-軸の向きと一致させたとき，x_1-軸，x_2-軸，x_3-軸が右手系になるように取って「反時計回り」の回り方を選んでいると言ってもよい．

[4] つまり $\theta_i(v)(\tilde{x}) = \theta(e^i; v)(\tilde{x})$ $(i = 1, 2, 3)$，$e^1 = {}^t(1, 0, 0)$，$e^2 = {}^t(0, 1, 0)$，$e^3 = {}^t(0, 0, 1)$.

curl, rotation は「巻く」とか「回転」とかいう意味である．∇ は偏微分演算 ${}^t(\partial_{x_1}, \partial_{x_2}, \partial_{x_3}) = \partial_x$ を表す記号である．$\nabla \times v(x)$ は，この微分の演算を実数のベクトルのように扱って ∇ と $v(x)$ の外積をとったものという意味である．

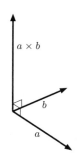

ここで「外積」について基本的なことを整理しておこう．一般に，ベクトル $a = {}^t(a_1, a_2, a_3)$ と $b = {}^t(b_1, b_2, b_3)$ の外積とは，a, b から決まるあるベクトルである．このベクトルを c とすると，c の向きは a, b に垂直で a, b, c がこの順で右手系になるものであって，大きさが a, b が作る平行四辺形の面積に等しいようなベクトルである．c は $a \times b$ という記号で表される（図参照）．さらに，$(c_1, c_2, c_3) = (a_2 b_3 - a_3 b_2,\ a_3 b_1 - a_1 b_3,\ a_1 b_2 - a_2 b_1)$ であることが分かる．これは，基底 $e^1 = {}^t(1,0,0), e^2 = {}^t(0,1,0), e^3 = {}^t(0,0,1)$ をとり，$\begin{pmatrix} e^1 & e^2 & e^3 \\ a_1 & a_2 & a_3 \\ b_1 & b_2 & b_3 \end{pmatrix}$ を行列と思ってこの行列式を第1行について展開したものになっている．この行列の成分を $a_i = \partial_{x_i}, b_i = v_i(x)$ $(i = 1, 2, 3)$ に置き換えれば，$\mathrm{curl}\, v(x)$ の各成分になっているのである．このことが，$\nabla \times v(x)$ と書かれる理由である．

定理 10.2 の証明　まず (10.6) を示そう．$\theta_3(v)(\tilde{x}) = \partial_{x_1} v_2(\tilde{x}) - \partial_{x_2} v_1(\tilde{x})$ については，(10.5) において円板 S_r が $x_1 x_2$-平面に平行になっているときであるから，前節の定理 10.1 のときと同じ議論よりしたがう．$\theta_2(v)(\tilde{x}) = \partial_{x_2} v_3(\tilde{x}) - \partial_{x_3} v_2(\tilde{x})$ は，x_1-軸を x_2-軸に，x_2-軸を x_3-軸に，x_3-軸を x_1-軸に換えて同じ議論をすればよい．$\theta_1(v)(\tilde{x})$ についても同様である．

次に (10.7) を証明しよう．このとき，$n = {}^t(n_1, n_2, n_3)$ はどの座標軸とも方向が違っているとしてよい．もし一致していれば，2次元の話となり，前節ですでに議論したことになる．さらに，一般性を失うことなく，$\tilde{x}$ は原点 O $(\tilde{x} = 0)$ としてよい．

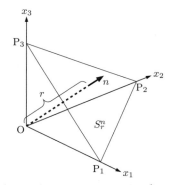

図にあるように四面体 $\mathrm{OP_1P_2P_3}$ を考える．各頂点 P_i は x_i-軸上にあり，$\triangle \mathrm{P_1P_2P_3}$ は常に n に垂直であるように取っている．さらに，この三角形の周囲を $\mathrm{P_1 \to P_2 \to P_3 \to P_1}$ の順に進んだとき，n の向きが右ネジの進む向きになっているようにする．この四面体 $\mathrm{OP_1P_2P_3}$ において，$\triangle \mathrm{P_1P_2P_3}$ の原点までの距離を r とする．$\triangle \mathrm{OP_2P_3}$ を S_r^1，$\triangle \mathrm{OP_1P_3}$ を S_r^2，$\triangle \mathrm{OP_1P_2}$ を S_r^3，$\triangle \mathrm{P_1P_2P_3}$ を S_r^n と書くことにする．S_r^i, S_r^n の周囲を一周する径路をそれぞれ l^i, l^n とし，それらの径路に沿う単位接線ベクトルを $k^i(x), k^n(x)$ とする．このとき，l^i 上を一周する際，x_i-軸の向きの単位ベクトル e^i [5] に対して $n_i e^i$ の向きが右ネジの進む向きになるように $k^i(x)$ を選ぶ．線積分 $\displaystyle\int_{l^1} v(x) \cdot k^1(x)\, dl_x^1, \int_{l^2} v(x) \cdot k^2(x)\, dl_x^2, \int_{l^3} v(x) \cdot k^3(x)\, dl_x^3$ を考えたとき，これらの積分径路は重なっている部分がある．この重なりの部分では，互いに径路 l^i の接ベクトル $k^i(x)$ の向きが逆向きになっている．したがって，上記の線積分の和を取っ

---

[5] $e^1 = {}^t(1,0,0),\ e^2 = {}^t(0,1,0),\ e^3 = {}^t(0,0,1)$

たとき，重なった部分は互いに消し合う．以上のことから次の等式が成立することが分かる．

$$(10.8) \quad \int_{l^1} v(x) \cdot k^1(x)\, dl_x^1 + \int_{l^2} v(x) \cdot k^2(x)\, dl_x^2 + \int_{l^3} v(x) \cdot k^3(x)\, dl_x^3 = \int_{l^n} v(x) \cdot k^n(x)\, dl_x^n.$$

$n_i e^i$ に関する $v(x)$ の回転 $(= \theta_i(v)(0))$ は，定理 10.1 より，$\displaystyle\lim_{r \to 0} \frac{1}{|S_r^i|} \int_{l^i} v(x) \cdot k^i(x)\, dl_x^i$ である．さらに，n に関する $v(x)$ の回転 $(= \theta(n;v)(0))$ は $\displaystyle\lim_{r \to 0} \frac{1}{|S_r^n|} \int_{l^n} v(x) \cdot k^n(x)\, dl_x^n$ に等しくなる．このことは以下の考察から分かる．

O を含み n に垂直な平面 P に $\triangle \mathrm{OP_1P_2P_3}$ を射影したものを $\bar{\Delta}$ とし，$\bar{\Delta}$ の境界 $\bar{l}$ における線積分 $\displaystyle\int_{\bar{l}} v(\bar{x}) \cdot \bar{k}(\bar{x})\, d\bar{l}_{\bar{x}}$ を考える．ここで，$\bar{x}$ は x を P に射影した点であり，$\bar{k}(\bar{x})$ は $k^n(x)$ を P に射影したもの（平行移動したもの）とする．第 3 章の定理 3.2 より $v(x) = v(\bar{x}) + \partial_x v(\bar{x})(rn) + R(x, \bar{x})$，$|R(x, \bar{x})| \le Cr^2$ が成立する．したがって，$|\bar{\Delta}| = |S_r^n|$ であるので

$$\frac{1}{|S_r^n|} \int_{l^n} v(x) \cdot k^n(x)\, dl_x^n$$
$$= \frac{1}{|\bar{\Delta}|} \int_{\bar{l}} v(\bar{x}) \cdot \bar{k}(\bar{x})\, d\bar{l}_{\bar{x}} + r \frac{1}{|\bar{\Delta}|} \int_{\bar{l}} \partial_x v(\bar{x})n \cdot \bar{k}(\bar{x})\, d\bar{l}_{\bar{x}} + \frac{1}{|\bar{\Delta}|} \int_{\bar{l}} R(x, \bar{x}) \cdot \bar{k}(\bar{x})\, d\bar{l}_{\bar{x}}$$

と書ける．ここで，$R(x, \bar{x})$ にある x は $\bar{x}$ の関数とみている．定理 10.1 より，$\displaystyle\lim_{r \to 0} \frac{1}{|\bar{\Delta}|} \int_{\bar{l}} v(\bar{x}) \cdot \bar{k}(\bar{x})\, d\bar{l}_{\bar{x}} = \theta(n;v)(0)$，$\displaystyle\lim_{r \to 0} \frac{1}{|\bar{\Delta}|} \int_{\bar{l}} \partial_x v(\bar{x})n \cdot \bar{k}(\bar{x})\, d\bar{l}_{\bar{x}} = \theta(n;(\partial_x v)(\bar{x})n)(0)$ である．さらに，$\displaystyle\left| \int_{\bar{l}} R(x, \bar{x}) \cdot \bar{k}(\bar{x})\, d\bar{l}_{\bar{x}} \right| \le Cr^2 |\bar{l}| \max_{y \in \bar{\Delta}} |\bar{k}(y)|$ がなりたち，$|\bar{l}|$，$|\bar{\Delta}|$ はそれぞれ r，r^2 に比例するので，$\displaystyle\lim_{r \to 0} \frac{1}{|\bar{\Delta}|} \int_{\bar{l}} R(x, \bar{x}) \cdot \bar{k}(\bar{x})\, d\bar{l}_{\bar{x}} = 0$ となる．したがって，$\displaystyle\lim_{r \to 0} \frac{1}{|S_r^n|} \int_{l^n} v(x) \cdot k^n(x)\, dl_x^n = \theta(n;v)(0)$ が得られる．

n と x_i-軸とのなす角を θ_i とすると，$\cos\theta_i = n_i$ であり，$|S_r^i| = |S_r^n| \cos\theta_i = |S_r^n| n_i$ となる（第 6 章の定理 6.2 を参照）．したがって，(10.8) より

$$\theta(n;v)(0) = \lim_{r \to 0} \frac{1}{|S_r^n|} \int_{l^n} v(x) \cdot k^n(x)\, dl_x^n$$
$$= \lim_{r \to 0} \sum_{i=1}^{3} \frac{|S_r^i|}{|S_r^n|} \frac{1}{|S_r^i|} \int_{l^i} v(x) \cdot k^i(x)\, dl_x^i = \sum_{i=1}^{3} n_i \theta_i(v)(0)$$

が成立する．つまり (10.7) が成立する．

（証明終り）

例題 10.3 水平面上を一定の厚さ $(= h)$ で液体が静かに流れているとする（時間にはよらない）．座標 $x = {}^t(x_1, x_2, x_3)$ は，水平面を $x_1 x_2$-平面に，x_3-軸を鉛直上向きになるようにとってあるとし，液体の層は $-h \le x_3 \le 0$ であるとする．流れの速度 $v(x)$ はどの場所でも x_3 軸に垂直であり，x_1-成分と x_2-成分は同じである．その速さは液体の深さ x_3 にのみ依存している $(= g(x_3)\ (\ge 0))$．このとき，$\operatorname{curl} v(x)$ を求めよ（$-h \le x_3 \le 0$ で考える）．

$v(x) = {}^t(v_1(x), v_2(x), v_3(x))$ とすると，$v_1(x) = v_2(x) = \sqrt{2}^{-1} g(x_3)$, $v_3(x) = 0$ である.
ゆえに

$$\mathrm{curl}\, v(x) = {}^t(\partial_{x_2} v_3(x) - \partial_{x_3} v_2(x), \partial_{x_3} v_1(x) - \partial_{x_1} v_3(x), \partial_{x_1} v_2(x) - \partial_{x_2} v_1(x))$$
$$= {}^t(-\sqrt{2}^{-1} g'(x_3), \sqrt{2}^{-1} g'(x_3),\ 0)$$

となる.

（例題 10.3 の説明終り）

例題 10.4　$\mathbb{R}^3_x$ において，任意の関数 $f(x)$ に対して次の等式がなりたつことを示せ.

(10.9)
$$\mathrm{curl}\,\mathrm{grad}\, f(x) = 0.$$

上記の等式は，各成分を具体的に計算しても確かめられるが（章末問題 10.4 (2) を参照），ここでは外積の線形代数的な意味を重ねながら確かめてみよう．$a = {}^t(a_1, a_2, a_3)$ を固定して，写像 $y \mapsto a \times y$ $(y = {}^t(y_1, y_2, y_3))$ を考える．これは線型写像になるから，何か行列 $R(a)$ で表されるはずである．実際

(10.10)
$$R(a) = \begin{pmatrix} 0 & -a_3 & a_2 \\ a_3 & 0 & -a_1 \\ -a_2 & a_1 & 0 \end{pmatrix}$$

である．線型写像 $y \mapsto {}^t(a_1 y_1, a_2 y_2, a_3 y_3)$ を表す行列を $G(a)$ とすると

$$G(a) = \begin{pmatrix} a_1 & 0 & 0 \\ 0 & a_2 & 0 \\ 0 & 0 & a_3 \end{pmatrix}$$

であり，$R(a)G(a) = G(a)R(a) = 0$ が成立する.

∂_{x_i} や定数を使った四則式の計算では，∂_{x_i} をあたかも数のように扱ってよいことが分かる．このことから，a を ∂_x に置き換えた $R(\partial_x), G(\partial_x)$ に対して $R(a)G(a) = G(a)R(a) = 0$ と同じ等式がなりたつ．さらに，$\mathrm{curl}\, v(x) = R(\partial_x)v(x)$, $\mathrm{grad}\, f(x) = G(\partial_x)\vec{f}(x)$ $(\vec{f}(x) = {}^t(f(x), f(x), f(x)))$ であるから

$$\mathrm{curl}\,\mathrm{grad}\, f(x) = R(\partial_x)G(\partial_x)\vec{f}(x) = 0$$

が得られる．第 11 章でも，上記のように，curl に関する公式を curl の行列表示を使って証明する（(11.10), (11.21) を参照）.

上記の例題の主張は，保存系のベクトル場の回転は 0 であることを言っていることに注意しよう.

（例題 10.4 の説明終り）

上述の考察において，∂_{x_i} と a_i とを置き換えるような計算をした．実は，このような扱いをもっと組織的に行うことが可能である．これについて少し触れておきたい．新しい変数

$\xi = {}^t(\xi, \cdots, \xi)$ を導入し，関数 $f(x)$ に対して ξ の関数

$$\hat{f}(\xi) = \int_{\mathbb{R}^n} e^{-ix\xi} f(x)\, dx$$

を対応させる写像 $F: f(x) \mapsto \hat{f}(\xi)$ を考える．ここで，$x\xi = \sum_{j=1}^{n} x_j \xi_j$ であり，i は虚数単位で $e^{is} = \cos s + i \sin s$ である．この F を**フーリエ変換**とよんでいる．$\dfrac{d}{ds} e^{ias} = ia e^{ias}$ となるので，$f(x)$ の適当な条件の下で $F[\partial_{x_j} f(x)] = -i\xi_j \hat{f}(\xi)$ が成立する[6]．すなわち，フーリエ変換により，$f(x)$ に対する偏微分 ∂_{x_j} は，$\hat{f}(\xi)$ に対しては変数 $-i\xi_j$ をかけるという演算に置き換わるということである．このことにより，$\hat{f}(\xi)$ に対しては，微分演算は現れず変数 ξ の多項式の入った方程式になり，$\mathbb{R}^n_\xi$ における線型代数学の手法が使えることになる．しかも，関数同士の近さを測る距離（第 15 章（補章）を参照）として，$d(f(x), g(x)) = \left\{ \int |f(x) - g(x)|^2\, dx \right\}^{\frac{1}{2}}$ をとると，この距離は変換 F に対して不変（つまり $d(f(x), g(x)) = d(\hat{f}(\xi), \hat{g}(\xi))$）になることが分かる．これらのことを活用して，ある型の偏微分方程式[7]の解析が 1950 年頃から急速に進んだ．この解析は**フーリエ解析**とよばれている．これについては「あとがき」にある文献 [6] [7] [8] などを参照してほしい．

───────── **章末問題** ─────────

10.1　$\mathbb{R}^2_x$ において，$S_r = \{x = {}^t(x_1, x_2);\ |x_i - \tilde{x}_i| \le \dfrac{r}{2},\ i = 1, 2\}$，$S_r$ の境界を l とし，線積分 $\displaystyle\int_l v(x) \cdot k(x)\, dl_x$ を考える．$k(x)$ は l の単位接線ベクトルであり，反時計回りの向きに取っている．

(1) l の一部分 $l^1_\pm = \{(x_1, x_2)|\ |x_1 - \tilde{x}_1| \le \dfrac{r}{2},\ x_2 = \tilde{x}_2 \mp \dfrac{r}{2}\}$ における次の線積分に関する等式を証明せよ．

$$\int_{l^1_+} v(x) \cdot k(x)\, d(l^1_+)_x + \int_{l^1_-} v(x) \cdot k(x)\, d(l^1_-)_x = \int_{\tilde{x}_1 - \frac{r}{2}}^{\tilde{x}_1 + \frac{r}{2}} \left(v_1\left(x_1, \tilde{x}_2 - \frac{r}{2}\right) - v_1\left(x_1, \tilde{x}_2 + \frac{r}{2}\right) \right) dx_1.$$

(2) r によらない定数 $C\ (> 0)$ が存在して，次の不等式がなりたつことを示せ．

$$\left| \frac{1}{|S_r|} \int_l v(x) \cdot k(x)\, dl_x - \left\{ \partial_{x_1} v_2(\tilde{x}_1, \tilde{x}_2) - \partial_{x_2} v_1(\tilde{x}_1, \tilde{x}_2) \right\} \right| \le Cr.$$

10.2　$v(x)\ (x = {}^t(x_1, x_2, x_3))$ を 3 次元ベクトル場とする．次の (1) (2) のそれぞれについて，$\operatorname{curl} v(x)$ を求めよ．

───────────────────────────────

[6] 部分積分により $\displaystyle\int_{\mathbb{R}^n} e^{-ix\xi} \partial_{x_j} f(x)\, dx = \int_{\mathbb{R}^{n-1}_{x'}} e^{-ix'\xi'} \left\{ \int_{-\infty}^{\infty} e^{-ix_j\xi_j} \partial_{x_j} f(x)\, dx_j \right\} dx' = \int_{\mathbb{R}^{n-1}_{x'}} e^{-ix'\xi'} \left\{ \int_{-\infty}^{\infty} (-i\xi_j) e^{-ix_n\xi_n} f(x)\, dx_j \right\} dx' = -i\xi_j \int_{\mathbb{R}^n} e^{-ix\xi} f(x)\, dx$　(x' は x から x_j を除いた変数) となることからしたがう．

[7] $P(\partial_x)(\alpha f(x) + \beta g(x)) = \alpha P(\partial_x) f(x) + \beta P(\partial_x) g(x)$ がなりたつ線型方程式である．この諸結果については「あとがき」にある文献 [12] をみよ．

(1) $v(x) = {}^t(x_3 - x_2,\ x_1 - x_3,\ x_2 - x_1)$

(2) $v(x) = {}^t(-|x|^{-2}x_1, |x|^{-2}x_2, -|x|^{-2}x_3)$

10.3 $\mathbb{R}^3_x$ 内を液体が静かに流れているとする（時間にはよらない）．この流れの速度を $v(x) = {}^t(v_1(x), v_2(x), v_3(x))$ とする．次の (1) (2) のそれぞれについて，$\operatorname{curl} v(x)$ を求めよ．

(1) $v(x)$ の向き $(= |v(x)|^{-1}v(x))$ は一定で (a_1, a_2, a_3) であり，$|v(x)| = g(x_3)$ である．

(2) 常に $v_3(x) = 0$ であり，$v'(x) = {}^t(v_1(x), v_2(x))$ は，$x' = {}^t(x_1, x_2)$ に垂直であり（反時計回り），$|v(x)| = |x'|g(x_3)$ である（$g(x_3) \geq 0$ とする）．

10.4 $v(x)$ $(x = {}^t(x_1, x_2, x_3))$ を3次元ベクトル場とし，$f(x)$ を実数値関数とする．次の (1) (2) の等式を（成分計算により）証明せよ．

(1) $\nabla \times \big(f(x)v(x)\big) = f(x)\nabla \times v(x)\ +\ (\nabla f(x)) \times v(x)$ （$\nabla f(x) = \operatorname{grad} f(x)$ である）

(2) $\nabla \cdot (\nabla \times v(x)) = 0$

第 11 章

ベクトル解析の基本事項

　ベクトルで表示される現象の解析には，値がベクトルで複数個の変数を独立変数とする関数に対する微分積分が使われる．この数学をベクトル解析とよんでいる．すでに，流体の流れなど具体的な現象についていろいろベクトル解析を利用してきた．本章では，ベクトル解析における特有の公式や定理について重要なものをいくつか取り上げ，その意味や利用例などについて説明したい．また，ベクトル場は一般に時間 t に依存するものであるが，特にことわらない限り本章では t によらないとする．言い方を変えると，t を固定するごとの考察をすることにしたい．

11.1　ストークスの定理

　第 13 章で考える電磁気現象の解析は，「場」の考え方を基本にして，各点における空間の性質が磁気的な量（磁場）と電気的な量（電場）で決まっているという前提で行われる．これらの量はベクトルで，そのベクトルは何か仮想的な流体の速度だと想定して，その解析にベクトル解析が使われる．むしろ，この種の具体的な現象解析に利用するために，ベクトル解析が開発されてきたと言う方がいいかもしれない．

　「場」の考え方では，各時刻 t と各位置 x $(= {}^t(x_1, x_2, x_3))$ における磁場 $B(t,x)$ と電場 $E(t,x)$ がどんな法則（偏微分の入った制約式）にしたがうかを明らかにし，荷電粒子の運動などはその磁場と電場の状況に応じた動きをするという風に考える．$E(x,t)$ は，x に単位電荷[1]を置いたとき，それが受ける力で定義される．したがって，単位電荷が閉じた径路 l を一周したとき，その電荷が受ける力の仕事（エネルギー）は $\int_l E(t,x) \cdot k(x)\,dl_x$（$k(x)$ は x における l の単位接線ベクトル）である．詳しくは第 13 章で説明するが，$E(t,x)$ と $B(t,x)$ に対する基本的な法則として次のものがある（マックスウェル方程式の 1 つ）．

(11.1) $\qquad\qquad \partial_t B(t,x)$ は $\operatorname{curl} E(t,x)$ に比例する．

　このことから，閉じた径路 l 上を単位電荷が一周したとき，どれぐらい単位電荷はエネルギーを得るか，あるいは失うか，さらにそのエネルギーと磁場との関係式が具体的に分かる．このような考察において基本となるのは次の定理である．

---
[1] 単位電気量をもつ点状の微小粒子

───**ストークスの定理**───

定理 11.1 空間 $\mathbb{R}^3_x$ において，l を閉じた曲線とし，これを境界にもつ曲面 S をとる．S は，$x\,(\in S)$ における単位法ベクトル $n(x)$ が連続的に定義できるような（向き付け可能な）曲面であるとする．このとき，（3次元）ベクトル場 $v(x)$[2] に対して次の等式が成立する．

$$(11.2) \qquad \int_l v(x) \cdot k(x)\, dl_x = \int_S \operatorname{curl} v(x) \cdot n(x)\, dS_x.$$

ここで，$k(x)$ は x における l の単位接線ベクトルであり，$k(x)$ と $n(x)$ は右ネジの進む関係にとっている（言いかえると，$n(x)$ の向きを上として，$k(x)$ の向きに進んだとき左側に S を見るような関係である）．

この定理の証明は後にすることにして，しばらくこれを認めることにする．単位電荷が閉じた径路 l を一周するときの仕事（エネルギー）は $\int_l E(t,x) \cdot k(x)\, dl_x$ である．l を導線とすると電荷は l 内を移動でき，1 周すればそれによるエネルギーは，上記の (11.1) (11.2) より $\int_S \partial_t B(t,x) \cdot n(x)\, dS_x$ に比例してなければならない．これは時間的に変化する磁場をつくると電流が流れるということ，つまり発電が可能であることを意味している．さらに，磁場の変化の状況から電流が数量的に割り出せるということになる．ベクトル値の関数で法則を数式化し，現象を数量的に分析するとき，ベクトル解析は重要な道具となることに留意したい．

定理 11.1 の証明は，曲面上の線積分を局所的に平面上の線積分に近似することを基礎とする．ここで，定理の証明の前に曲面上の線積分を平面上の線積分に近似することを考えてみたい．空間 $\mathbb{R}^3_x$ において曲面 $S = \{x = {}^t(x_1, x_2, x_3)\mid x_3 = g(\bar{x}),\ \bar{x} = {}^t(x_1, x_2)\}$ を考える．S は原点で $\bar{x}$-平面に接しているとする．すなわち，$g(0) = 0, \partial_{\bar{x}} g(0) = 0$ とする．$\bar{x}$-平面への射影を Q とする（$Q: {}^t(x_1, x_2, x_3) \mapsto {}^t(x_1, x_2, 0)$）[3]．

──────────────────────

例題 11.1 上記の曲面 S 上に閉じた曲線 l がある．l が囲む部分は原点 $x = 0$ を含み，$\{x\mid |x| \le \varepsilon\ (\varepsilon > 0)\}$ に含まれているとする．さらに，l を Q で $\bar{x}$-平面上に射影したものを $\bar{l}$ とする．このとき，ベクトル場 $v(x)$ の線積分 $\int_l v(x) \cdot k(x)\, dl_x$，$\int_{\bar{l}} v(\bar{x}) \cdot \bar{k}(\bar{x})\, d\bar{l}_{\bar{x}}$ について次の不等式が成立することを示せ．

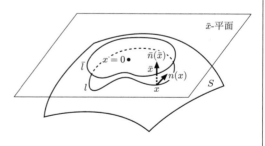

$$(11.3) \qquad \left| \int_l v(x) \cdot k(x)\, dl_x - \int_{\bar{l}} v(\bar{x}) \cdot \bar{k}(\bar{x})\, d\bar{l}_{\bar{x}} \right| \le C\varepsilon^2 |l|.$$

ここで，$\bar{x}, \bar{k}(\bar{x})$ は $x, k(x)$ を Q で $\bar{x}$-平面に移したものであり（図参照），C は ε によらない正定数である．

──────────────────────

[2] ベクトル場 $v(x)$ は時間 t に依存しているかもしれないが，ここでは t を固定するごとの議論をしているので t の表記は省略している．

[3] 原点に近い所では，Q は一対一になることに注意せよ．

S の単位法ベクトル $n(x)$ と，$\bar{x}\,(=Qx)$ における $\bar{x}$-平面の単位法ベクトル $\bar{n}(\bar{x})\,(=n(0))$ とのなす角を $\theta(x)$ とする．このとき，$\cos\theta(x) \geq 0\,(x \in S)$ となるように $\bar{n}(\bar{x})$ を選んでおく．$\bar{l}$ 上の積分は l 上の積分に書き換えられ（第 6 章の注意 6.2 を参照），$\int_{\bar{l}} v(\bar{x}) \cdot \bar{k}(\bar{x})\,d\bar{l}_{\bar{x}} = \int_l v(\bar{x}(x)) \cdot \bar{k}(\bar{x}(x))\cos\theta(x)\,dl_x$ が成立する．ここで，右辺の積分では $\bar{x}$ を x の関数とみている（つまり $\bar{x}(x) = Qx$）．また，$\bar{x}$-平面と S が原点 $x=0$ で接していることから $|x - \bar{x}| \leq C_1|\bar{x}|^2$ がなりたち，$1 - \cos\theta(x) \leq C_2\varepsilon^2$，$|v(x)\cdot k(x) - v(\bar{x}(x))\cdot\bar{k}(\bar{x}(x))| \leq C_3\varepsilon^2$ が成立する．したがって，

$$\left| \int_l v(x)\cdot k(x)\,dl_x - \int_{\bar{l}} v(\bar{x})\cdot\bar{k}(\bar{x})\,d\bar{l}_{\bar{x}} \right| = \left| \int_l \big(v(x)\cdot k(x) - v(\bar{x}(x))\cdot\bar{k}(\bar{x}(x))\big)\,dl_x \right.$$

$$\left. + \int_l v(\bar{x}(x))\cdot\bar{k}(\bar{x}(x))\,dl_x - \int_l v(\bar{x}(x))\cdot\bar{k}(\bar{x}(x))\cos\theta(x)\,dl_x \right|$$

$$\leq (C_2 + C_3)\varepsilon^2 |l|$$

が成立する．ゆえに (11.3) が得られる．

（例題 11.1 の説明終り）

定理 11.1 の証明　各座標軸に平行な幅 $\varepsilon\,(>0)$ の格子を考え，それによってできる（微小な）立方体と S の共通部分によって S を分割する．この分割されたものを $S^1, S^2, \cdots, S^{m(\varepsilon)}$ とする．このとき，ε によらない定数 C_1 が存在して，$m(\varepsilon) \leq C_1\varepsilon^{-2}$ となる．S^i の境界を l^i とする．$\int_S \operatorname{curl} v(x)\cdot n(x)\,dS_x = \sum_{i=1}^{m(\varepsilon)} \int_{S^i} \operatorname{curl} v(x)\cdot n(x)\,dS_x^i$ が成立する．さらに $\int_l v(x)\cdot k(x)\,dl_x = \sum_{i=1}^{m(\varepsilon)} \int_{l^i} v(x)\cdot k(x)\,dl_x^i$ がなりたつ．なぜなら，S^i と S^j が隣接しているとき，境界 l^i と l^j で共通している部分では，線積分の向き（$k(x)$ の向き）が逆向きであるので，この部分の線積分は互いに消し合う．このような考察を次々に繰り返すと，結局 $\sum_{i=1}^{m(\varepsilon)} \int_{l^i} v(x)\cdot k(x)\,dl_x^i$ において共有していない部分の線積分のみが残ることになる．よってこの和は $\int_l v(x)\cdot k(x)\,dl_x$ に等しい（似た考察が (10.4) にあったことに注意しよう）．

　S^i の点 x^i を取り，x^i で S に接する平面 P^i を考える．積分 $\int_{S^i} \operatorname{curl} v(x)\cdot n(x)\,dS_x^i$ と線積分 $\int_{l^i} v(x)\cdot k(x)\,dl_x^i$ は，それらを P^i へ射影したもので近似できるはずであり，近似したものについてはすでに考察した平面上の結果（定理 8.1 と例題 11.1）が使えるだろうというのが証明のアイデアである．

　x, S^i, l^i を平面 P^i に射影したものをそれぞれ $\bar{x}, \bar{S}, \bar{l}$ で表すことにする．まず，i を固定して線積分 $\int_{\bar{l}} v(\bar{x})\cdot\bar{k}(\bar{x})\,dl_{\bar{x}}$ について詳しく調べる．ここで，$\bar{k}(\bar{x})$ は $\bar{x}$ における $\bar{l}$ の単位接線ベクトルであり，$n(x^i)$ と右ネジの進む関係になるようにとっておく．また，変数 $\bar{x}$ を x^i の近くで動かすとき，$\bar{x}$ と x が一対一の射影関係になっていることに注意して，両者を対応させて考え

る. 線積分 $\int_{\bar{l}} v(\bar{x}) \cdot \bar{k}(\bar{x}) \, dl_{\bar{x}}$ と $\int_{l^i} v(x) \cdot k(x) \, dl_x^i$ を比較すると，次の不等式が成立する.

(11.4)
$$\left| \int_{l^i} v(x) \cdot k(x) \, dl_x^i - \int_{\bar{l}} v(\bar{x}) \cdot \bar{k}(\bar{x}) \, d\bar{l}_{\bar{x}} \right| \le C_2 \varepsilon^3$$

$|l^i| \le C_3 \varepsilon$ がなりたつので，この不等式は例題 11.1 ですでに確かめた.

$\int_{\bar{l}} v(\bar{x}) \cdot \bar{k}(\bar{x}) \, d\bar{l}_{\bar{x}}$ は平面 P^i 上の積分であるので第 8 章の定理 8.1 が適用できる. 定理 8.1 の等式の右辺にある $\partial_{x_2} v_3(x) - \partial_{x_3} v_2(x)$ は $\operatorname{curl} v(x) \cdot {}^t(0,0,1)$ を意味している. したがって，第 10 章の定理 10.1 より，$\int_{\bar{l}} v(\bar{x}) \cdot \bar{k}(\bar{x}) \, d\bar{l}_{\bar{x}}$ は $\int_{\bar{S}} \operatorname{curl} v(\bar{x}) \cdot \bar{n}(\bar{x}) \, d\bar{S}_{\bar{x}}$ $(\bar{n}(\bar{x}) = n(x^i))$ に等しい. このことと (11.4) より次の不等式が得られる.

$$\left| \int_{l^i} v(x) \cdot k(x) \, dl_x^i - \int_{\bar{S}} \operatorname{curl} v(\bar{x}) \cdot \bar{n}(\bar{x}) \, d\bar{S}_{\bar{x}} \right| \le C_3 \varepsilon^3.$$

また，ε によらない正定数 C_4 が存在して次の不等式が成立する.

$$\left| \int_{\bar{S}} \operatorname{curl} v(\bar{x}) \cdot \bar{n}(\bar{x}) \, d\bar{S}_{\bar{x}} - \int_{S^i} \operatorname{curl} v(x) \cdot n(x) \, dS_x^i \right| \le C_4 \varepsilon^4.$$

なぜなら，$\int_{S^i} \operatorname{curl} v(x) \cdot n(x) \, dS_x^i = \int_{S^i} \big(\operatorname{curl} v(x) \cdot n(x) \big) \big(\bar{n}(\bar{x}) \cdot n(x) \big) \, dS_x^i + \int_{S^i} \big(\operatorname{curl} v(x) \cdot n(x) \big) \big(1 - \bar{n}(\bar{x}) \cdot n(x) \big) \, dS_x^i$ と書くと，右辺の第 1 項は，第 6 章の注意 6.2 より $\int_{\bar{S}} \operatorname{curl} v(\bar{x}) \cdot \bar{n}(\bar{x}) \, d\bar{S}_{\bar{x}}$ であり，さらに $|1 - \bar{n}(\bar{x}) \cdot n(x)| \le C_5 \varepsilon^2$ $(C_5$ は ε によらない) となる[4]ので，ε によらない正定数 C_6 が存在して $\left| \int_{S^i} \big(\operatorname{curl} v(x) \cdot n(x) \big) \big(1 - \bar{n}(\bar{x}) \cdot n(x) \big) \, dS_x^i \right| \le C_5 \varepsilon^4$ が成立するからである.

ゆえに次の不等式が得られる.

(11.5)
$$\left| \int_{l^i} v(x) \cdot k(x) \, dl_x^i - \int_{S^i} \operatorname{curl} v(x) \cdot n(x) \, dS_x^i \right| \le C_6 \varepsilon^3.$$

以上のことから以下の不等式が成立することになる.

$$\left| \int_l v(x) \cdot k(x) \, dl_x - \int_S v(x) \cdot n(x) \, dS_x \right| \le \sum_{i=1}^{m(\varepsilon)} \left| \int_{l^i} v(x) \cdot k(x) \, dl_x^i - \int_{S^i} \operatorname{curl} v(x) \cdot n(x) \, dS_x^i \right|$$

$$\le \sum_{i=1}^{m(\varepsilon)} C_6 \varepsilon^3 \le C_6 C_1 \varepsilon$$

上の不等式は，$\varepsilon \, (> 0)$ をどのように小さくとってもなりたたなければならないので，(11.2) が成立する.

(証明終り)

---

[4] $x = (\bar{x}, x_3)$ であり，x^i は $\bar{x} = 0, x_3 = 0$ で表されているとする. このとき，S^i は $x_3 = g(\bar{x})$ と表されているとすると，$g(0) = 0$, $\partial_{\bar{x}} g(0) = 0$ であり，$n(x) = \big(1 + |\partial_{\bar{x}} g(\bar{x})|^2 \big)^{-\frac{1}{2}} (-\partial_{\bar{x}} g(\bar{x}), 1)$ となる. したがって，$|\partial_{\bar{x}} g(\bar{x})| \le C_7 \varepsilon$ であり，$|1 - \bar{n}(\bar{x}) \cdot n(x)| = \left| 1 - \big(1 + |\partial_{\bar{x}} g(\bar{x})|^2 \big)^{-\frac{1}{2}} \right| \le C_8 \varepsilon^2$ が成立する.

例題 11.2　$\mathbb{R}^3_x$ における（3 次元）ベクトル場 $v(x)$ に対して次のことがなりたつことを示せ.

(11.6)　　　　　$v(x)$ が保存系ベクトル場である必要十分条件は

　　　　　常に $\operatorname{curl} v(x) = 0$ となることである.

　ベクトル場 $v(x)$ が保存系であるならば $\operatorname{curl} v(x) = 0$ となること示そう. 保存系であるとは, 固定された 2 点を結ぶ径路 l に対する線積分 $\displaystyle\int_l v(x) \cdot k(x)\, dl_x$（$k(x)$ は l の x における単位接線ベクトル）が l の選び方によらないということである. これは, 任意の閉じた径路 l に対して $\displaystyle\int_l v(x) \cdot k(x)\, dl_x = 0$ となると言ってもよかった（第 8 章 (8.8) を参照）. 定理 11.1 より, このことは任意の曲面 S に対して $\displaystyle\int_S \operatorname{curl} v(x) \cdot n(x)\, dS_x = 0$（$n(x)$ は S の x における単位法ベクトル）となることを意味する. このようなことが起こるには $\operatorname{curl} v(x) = 0$ でなければならない. なぜなら, もし $\operatorname{curl} v(x^0) \neq 0$ であれば, x^0 を含む $\operatorname{curl} v(x^0)$ に垂直な十分小さい曲面 S を取ると, S 上で常に $\operatorname{curl} v(x) \cdot n(x) > 0$（または < 0）となるからである.

　逆に, $\operatorname{curl} v(x) = 0$ であるとしよう. l を（任意の）閉じた径路とし, l を境界にもつ曲面 S をとる. 定理 11.1 より $\displaystyle\int_l v(x) \cdot k(x)\, dl_x = \int_S \operatorname{curl} v(x) \cdot n(x)\, dS_x = 0$ となる. したがって, $v(x)$ は保存系である.

（例題 11.2 の説明終り）

　例題 11.2 は,「保存系ベクトル場にはポテンシャル関数が存在する」こと（定理 8.2）を使って証明することもできる.

　空間 $\mathbb{R}^3_x$ における 3 次元ベクトル場 $v(x)$ に関するベクトル解析でしばしば使われる公式をいくつかあげておこう.

(11.7)　　　　　$\operatorname{div}(\operatorname{curl} v(x)) = 0,$

(11.8)　　　　　$\operatorname{curl}(\operatorname{grad} f(x)) = 0,$

(11.9)　　　　　$\operatorname{div}(\operatorname{grad} f(x)) = \Delta f(x),$

(11.10)　　　　$\operatorname{curl}(f(x)v(x)) = f(x)\operatorname{curl} v(x) + (\operatorname{grad} f(x)) \times v(x),$

(11.11)　　　　$\operatorname{curl}(\operatorname{curl} v(x)) = \operatorname{grad}(\operatorname{div} v(x)) - (\Delta I)v(x).$

ここで, $f(x)$ は実数値関数, $\Delta = \displaystyle\sum_{i=1}^{3} \partial_{x_i}^2$ であり, ΔI は対角成分が Δ で他の成分は 0 である 3×3-行列である.

　(11.7), (11.9), (11.10) の証明は, 章末問題 11.1 で読者にまかせたい. (11.8) は第 10 章の例題 10.3 で確かめた. (11.11) は, 次節にある (11.21) と同じ等式であるので, そこを参照してほしい.

上述の公式 (11.7)〜(11.11) は，偏微分演算の記号 $\nabla = {}^t(\partial_{x_1}, \partial_{x_2}, \partial_{x_3})$（ナブラ）を使って，次のように書かれることも多い（なぜこのように書くか，その思いを考えてみよう）．

$$\nabla \cdot (\nabla \times v(x)) = 0,$$

$$\nabla \times (\nabla f(x)) = 0 \quad (\nabla f(x) = \operatorname{grad} f(x))$$

$$\nabla \cdot (\nabla f(x)) = \Delta f(x),$$

$$\nabla \times (f(x)v(x)) = f(x)(\nabla \times v(x)) + (\nabla f(x)) \times v(x),$$

$$\nabla \times (\nabla \times v(x)) = \nabla(\nabla \cdot v(x)) - \Delta I\, v(x).$$

11.2　ベクトル場のポテンシャル表示

まず，電場について基本的なことを列挙してみたい．$\mathbb{R}^3_x$ において，原点 $x = 0$ に単位電荷が固定されているとする．クーロンの法則（第 9 章の (9.5) を参照）がなりたつとすれば，この電荷がつくりだす電場 $E_0(x)$ は

$$E_0(x) = c\,|x|^{-3}x \qquad （c \text{ は物理量の取り方で決まる定数}）$$

である．$x = y$ に電気量 q の電荷が固定されているとすれば，電場は $qE_0(x - y)$ である．さらに，$E_0(x)$ は保存系ベクトル場であり，次のポテンシャル関数 $\varphi_0(x)$ で表せる（第 8 章の例題 8.5 を参照）．

$$(11.12) \qquad E_0(x) = -\partial_x \varphi_0(x), \quad \varphi_0(x) = c\,|x|^{-1}.$$

電場 $E(x)$ が複数個の電荷 $q^1, \cdots, q^m$ でつくられているときは，各電荷のつくる電場の（ベクトル）総和になる．すなわち，q^i が y^i にあるとすれば

$$(11.13) \qquad E(x) = \sum_{i=1}^{m} q^i E_0(x - y^i) = -\sum_{i=1}^{m} c\, q^i (\partial_x \varphi_0)(x - y^i)$$

が成立する．また，電荷 $q^1, \cdots, q^m$ を囲む閉じた曲面を S とすると，$E(x)$ の S からの湧き出し量は，次のようにちょうど電気量の総和（の定数倍）に等しい（第 13 章の例題 13.1 を参照）．

$$(11.14) \qquad \int_S E(x)\, dS_x = 4\pi c \sum_{i=1}^{m} q^i$$

無数に近いたくさんの微小な帯電粒子がある場合には，そのときの現象は，粒子の微小さが極限状態になったものであると考える．つまり，帯電状況は連続的なものとして（連続体近似して）考察する[5]．今，この微小粒子はクーロンの法則に従うとすると，次の例題で主張することが成立する．

---

[5] そうすることで微積分の数学的手法が使えることになる．しかし，それが実際の現象に合った結果を与えるかというと，その保証はない．そういう意味で「連続体近似」は一種の仮定である．

例題 11.3　x における電気密度を $p(x)$ とし，V は曲面 S で囲まれた領域とする．V 内に存在する電気量による電場 $E(x)$ について，次の等式 (1)～(3) がなりたつことを示せ．

(1) $E(x) = \displaystyle\int_V p(y)E_0(x-y)\,dy = -\int_V p(y)(\partial_x\varphi_0)(x-y)\,dy.$ [6]

(2) $\displaystyle\int_S E(x)\cdot n(x)\,dS_x = 4\pi c\int_V p(x)\,dx.$ [7]

(3) $\operatorname{div} E(x) = 4\pi c\, p(x),\ x\in V.$

$\mathbb{R}_y^3$ 内で幅 $\varepsilon\ (>0)$ の格子を考え，V を $V_1,V_2,\cdots,V_{m(\varepsilon)}$ と分割する．各 V_i の内部から 1 点 y^i をとる．V_i に含まれる電気量は $p(y^i)|V_i|$ で近似できる．これを y^i に位置する点電荷とみなすと，それによる電場 $E^i(x)$ は $p(y^i)|V_i|E_0(x-y^i) = -p(y^i)|V_i|(\partial_x\varphi_0)(x-y^i)$ となる．（$\varepsilon\to 0$ のときの）$\displaystyle\sum_{i=1}^{m(\varepsilon)} E^i$ の極限が $E(x)$ であるとしているから，$E(x) = \displaystyle\lim_{\varepsilon\to 0}\sum_{i=1}^{m(\varepsilon)} p(y^i)|V_i|E_0(x-y^i) = -\lim_{\varepsilon\to 0}\sum_{i=1}^{m(\varepsilon)} p(y^i)|V_i|(\partial_x\varphi_0)(x-y^i)$ が成立する．よって，(1) が成立する．

(1) より，$\displaystyle\int_S E(x)\cdot n(x)\,dS_x = \int_S\Big(\int_V E_0(x-y)p(y)\,dy\Big)\cdot n(x)\,dS_x$ が成立する．第 6 章の定理 6.1 において累次積分の積分順序が換えられることを述べたが，同じことが曲面上の積分についてもいえることが分かる．このことを上式の右辺に適用すると，$\displaystyle\int_S E(x)\cdot n(x)\,dS_x = \int_V\Big(\int_S E_0(x-y)\cdot n(x)\,dS_x\Big)p(y)\,dy$ が得られる．V に対して (1) の証明のときと同じ分割を導入すると，(11.14) より $\displaystyle\int_V\Big(\int_S E_0(x-y)\cdot n(x)\,dS_x\Big)p(y)\,dy = \lim_{\varepsilon\to 0}\sum_{i=1}^{m(\varepsilon)}\int_S E_0(x-y^i)p(y^i)|V^i|\,dS_x = \lim_{\varepsilon\to 0}\sum_{i=1}^{m(\varepsilon)} 4\pi c\, p(y^i)|V_i| = \int_V 4\pi c\, p(y)\,dy$ が成立する．ゆえに，(2) がなりたつ．

x を中心とする半径 ε の球を $V^\varepsilon\ (=\{y\mid |y-x|<\varepsilon\})$ とし，その境界を S^ε とする．(2) より

$$\frac{1}{|V^\varepsilon|}\int_{S^\varepsilon} E(y)\cdot n(x)\,dS_y^\varepsilon = \frac{4\pi c}{|V^\varepsilon|}\int_{V^\varepsilon} p(y)\,dy$$

が成立する．第 9 章の定理 9.2 より，$\varepsilon\to 0$ のとき上式の左辺は $\operatorname{div} E(x)$ に収束する．第 4 章の定理 4.1 より，$|p(y)-p(x)|\le C|y-x|$ となるので，$\varepsilon\to 0$ のとき右辺は $p(x)$ に収束する．なぜなら

$$\Big|\frac{1}{|V^\varepsilon|}\int_{V^\varepsilon} p(y)\,dy - p(x)\Big| \le \frac{1}{|V^\varepsilon|}\int_{V^\varepsilon} |p(y)-p(x)|\,dy \le C\varepsilon \overset{\varepsilon\to 0}{\longrightarrow} 0$$

となるからである．したがって (3) が得られる．上記の議論から感じられるように，$\operatorname{div} E(x) = 4\pi c\, p(x)$ は，積分形式である (2) の等式を局所的な形に表現し直したものと言える．

（例題 11.3 の説明終り）

---

[6] この等式は上述の (11.13) に対応することに注意せよ．
[7] この等式は上述の (11.14) に対応することに注意せよ．

電場は上記のように荷電粒子の存在と密接な関係がある．磁場 $B(x)$ については，これと同じようなことがなりたつわけではない．磁場 $B(x)$ では常に $\operatorname{div} B(x) = 0$ である（第 13 章の (13.14) を参照）．磁場は電流，つまり荷電粒子の流れと密接な関係があるのである．今，x における電流が $J(x)$ である[8]とすると，例題 11.3 の (2) と (3) に対応する次の等式が成立する（第 13 章の (13.13) を参照）．

$$\int_l B(x) \cdot k(x)\, dl_x = \tilde{c} \int_S J(x) \cdot n(x)\, dS_x, \qquad \operatorname{curl} B(x) = \tilde{c}\, J(x).$$

ここで $\tilde{c}$ は物理量の取り方で決まる定数であり，S は l で囲まれた曲面である．

電場 $E(x)$ は保存系ベクトル場であり，次のようにポテンシャル関数 $\varphi(x)$ で表示できる．

$$(11.15) \qquad E(x) = -\operatorname{grad} \varphi(x), \quad \varphi(x) = \int_{\mathbb{R}^3_y} \varphi_0(x - y) p(y)\, dy.$$

磁場ではこのような表示は期待できないが，次のようなベクトル場 $A(x)$ が存在する．

$$B(x) = \operatorname{curl} A(x)$$

このようなベクトル場 $A(x)$ を，(11.15) の類似性から**ベクトルポテンシャル**とよんでいる．このベクトルポテンシャルの存在は，以下の定理 11.2 により保証される．

上で述べたように，電場と磁場にはある種の類似性がある．微分演算であるナブラ $\nabla = {}^t(\partial_{x_1}, \partial_{x_1}, \partial_{x_1})$ を使って $\operatorname{grad} \varphi(x) = v(x)$, $\operatorname{curl} A(x)$ を表記すると，$v(x) = \nabla \cdot \varphi(x)$, $B(x) = \nabla \times A(x)$ となり，電場と磁場の類似性が一層強く感じられる．実は，以下で触れるが，電場と磁場に関する上述の表示や等式を統合するような数学的な議論ができるのである．

以下で考えるベクトル場では，各成分 $(= f(x))$ は Δ の逆写像 Δ^{-1} が適用できるような関数であるとする．すなわち，$f(x)$ は

$$(11.16) \qquad \Delta f(x) = 0 \text{ ならば } f(x) = 0 \text{ である},$$

$$(11.17) \qquad \Delta g(x) = f(x) \text{ をみたす } g(x) \text{ が存在する}$$

をみたすような関数とする．Δ（ラプラシアン）は，いろいろなところで登場する微分演算であり（第 9 章の例題 9.3，第 12 章の (12.16) などを参照），どういう性質をもつか，例えばどういうときに上記の条件 (11.16) (11.17) がみたされるかなどについて古くからいろいろ調べられている．この章の補足で条件 (11.16) (11.17) について考察してみる．

ポテンシャルやベクトルポテンシャルの存在証明について，基本になるのは次の定理である．

┌─ ヘルムホルツの定理 ──────────────────

定理 11.2 任意のベクトル場 $v(x)$ に対して，次の等式が成立するようなポテンシャル $\varphi(x)$ とベクトルポテンシャル $u(x)$ が存在する．

$$v(x) = \operatorname{grad} \varphi(x) + \operatorname{curl} u(x)$$

───────────────────────────────────

---

[8] 荷電粒子が $J(x)$ の向きに流れており，それに垂直な面に対する電気量のフラックスが $|J(x)|$ である．

この定理をしばらく認めよう．磁場 $B(x)$ では $\mathrm{div}\, B(x) = 0$ が成立している．したがって，次の例題 11.4 より，$B(x)$ はベクトルポテンシャルで表されることになる．

例題 11.4 ベクトル場 $v(x)$ にベクトルポテンシャルが存在する必要十分条件は

$$(11.18) \qquad \mathrm{div}\, v(x) = 0$$

である．これを証明せよ．

$\mathrm{div}\, v(x) = 0$ とする．定理 11.2 より $v(x) = \mathrm{grad}\, \varphi(x) + \mathrm{curl}\, u(x)$ となる $\varphi(x)$ と $u(x)$ が存在する．任意のベクトル場 $w(x)$ に対して $\mathrm{div}\, \mathrm{curl}\, w(x) = 0$ となる（(11.7) を参照）から，

$$\mathrm{div}\, v(x) = \mathrm{div}\, \mathrm{grad}\, \varphi(x) = \Delta \varphi(x) = 0$$

が成立する．(11.16) より $\varphi(x) = 0$ である．したがって，$v(x)$ は $v(x) = \mathrm{curl}\, u(x)$ をみたすことになる．つまり，ベクトルポテンシャルによる表示ができることになる．

逆に，$v(x) = \mathrm{curl}\, u(x)$ となる $u(x)$ があるとしよう．前節の (11.7) より，$\mathrm{div}\, v(x) = \mathrm{div}\, \mathrm{curl}\, u(x) = 0$ となる．

（例題 11.4 の説明終り）

以下の定理 11.2 の証明では，第 10 章の例題 10.4 で考えたように，curl を行列で表現して，行列の計算を使うことにする．そこでは，$\partial_{x_i} f(x)$ を（微分）演算 ∂_{x_i} と関数 $f(x)$ の積と考え，微分演算の集まりを独立した集合とみる．∂_{x_i} と ∂_{x_i} の積を 2 階の微分演算 $\partial_{x_i} \partial_{x_j}$ と定義し，四則計算が導入できるものとする．このような微分演算の扱い方を前提とすると，curl の行列 $R(\partial_x)$ は

$$(11.19) \qquad \mathrm{curl} = R(\partial_x) = \begin{pmatrix} 0 & -\partial_{x_3} & \partial_{x_2} \\ \partial_{x_3} & 0 & -\partial_{x_1} \\ -\partial_{x_2} & \partial_{x_1} & 0 \end{pmatrix}$$

となる．さらに，$A(\partial_x) = (\partial_{x_1}, \partial_{x_2}, \partial_{x_3})\ \big(= {}^t\nabla \big)$ を 1 行 3 列の行列とみると，積 ${}^t A(\partial_x)\, A(\partial_x)$ $\big(= \nabla\, {}^t\nabla \big)$ は（${}^t A(\partial_x)$ は $A(\partial_x)$ の転置行列），次の行列になる．

$$(11.20) \qquad A(\partial_x)\, {}^t A(\partial_x) = \begin{pmatrix} \partial_{x_1}\partial_{x_1} & \partial_{x_1}\partial_{x_2} & \partial_{x_1}\partial_{x_3} \\ \partial_{x_2}\partial_{x_1} & \partial_{x_2}\partial_{x_2} & \partial_{x_2}\partial_{x_3} \\ \partial_{x_3}\partial_{x_1} & \partial_{x_3}\partial_{x_2} & \partial_{x_3}\partial_{x_3} \end{pmatrix}$$

である．$\omega \in \mathbb{R}^3$，$|\omega| = 1$ のとき，$A(\omega)\, {}^t A(\omega)$ は，1 次元空間 $\{c\,\omega\}_{c \in \mathbb{R}}$ への射影子（写像：$x \mapsto (x \cdot \omega)\omega$）であることに注意しよう．

以上のことを頭に置いて定理を証明しよう．

定理 11.2 の証明 (11.19) (11.20) より次の等式がなりたつ．

$$(11.21) \qquad R(\partial_x)R(\partial_x) + A(\partial_x)\,{}^tA(\partial_x) = \begin{pmatrix} \Delta & 0 & 0 \\ 0 & \Delta & 0 \\ 0 & 0 & \Delta \end{pmatrix}$$

が成立する[9]．章末の補足で説明するように，Δ に対する逆写像 Δ^{-1} が存在する．(11.21) の両辺の右から $\Delta^{-1}I$ [10]をかけることによって次の等式を得る．

$$(11.22) \qquad R(\partial_x)\big(R(\partial_x)\Delta^{-1}v(x)\big) + A(\partial_x)\big({}^tA(\partial_x)\Delta^{-1}v(x)\big) = v(x).$$

$v(x)$ に対して

$$u(x) = R(\partial_x)\Delta^{-1}v(x), \quad \varphi(x) = {}^tA(\partial_x)\Delta^{-1}v(x)$$

と置くと，(11.22) は

$$v(x) = \operatorname{grad}\varphi(x) + \operatorname{curl}u(x)$$

を意味している．よって，定理 11.2 が証明できた．

（証明終り）

ベクトル場 $v(x)$ に関する 2 つの等式（第 9 章の定理 9.3，第 11 章の定理 11.1 を参照）

$$\int_S v(x) \cdot n(x)\,dS_x = \int_V \operatorname{div}v(x)\,dx ,$$

$$\int_l v(x) \cdot k(x)\,dl_x = \int_S \operatorname{curl}v(x) \cdot n(x)\,dS_x$$

に対して感じられる類似性ついて考えてみたい．どちらも左辺の積分領域は，右辺の積分領域の境界になっている．また，右辺の被積分関数は，左辺の関数にある種の微分演算をほどこしたものになっている．領域 G の境界を ∂G で表し，「ある種の微分演算」を d で表す（何か統一的なものがあると思う）．さらに，ベクトル場の各成分 $v_1(x), \cdots, v_n(x)$ は，何かベクトル空間の元 ω の基底に対する成分だと思うと，上述の 2 つの等式はどちらも

$$\int_{\partial G}\omega = \int_G d\omega$$

という形になる．もちろん，ここでの積分も思惑に合うようにうまく定義する．

このような都合よいものが作れるのか（うまく定義できるのか）ということが問題になる．実は，第 3 章で考えた全微分 df の集合を使って，この問題に答える数学的な構造がつくれるのである．このことに少し触れておきたい．第 3 章の終りのところで，全微分 df は接空間上の 1 次形式（余接空間の元）とみなせること，そして $dx_1, \cdots, dx_n$ は余接空間の基底となることを述べた．これは，各 x において $dx_1, \cdots, dx_n$ が基底になるようなベクトル空間を考えるという発想である．この dx_i を使って，$c_{ij}(x)\,dx_i \wedge dx_j$（$c_{ij}(x)$ は実数値関数）の形の集合を考え，$dx_j \wedge dx_i = -dx_i \wedge dx_j$ という規約をおく．このような形のものを 2 次微分形式とよぶ．1 次微分形式は $c_i(x)\,dx_i$ という形のものとする[11]．さらに，$c_{ijk}(x)\,dx_i \wedge dx_j \wedge dx_k$ というものを考え，それを 3 次微分形式と呼び，次々と p 次微分形式というものをつくる．p 次

---

9) (11.11) と同じ等式であることに注意せよ．

10) $\Delta^{-1}I$ は，対角成分が Δ^{-1} であり，他の成分が 0 である行列である．

11) 0 次微分形式はスカラー値関数とする．

微分形式同士の和も定義して，この全体をベクトル空間にすることができる．こうして人工的につくった p 次微分形式 $\displaystyle\sum_{i_1<\cdots<i_p} a_{i_1<\cdots<i_p}(x)\,dx_{i_1}\wedge\cdots\wedge dx_{i_p}$ （これを普通 $\overset{p}{\omega}$ と書く）に対して，次のように定義される**外微分** d を導入する．

$$df = (\partial_{x_1}f(x))dx_1 + \cdots + (\partial_{x_n}f(x))dx_n,$$

$$d\overset{p}{\omega} = \sum_{i_1<\cdots<i_p} da_{i_1<\cdots<i_p} \wedge dx_{i_1} \wedge \cdots \wedge dx_{i_p}.$$

以上のように定義された微分形式はいかにも人工的な印象が強いものではあるが，ベクトル場 $v(x) = {}^t(v_1(x),\cdots,v_n(x))$ に対して微分形式 $\overset{1}{\omega}_v = \displaystyle\sum_{i=1}^{n} v_i(x)dx_i$ を対応させる．3 次元空間 $\mathbb{R}^3$ においては，2 次微分形式 $dx_2 \wedge dx_3$, $dx_3 \wedge dx_1$, $dx_1 \wedge dx_2$ を，それぞれ 1 次微分形式 dx_1, dx_2, dx_3 と同一視するというルールを置くと，$\operatorname{curl} v(x)$, $\operatorname{div} v(x)$ は上述の外微分 d の一種と解釈することができる．さらには，定理 9.3，定理 11.1 は共に，$\displaystyle\int_{\partial G} \omega = \int_G d\omega$ という形で表現できることが分かる．なぜこのようなことをするのかというと，数学は基本的な姿勢として，雑多のものの共通点に注目してそれを厳密な形で表現しようとするのである．また，そのことが物事の統一的な理解につながるのである．さらに，微分形式はさまざまな現象の表現道具として使われるようになってきている．

微分形式について，ここではこれ以上深入りしないことにする．詳しいことを知りたい読者は，本書の「あとがき」にある文献 [10]（第 7 章）などを参照してほしい．

補足（ラプラシアンについて）

$\Delta = \displaystyle\sum_{i=1}^{n} \partial_{x_i}^2$ は様々なところで現れる微分演算である．この演算は**ラプラシアン**とよばれている．定理 11.2 の証明では「Δ の逆写像」の存在が前提になっていた．これは，任意の関数 $f(x)$ に対して $\Delta u(x) = f(x)$ となるような関数 $u(x)$ が存在するという意味である．つまり，偏微分方程式

$$(11.23) \qquad \Delta u(x) = f(x),\ x \in \mathbb{R}^3 \quad (x = {}^t(x_1, x_2, x_3))$$

の解の存在が保証されているということである．この方程式は**ポアソン方程式**とよばれている．以下において，上記の方程式について次のことを考えてみたい．

(11.24) 　　　任意の $f(x)$ に対して解 $u(x)$ が存在するか　（解の存在）．

(11.25) 　　　1 つの $f(x)$ に対して解 $u(x)$ はただ 1 つか　（解の一意性）．

(11.26) 　　　解 $u(x)$ はどのように表示されるか　（解の表示）．

解の存在と表示については，第 11.2 節の考察からすでに得られていたのである．実際，(11.12) と例題 11.3 の (1) より $E(x) = -\operatorname{grad}\displaystyle\int_{\mathbb{R}^3} c\,|x-y|^{-1}p(y)\,dy$ がなりたつので[12]，例題 11.3

---

[12] ここで積分と微分の順序が交換できることを使っている．

(3) を使うと $\mathrm{div}\,\mathrm{grad}\displaystyle\int_{\mathbb{R}^3} c\,|x-y|^{-1}p(y)\,dy = -4\pi c\,p(x)$ が得られる（$f(x) = -4\pi c\,p(x)$ とする）からである．

次に「解の一意性」についてであるが，それは

$$(11.27) \qquad\qquad \Delta u(x) = 0 \ \text{ならば} \ \ u(x) = 0$$

をいえばいいことになる．なぜなら，$u^1(x)$, $u^2(x)$ が共に（1つの）$f(x)$ に対する (11.23) の解ならば，$\Delta\big(u^1(x) - u^2(x)\big) = 0$ が成立し，(11.27) より $u^1(x) - u^2(x) = 0$ となるからである．(11.27) にある $\Delta u(x) = 0$ は**ラプラス方程式**とよばれている[13]

(11.27) を示すには，$u(x)$ がどういう関数であるかを明確にしておかなければならない．ここでは，$u(x)$ は連続で 2 階まで微分可能であり，すべての偏導関数も連続であるとする．さらに $|u(x)| \leq C_1(|x|+1)^{-1}$ かつ $|\partial_x u(x)| \leq C_2(|x|+1)^{-2}$ である[14]として (11.27) を証明してみよう．$\Delta u(x) = 0$ ならば $\displaystyle\int_{\{x|\ |x|\leq r\}} (\Delta u(x))u(x)\,dx = \sum_{i=1}^{3}\int_{\{x|\ |x|\leq r\}} \partial_{x_i}^2 u(x)u(x)\,dx = 0$ である．(x_1, x_2, x_3) から x_i を除いた変数を x' で表すと

$$-\int_{\{x|\ |x|\leq r\}} (\partial_{x_i}^2 u(x))u(x)\,dx = -\int_{\{x'|\ |x'|\leq r\}}\left\{\int_{-\sqrt{r^2-|x'|^2}}^{\sqrt{r^2-|x'|^2}} (\partial_{x_i}^2 u(x',x_i))u(x',x_i)\,dx_i\right\}dx'$$

$$= \int_{\{x|\ |x|\leq r\}} (\partial_{x_i}u(x))^2\,dx - \int_{\{x'|\ |x'|\leq r\}}\Big\{(\partial_{x_i}u)(x',\sqrt{r^2-|x'|^2})u(x',\sqrt{r^2-|x'|^2})$$

$$- (\partial_{x_i}u)(x',-\sqrt{r^2-|x'|^2})u(x',-\sqrt{r^2-|x'|^2})\Big\}dx'$$

が成立する．さらに，$\left|\displaystyle\int_{\{x'|\ |x'|\leq r\}} (\partial_{x_i}u)(x',\pm\sqrt{r^2-|x'|^2})u(x',\pm\sqrt{r^2-|x'|^2})\ dx'\right| \leq$

$\displaystyle\int_{\{x'|\ |x'|\leq r\}} C_1(r+1)^{-1}C_2(r+1)^{-2}dx' \xrightarrow{r\to\infty} 0$ である．以上のことから

$$\lim_{r\to\infty}\sum_{i=1}^{3}\int_{\{x|\ |x|\leq r\}} (\partial_{x_i}u(x))^2 dx = 0$$

が成立する．上記の各積分の被関数は常に非負であるので常に $\partial_{x_i}u(x) = 0$ $(i = 1, 2, 3)$ である．したがって，$u(x)$ は定数である．$|u(x)| \leq C_1(|x|+1)^{-1} \xrightarrow{r\to\infty} 0$ であるので $u(x) = 0$ でなければならない．

---

[13] $\varphi_0(x) = c\,|x|^{-1}$ は，$x \neq 0$ で $\Delta\,\varphi_0(x) = 0$ をみたしているが，$\varphi_0(0) = \infty$ であり，ラプラス方程式の解にはなっていないことに注意しよう．$\varphi_0(0) = \infty$ の数学的な意味付けは，関数の概念を拡張しないとできない．拡張された関数は超関数とよばれている（例えば，「あとがき」の文献 [3] [4] などを参照）．

[14] 上で述べた表示の解はこの条件の下で一意性が保証される．

———————————————— 章末問題 ————————————————

11.1　$v(x)$, $f(x)$ を $\mathbb{R}_x$ $(x = {}^t(x_1, x_2, x_3))$ における 3 次元ベクトル場および関数とする. div, curl を ∂_{x_1}, ∂_{x_2}, ∂_{x_3} を成分とする行列で表し, 次の等式を証明せよ.

(1) $\operatorname{div}(\operatorname{curl} v(x)) = 0$

(2) $\operatorname{div}(\operatorname{grad} f(x)) = \Delta f(x)$

(3) $\operatorname{curl}(f(x)v(x)) = f(x)\operatorname{curl} v(x) + (\operatorname{grad} f(x)) \times v(x)$

11.2　$\mathbb{R}_x^3$ 内に 3 次元ベクトル場 $v(x)$ があり, $\operatorname{curl} v(x) = g(x)\,a$ となっているとする. ここで, $g(x)$ は実数値関数であり, a は 0 でない定ベクトルである. 次の問に答えよ.

(1) l を, a に平行な平面上の閉じた曲線とする. このとき, $\int_l v(x) \cdot k(x)\,dl_x = 0$ となることを示せ ($k(x)$ は l にそう接線ベクトルである).

(2) S は, ある平面上にあり曲線 l で囲まれた曲面であるとする. このとき, $\int_S g(x)\,dS_x = 0$ ならば $\int_l v(x) \cdot k(x)\,dl_x = 0$ となることを示せ ($k(x)$ は l にそう接線ベクトルである).

11.3　関数 $u(x)$ $(x = {}^t(x_1, x_2, x_3))$ に対する偏微分方程式

$$a_1^2 \partial_{x_1}^2 u(x) + a_2^2 \partial_{x_2}^2 u(x) + a_3^2 \partial_{x_3}^2 u(x) = f(x),\ x \in \mathbb{R}^3 \quad (a_i \neq 0)$$

の解は存在し, $\int_{\mathbb{R}^3} G(x - y) f(y)\,dy$ という形で表せることを示せ ($G(x)$ を求めよ). $f(x)$ は十分大きい x に対して ($|x| \geq r_0$) $f(x) = 0$ とする.

11.4　$a(\partial_x) = {}^t(a_1\partial_{x_1}, a_2\partial_{x_2}, a_3\partial_{x_3})$ とし ($x = {}^t(x_1, x_2, x_3)$, a_i は 0 でない定数), (実数値) 関数 $\varphi(x)$, ベクトル場 $u(x)$ $\big(= {}^t(u_1(x), u_2(x), u_3(x))\big)$ に対して

$$a(\partial_x)\varphi = \begin{pmatrix} a_1\partial_{x_1}\varphi \\ a_2\partial_{x_2}\varphi \\ a_3\partial_{x_3}\varphi \end{pmatrix}, \quad a(\partial_x) \times u = \begin{pmatrix} 0 & -a_3\partial_{x_3} & a_2\partial_{x_2} \\ a_3\partial_{x_3} & 0 & -a_1\partial_{x_1} \\ -a_2\partial_{x_2} & a_1\partial_{x_1} & 0 \end{pmatrix} \begin{pmatrix} u_1 \\ u_2 \\ u_3 \end{pmatrix}$$

と定義する. このとき, 任意の (3 次元) ベクトル場 $v(x)$ に対して

$$v(x) = a(\partial_x)\varphi(x) + a(\partial_x) \times u(x)$$

をみたす関数 $\varphi(x)$ とベクトル場 $u(x)$ が存在することを示せ. ただし, Δ^{-1} の存在は仮定する.

第 12 章

波動現象

現象の数量的な法則を明らかにしようとするとき，座標（位置）や時間が独立変数になっている偏微分方程式を考えることが多い．どんな方程式が成り立つかを追求し，その方程式を出発点にして現象を解析していくという手順をふむのである．このやり方で，さまざまな現象の詳しい解析ができるようになった．この具体例として，本章では，まず弦の振動にみられる波動現象を解析してみる．さらに，特に定常波について詳しく考察してみたい．

12.1　弦の振動

今 x-軸上の線分 $[0, a]$ に密度が一様（$= d$）な弦が張ってあるとする．この弦の振動現象について考察してみたい．ここでの考察では，近似的な発想も許して，現象の法則性やその数式表現を追求することにしたい．その基本的なアイデアは，弦を微小部分に分割し，そのそれぞれがニュートンの運動法則にしたがっているとして，弦全体の動きをみようとするものである．ニュートンの運動法則とは

(12.1)　　つながった 2 つの物体が互いに力をおよぼし合うとき，相手側から受ける力と相手に与える力はちょうど逆向きで大きさは等しい

(12.2)　　物体に働く力の合力はその物体の加速度と質量の積に等しい（比例する）

である．

振動は微小な上下運動であって，重力は無視できるとする．また，弦は $x = 0, a$ で固定されており，一定の張力（$= T$）で引っ張られているとする．任意の位置 $x = \tilde{x}$ で弦を 2 つに分けてみると，(12.1) より $[0, \tilde{x}]$ の部分と $[\tilde{x}, a]$ の部分は互いに他から引っぱりの力を受け合っている．その大きさは張力 T に等しいと考えられる．なぜなら，もし例えば $[0, \tilde{x}]$ の部分がそうでないとしたら，そこに働く力の合力は 0 でなくなり，(12.2) より弦の運動は上下振動ではなくなるだろうからである．

時刻 t における弦の形は曲線 $y = u(t, x)$ になっているとする．ここで y-軸は x-軸に垂直で，xy-平面が弦の振動面になっているとする．この $u(t, x)$ がどのような制約式をみたしているか考えてみよう．まず，$x = 0, a$ では弦は振動しないから常に

(12.3) $$u(t,0) = 0, \quad u(t,a) = 0$$

が成立している．この種の等式を**境界条件**とよんでいる．

x-軸の線分 $[0,a]$ を微小な線分で分割する．分割は n 等分であるとし，その分割点を $(0 =)\, x_0, x_1, \cdots, x_n\, (= a)$ とする（図参照）．静止時に線分 $[x_{i-1}, x_i]$ にあった部分 l_i が，その端点 $(x_{i-1}, u(t, x_{i-1})), (x_i, u(t, x_i))$ において，となりの l_{i-1} と l_{i+1} から受けている力を T_i^-, T_i^+

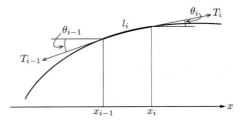

とすると，それらの向きは弦の接線の向き（$x < 0$ の向きと $x > 0$ の向き）で，大きさは張力 T に等しいであろう．重力は無視しているので，l_i が受ける力の合力はこれらの和 $T_i^- + T_i^+$ である．また，l_i の質量は $d(x_i - x_{i-1})$ である．弦は上下振動しているので，l_i の加速度は y 方向になっており，$\partial_t^2 u(t, x_i)$ で近似できる．ゆえに，T_i^-, T_i^+ と x-軸のなす角を θ_i^-, θ_i^+ とすると，法則 (12.2) より

(12.4) $$-T \sin \theta_i^- + T \sin \theta_i^+ = d(x_i - x_{i-1}) \partial_t^2 u(t, x_i)$$

が成り立つ[1]．振動が微小であるということから，$\sin \theta_i^- = \tan \theta_i^- = \partial_x u(t, x_{i-1})$, $\sin \theta_i^+ = \tan \theta_i^+ = \partial_x u(t, x_i)$ と考えてよいであろう[2]．したがって，(12.4) より，

$$d \partial_t^2 u(t, x_i) - T \frac{\partial_x u(t, x_i) - \partial_x u(t, x_{i-1})}{x_i - x_{i-1}} = 0$$

が $i = 1, \ldots, n$ に対して得られる．$n \to \infty$ のとき $x_i - x_{i-1} \to 0$ であるので，上式がなりたつということは，極限状態として

(12.5) $$d \partial_t^2 u(t, x) - T \partial_x^2 u(t, x) = 0$$

が成立していると考えられる．

以上のことから $u(t, x)$ に対する制約式はこの偏微分方程式と境界条件であると思われる．このことは厳密な考察から導かれたものではないが，振動現象を極めてよく説明するものである．以下では，この方程式からどういうことが引き出せて，それが実際の観察結果とどの程度対応しているかみてみたい．

実際の弦の動きを観察してみると，ある形の曲線が平行移動していくような現象が見られる．$u(t, x) = f(x - \sqrt{\frac{T}{d}} t)$ は，この現象を反映し (12.5) をみたすもの（解）になっている（証明は章末問題 12.1 (2) で読者にまかせたい）．移動の速さは $\sqrt{\frac{T}{d}}$ である．しかも，この速さが $\sqrt{\frac{T}{d}}$（張力と密度）で決まるということも観察結果と合っている．これは $x > 0$ の向きに進むものであるが，逆向きに進むもの $u(t, x) = g(x + \sqrt{\frac{T}{d}} t)$ も (12.5) の解である．

---

[1] 厳密に言えば，(12.4) は第 1 次近似であり，高次の誤差を無視したものである．
[2] ここにおいても，これは第 1 次近似と考えるべきである．

$u(t,x)$ の方程式 (12.5) を $x > 0$ で考え，これに境界条件 $u(t,0) = 0$ を課してみる．関数 $u(t,x) = f(x + \sqrt{\frac{T}{d}}t) - f(-x + \sqrt{\frac{T}{d}}t)$ は (12.5) およびこの境界条件をみたしている．この解は**波の反射**の現象を反映したものになっている．例えば，$1 \leq x \leq 2$ のみで $f(x) \neq 0$ として曲線 $y = u(t,x)$ の変化を時間 t の進行とともにみていくと，$u(t,x) \neq 0$ の部分が原点（$x = 0$）に近づいて行き，$t = \sqrt{\frac{d}{T}}$ のとき原点に到達し，さらに値が反転して（$u(t,x)$ の値の符号が逆になる）離れていく（図参照）．これに対応する現象が実際に観測できるのである．

上記の考察では，偏微分方程式 (12.5) に対して，解の和や定数倍はまた解であること（**重ね合わせの原理**），および解の一意性がなりたつことを使っている．方程式 (12.5) に関する基本性質をまとめると次の通りである．

定理 12.1　c を正の定数とし，$u(t,x)$ に対する次の偏微分方程式を考える．

$$(12.6) \qquad \partial_t^2 u(t,x) - c^2 \partial_x^2 u(t,x) = 0, \quad (t,x) \in \mathbb{R} \times I \quad \text{（波動方程式）}.$$

ここで $I = (0,a)\ (0 < a \neq \infty)$ である．さらに，$u(t,x)$ に対して

$$(12.7) \qquad u(0,x) = u_0(x), \quad \partial_t u(0,x) = u_1(x), \quad x \in I \quad \textbf{（初期条件）}$$

$$(12.8) \qquad u(t,0) = 0, \quad u(t,a) = 0, \quad t \in \mathbb{R} \quad \text{（境界条件）}$$

を課す．上記の方程式に関して次の (i) (ii) が成立する．

(i) $u(t,x), v(t,x)$ を方程式 (12.6)，(12.7)，(12.8) をみたす解とすると，$u(t,x) + v(t,x)$ も解になる．さらに，任意の定数 α に対して $\alpha\, u(t,x)$ も解になる（これらの性質を**線型性**とよぶ）．

(ii) $u(t,x), v(t,x)$ が (12.6) および (12.8) をみたすとする．このとき，どこかの s に対して

$$(12.9) \qquad u(s,x) = v(s,x), \quad \partial_t u(s,x) = \partial_t v(s,x), \quad x \in I$$

が成立するならば，すべての t において $u(t,x) = v(t,x)\ (x \in I)$ である．（この性質を解の**一意性**とよぶ）．

証明　(i) の証明は読者にまかせたい（章末問題 12.1 (1) を参照）．
(ii) の証明の基礎となる次の等式をまず示そう[3]．

$$
\int_0^a \int_0^T \{\partial_t^2 w(t,x) - \partial_x^2 w(t,x)\} \partial_t w(t,x)\, dtdx
$$

$$(12.10) \qquad = -\int_0^a \int_0^T \partial_t w(t,x) \{\partial_t^2 w(t,x) - \partial_x^2 w(t,x)\}\, dtdx$$

---

[3] 2 階の偏微分方程式 $p(x, \partial_y)w(y) = 0$ があるとき，1 階の偏微分 $q(y, \partial_y)w(y)$ を適当に選んで，積分 $\int p(x, \partial_y)w(y)\, q(y, \partial_y)w(y)\, dy$ から何かを引き出すということはしばしば使われる手法である．

$$+ \int_0^a \left\{ \partial_t w(T,x)^2 - \partial_t w(0,x)^2 + \partial_x w(T,x)^2 - \partial_x w(0,x)^2 \right\} dx$$

$$- 2 \int_0^T \left\{ \partial_x w(t,a) \partial_t w(t,a) - \partial_x w(t,0) \partial_t w(t,0) \right\} dt.$$

第 6 章の定理 6.1 より, t, x に関する積分は, まず t で積分し, さらに x で積分したもの（累次積分）に等しい. したがって, t に関する部分積分の公式[4)] を使って, $\int_0^a \int_0^T \partial_t^2 w(t,x) \partial_t w(t,x) \, dt dx =$ $- \int_0^a \int_0^T \partial_t w(t,x) \partial_t^2 w(t,x) \, dt dx + \int_0^a \left\{ (\partial_t w(T,x))^2 - (\partial_t w(0,x))^2 \right\} dx$ が得られる. 同様に変数 x に関する部分積分により, $\int_0^a \int_0^T \partial_x^2 w(t,x) \partial_t w(t,x) \, dt dx = - \int_0^a \int_0^T \partial_x w(t,x) \partial_x \partial_t w(t,x) \, dt dx + \int_0^T \left\{ \partial_x w(t,a) \partial_t w(t,a) - \partial_x w(t,0) \partial_t w(t,0) \right\} dt$ が成立する. さらに, t, 次に x に関する部分積分を使って $- \int_0^a \int_0^T \partial_x w(t,x) \partial_x \partial_t w(t,x) \, dt dx = \int_0^a \int_0^T \partial_x \partial_t w(t,x) \partial_x w(t,x) \, dt dx$ $- \int_0^a \left\{ \partial_x w(T,x)^2 - \partial_x w(0,x)^2 \right\} dx = - \int_0^a \int_0^T \partial_t w(t,x) \partial_x^2 w(t,x) \, dt dx + \int_0^T \left\{ \partial_t w(t,a) \partial_x w(t,a) - \partial_t w(t,0) \partial_x w(t,0) \right\} dt \,^{5)} - \int_0^a \left\{ \partial_x w(T,x)^2 - \partial_x w(0,x)^2 \right\} dx$ が成立する. 以上のことから, (12.10) が成立することが分かる.

今, $w(t,x)$ が境界条件 (12.8) をみたしているとすると, $\partial_t w(t,0) = \partial_t w(t,a) = 0$ が成立する. したがって, (12.10) より, $w(t,x)$ が (12.6) と (12.8) をみたすならば

$$(12.11) \qquad 0 = \int_0^a \left\{ \left(\partial_t w(T,x)\right)^2 - \left(\partial_t w(0,x)\right)^2 + \left(\partial_x w(T,x)\right)^2 - \left(\partial_x w(0,x)\right)^2 \right\} dx$$

が得られる. $u(t,x), v(t,x)$ が (12.6) (12.8) の解で (12.7) をみたすならば, $w(t,x) = u(t-s,x) - v(t-s,x)$ は $w(0,x) = \partial_t w(0,x) = 0$ をみたす (12.6), (12.8) の解である. したがって, (12.11) より

$$0 = \int_0^a \left\{ \left(\partial_t w(T,x)\right)^2 + \left(\partial_t w(T,x)\right)^2 \right\} dx.$$

が成立する. この等式は任意の T に対して成立する. $[0,a]$ において常に $\left(\partial_t w(T,x)\right)^2 + \left(\partial_t w(T,x)\right)^2 \geq 0$ であるから, 上の等式が成立するためには, $[0,a]$ において常に $\left(\partial_t w(T,x)\right)^2 + \left(\partial_t w(T,x)\right)^2 = 0$ でなければならない. 以上のことから, 任意の t, x に対して $\partial_t w(t,x) = 0, \partial_x w(t,x) = 0$ となることが分かる. したがって, t, x に関して定数である. さらに, $w(0,x) = 0$ であるから, 結局常に $w(t,x) = 0$ である. つまり, $u(t,x), v(t,x)$ は等しいことになる.

（証明終り）

---

4) $\int_a^b \dfrac{df}{dy}(y) g(y) \, dy = - \int_a^b f(y) \dfrac{dg}{dy}(y) \, dy + f(b)g(b) - f(a)g(a)$

5) $\int_0^T \left\{ \partial_t w(t,a) \partial_x w(t,a) - \partial_x w(t,0) \partial_t w(t,0) \right\} dt = \int_0^T \left\{ \partial_x w(t,a) \partial_t w(t,a) - \partial_x w(t,0) \partial_t w(t,0) \right\} dt$

であることに注意せよ. $w(t,x)$ の値を複素数で考えるときは, (12.10) において積分 $\int_0^a \int_0^T \{ \partial_t^2 w(t,x) - \partial_x^2 w(t,x) \} \overline{\partial_t w(t,x)} \, dt dx$ を導入するので, この種の等式は成立しない.

注意 12.1 定理 12.1 (ii) でいう「解の一意性」は，$I = (-\infty, \infty)$ のときもなりたつことが知られている．

例題 12.1 定理 12.1 にある方程式 (12.6) において，$I = (-\infty, \infty)$ とする．このとき，任意の $u_0(x), u_1(x)$ に対して，速さ c で $x > 0$ の向きに進む（平行移動する）解と $x < 0$ の向きに進む解の和になっており，しかも (12.7) をみたす解が必ず存在することを示せ．

例題 12.1 の主張は，$u_0(x), u_1(x)$ に対して関数 $f^{\pm}(x)$ をうまくとると

$$u(t,x) = f^-(x+ct) + f^+(x-ct)$$

が (12.6) および (12.7) をみたすようにできるということである．この $u(t,x)$ が，(12.6) をみたすことはすでに確かめたので，(12.7) が成立することを示せばよい．$u(0,x) = f^-(x) + f^+(x)$，$\partial_t u(0,x) = cf^-{}'(x) - cf^+{}'(x)$ であるから，(12.7) は

$$(12.12) \qquad \begin{pmatrix} u_0 \\ u_1 \end{pmatrix} = \begin{pmatrix} 1 & 1 \\ c & -c \end{pmatrix} \begin{pmatrix} f^- \\ f^+ \end{pmatrix}$$

を意味する．$\begin{pmatrix} 1 & 1 \\ c & -c \end{pmatrix}$ の逆行列は $\frac{1}{2c}\begin{pmatrix} c & 1 \\ c & -1 \end{pmatrix}$ であるから，等式 (12.12) の左からこの逆行列をかけることによって，f^-, f^+ を

$$\begin{cases} f^- = \dfrac{1}{2c}(cu_0 + u_1), \\ f^+ = \dfrac{1}{2c}(cu_0 - u_1) \end{cases}$$

と取るとよいことが分かる．しかも，注意 12.1 より，この解は初期条件 (12.7) をみたす唯一のものである．

（例題 12.1 の説明終り）

例題 12.2 $I = (0,a)$ として方程式 (12.6)，(12.8) を考える．(12.6) の平行移動の解 $u^-(t,x) = \sin k(x+ct)$，$u^+(t,x) = \sin k(x-ct)$ の和 $u^-(t,x) + u^+(t,x)$ が (12.8) をみたすときの $k\ (>0)$ を求めよ．さらに，次の式が成立することを示せ．

$$(12.13) \qquad u^+(t,x) + u^-(t,x) = 2\,\cos kct\,\sin kx.$$

(12.13) は，加法定理 $\sin\alpha + \sin\beta = 2\sin\frac{\alpha+\beta}{2}\cos\frac{\alpha+\beta}{2}$ よりしたがう．(12.6) の解の和は，また解になるので，$2\cos kct\,\sin kx$ が境界条件 (12.8) をみたすような k を求めればよい．それは，$\sin ka = 0$ が成立するような k である．よって，求める k は次の通りである．

$$k = \frac{\pi}{a},\ \frac{2\pi}{a},\ \frac{3\pi}{a}, \cdots.$$

（例題 12.2 の説明終り）

弦の振動に似た現象に膜の振動がある．膜は均質で，静止状態のときは平面 (x_1x_2-空間) の領域 D に一致しており，膜は D の境界 S で固定されているとする．この膜が (微小な) 上下振動をしているとして，時刻 t における膜の位置は，x_1x_2y-空間内の曲面 $y = u(t,x)$ ($x = {}^t(x_1, x_2)$) に一致しているとしよう (y-軸は x_1x_2-平面に垂直とする)．このとき，$u(t,x)$ は，弦のときの方程式 (12.6) に似た方程式

$$(12.14) \qquad \partial_t^2 u(t,x) - c^2 \Delta u(t,x) = 0, \quad (t,x) \in \mathbb{R} \times D,$$
$$u(t,x) = 0, \quad (t,x) \in \mathbb{R} \times S$$

をみたすことが知られている．ここで，$\Delta = (\partial_{x_1}^2 + \partial_{x_2}^2)$，$c \, (> 0)$ は膜の密度や張力で決まる定数である．

3 次元空間の振動現象として空中の音波がある．これは空気圧の振動とみなせる．時刻 t，位置 $x \, (= {}^t(x_1, x_2, x_3))$ における圧力を $u(t,x)$ とすると，これは

$$(12.15) \qquad \partial_t^2 u(t,x) - c^2 \Delta u(t,x) = 0 \quad \left(\Delta = \sum_{i=1}^3 \partial_{x_i}^2 \right)$$

をみたすことが分かっている[6]．

この他，振動現象には (12.6), (12.14), (12.15) のような方程式で表されるものが多い．これらの方程式をまとめて，一般に (t,x) ($x = {}^t(x_1, \cdots, x_n)$) の関数 $u(t,x)$ に対する方程式

$$(12.16) \qquad \partial_t^2 u(t,x) - c^2 \Delta u(t,x) = 0, \quad \Delta = \sum_{i=1}^n \partial_{x_i}^2$$

を**波動方程式**とよんでいる．

12.2 定常波

前節では，境界条件が付いた波動方程式

$$(12.17) \qquad \partial_t^2 u(t,x) - c^2 \partial_x^2 u(t,x) = 0, \quad t \in \mathbb{R}, \ x \in (0, a),$$

$$(12.18) \qquad u(t, 0) = 0, \quad u(t, a) = 0 \quad x \in (0, a)$$

を考えた．この節では，この方程式についてさらに詳しく調べてみたい．

方程式 (12.17) (12.18) には，t のみの関数 $\varphi(t)$ と x のみの関数 $f(x)$ との積

$$(12.19) \qquad u(t,x) = \varphi(t) f(x)$$

の形の解が存在する．例題 12.2 では $\varphi(t) = \cos kct$, $f(x) = \sin kx$ $\left(k = \dfrac{\pi}{a}, \ \dfrac{2\pi}{a}, \ \dfrac{3\pi}{a}, \cdots \right)$ がそのような実例であることを示した．(12.19) のような形の解を**定常解**という．さらに，これに対応する振動現象を**固有振動**とよんでいる．この振動現象は，弦の振動で言えば，位置 x に応じて定まった振幅で弦が周期的に振動している現象である．その周期は $\dfrac{2\pi}{ck}$ である．また，

---

[6] 厳密に言えば，もっと複雑な方程式をみたしており，その主要部分がこの方程式である．

$\dfrac{ck}{2\pi}$ を**振動数**[7]とよぶ．これは，何かが平行移動しているという感じのものではないが，例題 12.2 の考察より，平行移動していく波が境界で反射され，反射波と元の波とが重ね合わされて起こったものとみなせる．

方程式 (12.17), (12.18) の定常解について，次のようなことが成立する．

定理 12.2 方程式 (12.17), (12.18) の任意の解 $u(t,x)$ に対して

$$(12.20) \qquad u(t,x) = \sum_{i=1}^{\infty} \alpha_i \sin(\frac{\pi ct}{a}i)\ \sin(\frac{\pi x}{a}i) + \sum_{i=1}^{\infty} \beta_i \cos(\frac{\pi ct}{a}i)\ \sin(\frac{\pi x}{a}i)$$

となるように定数 $\alpha_1, \alpha_2, \ldots, \beta_1, \beta_2, \ldots$ を取ることができる．しかも，これらの定数は一意的である．

一般にいくつかの関数 $\{f_i(y)\}_{i=1,2,\ldots,N}$（無限個でもいい）が与えられているとき，それらの定数倍の和 $\sum_{i=1}^{\infty} c_i f_i(y)$ を**線型結合**（1 次結合）とよぶ．定理 12.2 は，特長的ないくつかの解を選んでおけば（ここでは，定常解 $\sin i(\pi cta^{-1})\sin i(\pi xa^{-1})$, $\cos i(\pi cta^{-1})\ \sin i(\pi xa^{-1})$, $i=1,2,\cdots$），任意の解はその線型結合で一意的に表されるということを言っている．さらに，この選んだ解を固定しておけば，任意の解と数の組（ここでは $\alpha_1, \alpha_2, \ldots, \beta_1, \beta_2, \ldots$）とが一対一に対応するということを主張している．このようなことは，$\mathbb{R}^n$ の任意のベクトルが $\mathbb{R}^n$ の基底の 1 次結合で表されるという事実を思い起こさせる．この類似性は，定理 12.2 の証明の基礎となるアイデアにつながるものでもある．これについては，以下の補足で詳しく述べる．

また，(12.20) の右辺を有限個で打ち切る近似をすれば，定理 12.2 は任意の解が有限個の数の組に変換される（近似される）ということを意味している．これは，連続量を離散量に変換するための基礎アイデアにもなっている．さらに，そのことは通信などのデジタル処理に利用されている．

定理 12.2 の証明（概要） 今仮に (12.20) の右辺が有限個（$i=1,\ldots,N$）であるとしよう．とすると，この右辺は方程式 (12.17), (12.18) をみたしている．したがって，$u(t,x)$ を (12.17), (12.18) の任意の解とすると，解の一意性（定理 12.1）より，$t=0$ において (12.20) の両辺が等しくなるように $\alpha_1, \alpha_2, \ldots, \alpha_N\ \beta_1, \beta_2, \ldots, \beta_N$ を取ることができることを示せばよい．すなわち，任意の解 $u(t,x)$ に対して

$$\begin{cases} u(0,x) = \displaystyle\sum_{i=1}^{N} \beta_i \sin \frac{\pi x}{a} i, \\[2mm] \partial_t u(0,x) = \displaystyle\sum_{i=1}^{N} \alpha_i \pi c i \sin \frac{\pi x}{a} i \end{cases}$$

が成立するように $\alpha_1, \alpha_2, \ldots, \alpha_N,\ \beta_1, \beta_2, \ldots, \beta_N$ を取ることができることを示せばよい．実

[7) 文字通り，単位時間に何回繰り返すかという回数である．

は，上記の発想が，(12.20) の無限級数に対しても有効なのである.

この最も重要な部分は，$f(0) = f(a) = 0$ をみたす任意の関数 $f(x)$ に対して

$$f(x) = \sum_{i=1}^{\infty} c_i \sin \frac{\pi x}{a} i$$

となるように $c_1, c_2, \ldots$ がとれることである. この証明のアイデアは次のようなものである. $f(0) = f(a) = 0$ をみたす関数 $f(x)$ の全体を H で表す. H を（抽象的な意味の）ベクトル空間とみて，$f(x), g(x) \in H$ に対して

$$(f(x), g(x)) = \int_0^a f(x)g(x) \, dx$$

とおくと，これはいわゆる H の内積となる（第 15 章（補章）第 1 節を参照）. この $(f(x), g(x))$ には，$\mathbb{R}^3_x$ $(x = {}^t(x_1, x_2, x_3))$ の内積 $<x, y> = \sum_{i=1}^{3} x_i y_i$ のように幾何的なイメージ（例えば，x と y のなす角度など）はないが，$\mathbb{R}^3$ の内積に対する発想が使える. $\mathbb{R}^3$ では，互いに直交する大きさ 1 のベクトル e^1, e^2, e^3 をとると，任意のベクトル x に対して $x = \sum_{i=1}^{3} c_i e^i$ となるような数の組 c_1, c_2, c_3 が一意に定まり，$c_i = <x, e^i>$ $(i = 1, 2, 3)$ であった. このようなベクトルの組 e^1, e^2, e^3 を正規直交系（基底）とよんでいた. H の内積 $(f(x), g(x))$ を使い，$\sin \frac{\pi x}{a} i$ を e^i のように思って，$\mathbb{R}^3$ のときと似た議論を展開しようというのある. 詳しくは，以下の補足で述べることにしたい.

（証明終り）

n 次元の波動方程式 (12.16) を領域 D で考え，D の境界 S で境界条件 $u(x, t) = 0$, $x \in S$ を課す. この方程式に対しても，定理 12.2 の (12.20) にあるような解の表示が得られることが分かっている. そのとき，定常解 (12.19) に相当するものは，やはり $\varphi(t)v(x)$ という形をした解である（これも定常解とよばれる）. また，この形をしたものが解であるならば，$v(x)$ は方程式

$$(12.21) \quad \begin{cases} (\Delta + d)v(x) = 0, & x \in D, \\ v(x') = 0, & x' \in S \end{cases}$$

をみたさなければならない. さらに，この方程式の定数 d は正であって離散的なものになる. しかも無限個あることが分かっている. それを小さいものから順に $d_1, d_2, \ldots$ とすると，各 d_i について (12.21) の解 $v(x)$ は，有限個の $v_1^i, v_2^i, \ldots, v_{m_i}^i$ があってその線型結合になることが知られている. 結局，n 次元波動方程式のときは，定理 12.2 の (12.20) に相当する解の表示は

$$u(t, x) = \sum_{i=1}^{\infty} \sum_{k=1}^{m_i} \alpha_k^i (\sin \sqrt{d_i}\, t) v_k^i(x) + \sum_{i=1}^{\infty} \sum_{k=1}^{m_i} \beta_k^i (\cos \sqrt{d_i}\, t) v_k^i(x)$$

というものになる. 上記のことについて，詳しいことは「あとがき」で紹介する文献 [3] の第 1 章 § 3.2，第 4 章 § 5 をみてほしい.

補足 (フーリエ級数について)

この補足では，定理 12.2 の証明において認めたこと，すなわち次の命題について，その証明などの説明をしたい.

┌─ **フーリエの展開定理** ───────────────────────

命題　$f(0) = f(a) = 0$ をみたす区間 $[0, a]$ 上の関数 $f(x)$ に対して

(12.22)
$$f(x) = \sum_{i=1}^{\infty} c_i \sin \frac{\pi x}{a} i$$

が成立するように点列 $\{c_i\}_{i=1,2,\ldots}$ をとることができる．しかも，$f(x)$ と $\{c_i\}_{i=1,2,\ldots}$ は一対一に対応する.

└────────────────────────────────────

(12.22) の右辺は**フーリエ級数**とよばれている．熱の拡散現象を表すために，1820 年頃，フーリエ（Fourier）が提唱したものである．現在は，三角関数ばかりでなく，いろいろな型の関数を選んで (12.22) と類似の級数展開が使われている．そして，それは工学的なデジタル技術の理論的基礎になっている.

命題の証明　$f(0) = f(a) = 0$ をみたす関数 $f(x)$ の全体を H で表し，$f(x), g(x) \in H$ に対して
$$(f(x), g(x)) = \int_0^a f(x)g(x)\,dx$$

とおく．このとき，$e_i(x) = \sqrt{\dfrac{2}{a}} \sin \dfrac{\pi x}{a} i$ は正規直交系，すなわち
$$(e_i(x), e_j(x)) = 0 \ (i \neq j), \quad (e_i(x), e_i(x)) = 1$$

となる．なぜなら，加法定理 $\sin\alpha\sin\beta = 2^{-1}\Big(\cos(\alpha - \beta) - \cos(\alpha + \beta)\Big)$ より

$$(e_i(x), e_j(x)) = \frac{2}{a} \int_0^a \big(\sin \frac{\pi x}{a} i\big)\big(\sin \frac{\pi x}{a} j\big)\,dx$$
$$= \frac{2}{a} \int_0^a \Big(2^{-1}\cos \frac{\pi x}{a}(i - j) - 2^{-1}\cos \frac{\pi x}{a}(i + j)\Big)\,dx = 0 \ (i \neq j),$$
$$(e_i(x), e_i(x)) = \frac{2}{a} \int_0^a \big(\sin \frac{\pi x}{a} i\big)^2\,dx = \frac{2}{a} \int_0^a 2^{-1}\Big(1 - \cos \frac{2\pi x}{a} i\Big)\,dx = 1$$

がしたがうからである.

上記の等式より（$\big\{e_i(x)\big\}_{i=1,2,\ldots}$ の正規直交性），(12.22) が成立するならば，

$$(f(x), e^j(x)) = \frac{2}{a} \int_0^a \big(\lim_{m \to \infty} \sum_{i=1}^{m} c_i e^i(x)\big)e^j(x)\,dx$$

(12.23)
$$= \lim_{m \to \infty} \frac{2}{a} \int_0^a \big(\sum_{i=1}^{m} c_i e^i(x)\big)e^j(x)\,dx = c_j(e_j(x), e_j(x))$$

となり，$c_j = (f(x), e_j(x))$ が得られる．ここで，極限 $\lim\limits_{m \to \infty} \cdots$ と積分 $\int_0^a \cdots dx$ が交換できることを（等式 (12.23)）使っているが，これは (12.22) の収束をはっきりさせないと保証でき

ないことである．例えば，「$\{f_m(x)\}_{m=1,2,\dots}$ が $f(x)$ に収束」を $\lim\limits_{m\to\infty}\max\limits_{0\le x\le a}|f_m(x)-f(x)|$ と定義すれば，等式 (12.23) が証明できる．しかし，この収束の定義は (12.22) の考察に合ったものとはいえない．ここでは上記の等式 (12.23) を証明なしに認めることにする．

$c_i = (f(y), e^i(y))$ とおいて (12.22) を証明しよう．$S_m(x) = \sum\limits_{i=1}^{m}(f(y), e^i(y))e^i(x)$ とすると，加法定理を使って

$$S_m(x) = \frac{2}{a}\int_0^a f(y)\sum_{i=1}^m \sin\frac{\pi y}{a}i\sin\frac{\pi x}{a}i\,dy$$

$$= \frac{1}{a}\int_0^a f(y)\sum_{i=1}^m \cos\frac{\pi(y-x)}{a}i\,dy - \frac{1}{a}\int_0^a f(y)\sum_{i=1}^m \cos\frac{\pi(y+x)}{a}i\,dy$$

が得られる．また，加法定理より $\sin\frac{\theta}{2}\cos\theta i = 2^{-1}\sin(\theta i+\frac{\theta}{2}) - 2^{-1}\sin(\theta(i-1)+\frac{\theta}{2})$ となるから，$\sum\limits_{i=1}^m\cos\theta i = (\sin\frac{\theta}{2})^{-1}\sum\limits_{i=1}^m\sin\frac{\theta}{2}\cos\theta i = (2\sin\frac{\theta}{2})^{-1}\Big\{\sum\limits_{i=1}^m\sin(\theta i+\frac{\theta}{2}) - \sum\limits_{i=1}^m\sin(\theta(i-1)+$

$\frac{\theta}{2})\Big\} = -\frac{1}{2} + \dfrac{\sin(\theta m+\frac{\theta}{2})}{2\sin\frac{\theta}{2}}$ が成立する．したがって，$D_m(\theta) = \dfrac{\sin(\theta m+\frac{\theta}{2})}{2\sin\frac{\theta}{2}}, \theta_\pm = \dfrac{\pi(y\pm x)}{a}$

とおくと

$$(12.24)\quad S_m(x) = \frac{1}{\pi}\int_{-\frac{\pi x}{a}}^{\pi-\frac{\pi x}{a}} f\big(\frac{a\theta_-}{\pi}+x\big)D_m(\theta_-)\,d\theta_- - \frac{1}{\pi}\int_{\frac{\pi x}{a}}^{\pi+\frac{\pi x}{a}} f\big(\frac{a\theta_+}{\pi}-x\big)D_m(\theta_+)\,d\theta_+$$

と書ける．

$D_m(\theta)$ は**ディリクレ核**とよばれ，次のことが知られている．

$$(12.25)\qquad\qquad \lim_{m\to\infty}\int_0^\pi f(\theta)D_m(\theta)\,d\theta = \frac{\pi}{2}f(0).$$

ここではこのことを認め[8]，「$m\to\infty$ のとき (12.24) の右辺第 1 項が $f(x)$ に収束する」ことを示そう．$y<0$ および $\pi<y$ のとき $f(y)=0$ と定義すると

$$\frac{1}{\pi}\int_{-\frac{\pi x}{a}}^{\pi-\frac{\pi x}{a}} f\big(\frac{a\theta_-}{\pi}+x\big)D_m(\theta_-)\,d\theta_-$$

$$= \frac{1}{\pi}\int_{-\pi}^0 f\big(\frac{a\theta_-}{\pi}+x\big)D_m(\theta_-)\,d\theta_- + \frac{1}{\pi}\int_0^\pi f\big(\frac{a\theta_-}{\pi}+x\big)D_m(\theta_-)\,d\theta_-$$

となる．上式右辺の第 1 項の積分において，$\tilde{\theta} = -\theta_-$ と変数変換すると，この積分は $\frac{1}{\pi}\int_0^\pi f\big(-\frac{a\tilde{\theta}}{\pi}+x\big)D_m(-\tilde{\theta})\,d\tilde{\theta}$ に等しい．$D_m(-\tilde{\theta}) = D_{m+1}(\tilde{\theta})$ となることに注意すると，(12.25) より

---

8) 証明については，例えば「あとがき」の文献 [6] 第 5 章（補題 5.2）をみよ．

$$\lim_{m \to \infty} \frac{1}{\pi} \int_{-\frac{\pi x}{a}}^{\pi - \frac{\pi x}{a}} f(\frac{a\theta_-}{\pi} + x) D_m(\theta_-) \, d\theta_-$$

$$= \lim_{m \to \infty} \frac{1}{\pi} \int_0^{\pi} f(-\frac{a\tilde{\theta}}{\pi} + x) D_{m+1}(\tilde{\theta}) \, d\tilde{\theta} + \lim_{m \to \infty} \frac{1}{\pi} \int_0^{\pi} f(\frac{a\theta_-}{\pi} + x) D_m(\theta_-) \, d\theta_-$$

$$= \lim_{m \to \infty} \frac{1}{2} \big(f(x-0) + f(x+0) \big) = f(x)$$

が得られる.

　次に (12.24) の右辺第 2 項は，$m \to \infty$ のとき 0 に収束することを示そう．この項の積分区間 $(\alpha =) \dfrac{\pi x}{a} \leq \theta_+ \leq \pi + \dfrac{\pi x}{a} \, (= \beta)$ においては常に $\sin \dfrac{\theta_+}{2} \neq 0$ である（$0 < x < a$ とする）．したがって，$g(\theta) = \dfrac{f(\frac{a\theta}{\pi} - x)}{\sin \frac{\theta}{2}}$ は，$\dfrac{\pi x}{a} \leq \theta \leq \pi + \dfrac{\pi x}{a}$ の各点で定義された関数となる．ゆえに，$f(\frac{a\theta}{\pi} - x) D_m(\theta) = g(\theta) \sin(m + \frac{1}{2})\theta$ および $\sin(m + \frac{1}{2})\theta = -(m + \frac{1}{2})^{-1} \dfrac{d}{d\theta} \cos(m + \frac{1}{2})\theta$ であることに注意すると

$$\frac{1}{\pi} \int_{\frac{\pi x}{a}}^{\pi + \frac{\pi x}{a}} f(\frac{a\theta_+}{\pi} + x) D_m(\theta_+) \, d\theta_+ = \frac{1}{\pi} \int_\alpha^\beta g(\theta) \sin(m + \frac{1}{2})\theta \, d\theta$$

$$= \pi^{-1} (m + \tfrac{1}{2})^{-1} \Big[g(\theta) \cos(m + \tfrac{1}{2})\theta \Big]_\beta^\alpha + \pi^{-1} (m + \tfrac{1}{2})^{-1} \int_\alpha^\beta \frac{dg}{d\theta}(\theta) \cos(m + \tfrac{1}{2})\theta \, d\theta \xrightarrow{m \to \infty} 0$$

が成立する[9].

　以上のことから，$\displaystyle\lim_{m \to \infty} S_m(x) = f(x)$ であり，命題の主張が成立する．

（証明終り）

　フーリエ級数の詳しい考察を知りたい読者は，「あとがき」にある参考文献 [4] の第 1 章や [6] の第 5 章などをみるとよい．

---

[9] $\displaystyle\lim_{\tilde{m} \to \infty} \int_\alpha^\beta g(\theta) \sin \tilde{m}\theta \, d\theta = 0$ は，$g(\theta)$ が微分可能でない関数であっても（例えば，単に連続関数）なりたつ（リーマン・ルベーグの定理）．その証明は「あとがき」の文献 [6]（96 ページ）などをみよ．

――――――――――――――――――――― 章末問題 ―――――――――――――――――――――

12.1 偏微分方程式 $\partial_t^2 u(t,x) - c^2 \partial_x^2 u(t,x) = 0$, $(t,x) \in \mathbb{R} \times I$ について，次の問に答えよ.

(1) $u(t,x)$, $v(t,x)$ が解ならば，任意の実数 α, β に対して $\alpha u(t,x) + \beta v(t,x)$ も解になること
を示せ.

(2) 上記の方程式において，$I = (0, \infty)$ とし，境界条件 $u(t,0) = 0$ を課す．$x \leq 0$ では
$f(x) = 0$ である関数 $f(x)$ とり，$u(t,x) = f(x - ct)$ とおく．このとき，$u(t,x)$ は $t > 0$
において，この境界条件および $\partial_t^2 u(t,x) - c^2 \partial_x^2 u(t,x) = 0$, $x \in I$ をみたすを示せ.

(3) 上記 (2) にある境界条件を課す（$I = (0, \infty)$ とする）．このとき，$t > 0$ において $u(t,x) =$
$f(x - ct)$ となっている解は（$x \leq 0$ では $f(x) = 0$ とする），$t \in \mathbb{R}$ において $u(t,x) =$
$f(x - ct) - f(-x - ct)$ と書けることを示せ.

12.2 密度が一定の弦が，（静止時のとき）x-軸に重なるように張ってあり，弦は $x \geq 0$ にあ
るとする．さらに，弦は $x = 0$ において常に x-軸に平行に一定の力で（$x < 0$ の向きに）引っ
張られているとする[10]（このような弦の端点を**自由端**とよんでいる）．次の問に答えよ.

(1) 弦は上下に微小な振動をしているとし，時刻 t における弦の形は曲線 $y = u(t,x)$ であると
する．ここで，y-軸は鉛直上向きとし，振動は xy-平面内で起こっているとする．自由端
の近くでは，弦は静止状態の形をたもつように（つまり弦の自由端における接線方向が x-
軸に平行であるように）運動するように思われる．このような思いを反映する「自由端で
の境界条件」は，$\partial_x u(t,0) = 0$, $t \in \mathbb{R}$ となることを説明せよ．（この境界条件を**ノイマン
境界条件**とよんでいる[11]）.

(2) $u(t,x)$ は方程式 $\partial_t^2 u(t,x) - c^2 \partial_x^2 u(t,x) = 0$, $(t,x) \in \mathbb{R} \times (0, \infty)$ をみたすとし，境界条
件 $\partial_x u(t,0) = 0$ を課す．$t > 0$ において $u(t,x) = f(-x + ct)$（$x \geq 0$ では $f(x) = 0$ とす
る）となっている解は，$t \in \mathbb{R}$ では $u(t,x) = f(x + ct) + f(-x + ct)$ と書けることを示
せ．さらに，この解に対応する現象と前問 12.1 (3) のときのものとの違いを説明せよ.

(3) 弦が $[0,a]$（$0 < a < \infty$）にあり，上下に微小な振動をしているとする．$u(t,x)$ は $\partial_t^2 u(t,x) -$
$c^2 \partial_x^2 u(t,x) = 0$, $(t,x) \in \mathbb{R} \times (0,a)$ をみたしていて，両端が (1) で言う自由端になってい
るとする．$u(t,x) = \cos \dfrac{\pi ct}{a} \cos \dfrac{\pi x}{a}$ が定常解であることを示せ.

12.3 次の方程式を考える.

$$\begin{cases} \partial_t^2 u(t,x) - c^2 \partial_x^2 u(t,x) = 0, & t \in \mathbb{R}, \ x \in (0,a), \\ \partial_x u(t,0) = 0, \quad \partial_x u(t,a) = 0 & t \in \mathbb{R} \\ u(0,x) = f(x), \quad \partial_t u(0,x) = 0 & x \in (0,a). \end{cases}$$

$f(x) = \displaystyle\sum_{i=1}^{m} \alpha_i \cos \dfrac{\pi x}{a} i$ であるとき，上記の解 $u(t,x)$ は次のように書けることを示せ.

――
10) 例えば，弦の振動振幅に対して十分長く，密度が弦より十分小さい糸で引っ張られているような状態を思い浮か
  べよ.
11) 境界条件 $u(t,0) = 0$, $t \in \mathbb{R}$ は，ディリクレ境界条件とよんで，ノイマン境界条件と区別している.

$$u(t,x) = \sum_{i=1}^{m} \alpha_i \cos(\frac{\pi ct}{a}i) \, \cos(\frac{\pi x}{a}i).$$

12.4 D を $\mathbb{R}_x^n$ $(x = {}^t(x_1,\cdots,x_n),\, n \geq 2)$ 内の有界な[12]領域とし，方程式

$$\begin{cases} \partial_t^2 u(t,x) - \Delta u(t,x) = 0, & t \in \mathbb{R},\ x \in D, \\ u(t,x) = 0,\ t \in \mathbb{R},\ x \in S. \end{cases}$$

を考える．ここで S は D の境界である．次の問に答えよ．

(1) $u(t,x) = \varphi(t)v(x)$ がこの方程式の解ならば

$$\varphi(t)^{-1}\frac{d^2\varphi}{dt^2}(t) = v(x)^{-1}\Delta v(x)$$

が成立することを示せ（$\varphi(t) \neq 0,\ v(x) \neq 0$ とする）．さらに，$\varphi(t)^{-1}\dfrac{d^2\varphi}{dt^2}(t) = v(x)^{-1}$ $\Delta v(x)$ は，t にも x にもよらない定数（$= c$）でなければならないことを示せ．

(2) $c > 0$ ならば次の方程式の解は存在しないことを示せ．

$$\begin{cases} \Delta v(x) - cv(x) = 0,\ x \in D \\ v(x) = 0,\ x \in S. \end{cases}$$

（ヒント：積分 $\displaystyle\int_D \Delta v(x)v(x)\,dx$ を考えよ）

(3) $c = c_1,\ c_2$ $(c_1 \neq c_2)$ に対して，前問 (2) の方程式の解 $v = v^1,\ v^2$ が存在するとする[13]．このとき $\displaystyle\int_D v^1(x)v^2(x)\,dx = 0$ が成立することを示せ．

---

[12] 任意の $x \in D$ に対して $|x| \leq r$ となる定数 r が存在することを意味する．

[13] $[0,\infty)$ には，解 $v(x)$ が存在する c は，離散的に可算無限個あることが知られている（証明については，例えば「あとがき」の文献 [3] の第 4 章 § 3 をみよ）．

第 13 章

電磁気の現象

電気や磁気に関わる現象は，物体や粒子同士に働き合う力（遠隔力）によって起こるという見方をするよりも，物体が存在している空間の状態によって起こるという見方（場の考えた方）をする方が合理的に説明できる．つまり，空間の状態は何か電気的な量（ベクトル）と磁気的な量（ベクトル）で定まり，それらの量を使って現象を説明した方がよいということである．その説明には，一般に流体の流れのアイデアが使われる．そして，空間の状態は上記のベクトル量の偏微分方程式として表示される．この偏微分方程式はマックスウェル方程式とよばれている．本章ではこの偏微分方程式に関わることを説明したい．この説明は，すべて 3 次元空間内の議論である．

13.1 電磁場の法則

第 9 章において，2 つの電荷同士が及ぼし合う力についてクーロンの法則を紹介した（(9.5) を参照）．これは，いわゆる遠隔操作の考え方に乗ったものであった．さらに，クーロンの法則と同じ結果が仮想的な流体の流れを使っても導けることも説明した（例題 9.2 以後の説明を参照）．18 世紀中頃から，遠隔操作とは全く違った発想である「場の考え方」が，ファラデーやマックスウェルらによって提唱され始めた[1]．これは，電荷が受ける力はその場所の空間の状態によって決まるという考え方である．マックスウェルは，この空間の状態（場）を流体の流れの発想を使って数学的に解析をしようとした．すなわち，いくつか電荷が存在しているとそれらから各電気量に比例する量で（仮想的な）流体がわき出しており，その流れの和で空間の状態が決まると考えた．その後，この流体の発想に基づいて，ギブス，ヘビサイドらにより，電磁気現象の数学的な解析が進められた．この解析法が現在電磁気学の基礎となっている．そこで使われる手法は，多変数のベクトル値関数の微分積分である．今日「ベクトル解析」とよんでいるものである．

空間 $\mathbb{R}^3_x$ の電磁気的な状態を表すものは，電場および磁場とよばれる 3 次元ベクトル場（計 6 次元）である．まず，電場（$E(x)$ で表す[2]）と電荷の基本的な関係を確認しておこう．第 9

---

[1] このあたりのことが，「あとがき」の文献 [14] に詳しく記述されている．

[2] 一般に電場は時間 t に応じて変化するものであるが，t を固定するごとの解析が基本となるので，変数 t の表示を省略して $E(x)$ と書くことにする

章で述べたように，電場 $E(x)$ は x に単位電荷を置いたときその電荷が受ける力（ベクトル）で定義される．クーロンの法則がなりたっているとすると，原点に固定された単位電荷から，位置 x にある別の単位電荷が受ける力は

$$(13.1) \qquad E_0(x) = c\frac{1}{|x|^2}\, n(x) \quad \left(n(x) = \frac{1}{|x|}x\right)$$

と表せる．ここで c は物理量の単位系などで定まる定数である．$E_0(x)$ を $\mathbb{R}^3_x$ のベクトル場とみると，この式は「原点に位置する単位電荷のつくる電場は $c\,|x|^{-2}n(x)$ である」ことを意味している[3]．また，$E_0(x)$ を $\mathbb{R}^3_x$ のベクトル場とみて，この式は「原点に位置する単位電荷がつくる電場は $c\,|x|^{-2}n(x)$ である」ことを意味している．また，$E_0(x)$ は保存系ベクトル場になり，次のようにポテンシャル関数で表現される（第8章の例題8.5を参照）．

$$(13.2) \qquad E_0(x) = -\partial_x \varphi_0(x), \quad \varphi_0(x) = c\frac{1}{|x|}.$$

この $\varphi_0(x)$ は**クーロンポテンシャル**とよばれている．

電荷の電気量が q であれば，それによる電場は $qE_0(x)$ になる（観察結果より）．電荷が y に位置しておれば，電場は $q\,E_0(x-y)\,\big(= cq\,|x-y|^{-3}(x-y)\big)$ である．さらに，そのポテンシャル関数は $q\varphi_0(x-y)$ である．以下においては，遠隔操作ではなく場の考え方を基本とするが，電場をうみだす電荷はクーロンの法則にしたがっているとする．

ある領域内に電荷が複数個あるとき，それらの電気量と電場について次の例題にある等式が成立する．これは，電場を流れの速度場と解釈して，領域内からの湧き出し量が電気量の総和に比例していることを主張している．

例題 13.1 $\mathbb{R}^3_x$ 内に電荷が複数個あり，それらの電気量の総和は Q であるとする．さらに，これらの電荷がつくる電場を $E(x)$ とする．このとき，曲面 S で囲まれた領域 V がこれらの電荷のすべてを内部に含むならば，次の等式がなりたつことを示せ．

$$(13.3) \qquad Q = \frac{1}{4\pi c}\int_S E(x)\cdot n(x)\,dS_x.$$

ここで，$n(x)$ は $x\ (\in S)$ における外向き単位法ベクトルである．

1個の電荷 q^1（電気量も q^1 で表す）が $x=x^1$ にあるとすると，この電荷がつくる電場 $E^1(x)$ は

$$E^1(x) = c\,q^1|x-x^1|^{-3}(x-x^1)$$

と表せる．よって，$x \neq x^1$ においては

$$\mathrm{div}\,E^1(x) = c\,q^1\sum_{i=1}^3 \partial_{x_i}\{|x-x^1|^{-3}(x_i-x_i^1)\}$$

$$= c\,q^1\sum_{i=1}^3\{-3|x-x^1|^{-4}\frac{(x_i-x_i^1)^2}{|x-x^1|} + |x-x^1|^{-3}\} = 0$$

---

[3] 力の方向が $n(x)$ であり大きさが $|x|^{-2}$ に比例することを，逆2乗の法則とよんでいる．同じ法則が重力についてもなりたつこと，さらに，$|x|^{-2}$ は半径に対する球面（の面積）の広がりの逆数であることに注意せよ．

が成立する．したがって，曲面 S^1 で囲まれた領域内に x^1 が含まれなければ，$\displaystyle\int_{S^1} E^1(x) \cdot n(x)\, dS_x^1 = \int_{V^1} \operatorname{div} E^1(x)\, dx = 0$（$V^1$ は S^1 で囲まれた領域）となる．さらに，半径 r の球面 $P_r = \{x|\, |x - x^1| = r\}$ に対して $\displaystyle\int_{P_r} E^1(x) \cdot n(x)\, d(P_r)_x = c\,q^1 \int_{P_r} |x - x^1|^{-2}\, d(P_r)_x = c\,q^1 4\pi$ が成立する．

　以上のことから，曲面 S が q^1 を内部に含むとき，$\displaystyle\int_S E^1(x) \cdot n(x)\, dS_x = 4\pi c q^1$ が成立する．なぜなら，上記の r を十分小さくとって P_r が S の内部に含まれるようにし，S で囲まれる領域 V を P_r で囲まれた部分 V_r とこれを除いた部分 $V - V_r$ に分けると，$\displaystyle\int_S E^1(x) \cdot n(x)\, dS_x^1 = \int_{S \cup P_r} E^1(x) \cdot n(x)\, d(S \cup P_r)_x + \int_{P_r} E^1(x) \cdot n(x)\, d(P_r)_x = 0 + 4\pi c q^1$（$S \cup P_r$ は $V - V_r$ の境界）となるからである．今，電荷は m 個あり，それらの電気量を $q_1, \cdots, q_m$ とする．これらの電荷それぞれがつくる電場を $E^1(x), \cdots, E^m(x)$ とすると，$E(x) = E^1(x) + \cdots + E^m(x)$ であり，

$$\int_S E(x) \cdot n(x)\, dS_x = \int_S E^1(x) \cdot n(x)\, dS_x + \cdots + \int_S E^m(x) \cdot n(x)\, dS_x$$

となる．各積分について，上述の考察をすることで，それぞれは $4\pi c q^i$（$i = 1, \cdots, m$）に等しいことが分かる．ゆえに，(13.3) が成立する．

（例題 13.1 の説明終り）

　上記と少し違って，空間に非常に微小な帯電粒子が（ほとんど）無数に存在する場合を想定しよう．この場合の現象は，粒子の微小さが極限状態になったときのものに一致すると考える．つまり，帯電状況は連続的なものとして（連続体近似して）考察する．本書では，その連続性は微分積分の手法が使える程度に滑らかである（扱う関数は何回でも微分可能である）とする．厳密なことを言えば，これは一種の仮定であり，得られた結果が実際の現象に合っている保証はない．しかし，以下で述べる議論は実際の現象を極めてよく反映するものであることが確かめられている．

　今，$\mathbb{R}_x^3$ 内に非常に微小な帯電粒子が無数に存在し，その粒子による（x における）電気密度が $p(x)$ であるとする．さらに，微小な領域を点電荷で近似したときクーロンの法則がなりたつとする．領域 V の部分がつくる電場を $E(x)$ とすると，次の関係式が成立する．

$$(13.4) \qquad E(x) = \int_V p(y) E_0(x - y)\, dy = -\int_V p(y)\, (\partial_x \varphi_0)(x - y)\, dy,$$

$$(13.5) \qquad \int_S E(x) \cdot n(x)\, dS_x = 4\pi c \int_V p(x)\, dx.$$

ここで，S は V の境界である．上式 (13.5) は，次のように微分の形式に書き直せる．

電場の発散は電気密度（の定数倍）に等しい，すなわち

$$(13.6) \qquad \operatorname{div} E(x) = 4\pi c\, p(x), \quad x \in V.$$

上述の等式 (13.4)〜(13.6) は，第 11 章の例題 11.3 ですでに確かめたものである．また，上記の (13.4) は，位置 y にある電気量 $p(y)\,dy$ の電荷に対して (13.1) と (13.2) を使って y について和を取った（積分した）と思うとよい等式なっていることに注意しよう．

　空間の電磁気的な状態をどう表すかということで，マックスウェがベクトル場（仮想的な流体の速度場）の考え方を持ち出す前に，ファラデーは次のように考えた．電荷のあるところからたくさんの本数の仮想的な線（第 9 章で定義した流線のようなもの）が出ており，その本数は電気量に比例している．電荷が 1 個のときはこの線（電気力線）は直線であらゆる向きに均等に出ている．もう一つの電荷を置いたとき，その電荷はそこでの電気力線の向きに力を受け，その大きさは電気力線の密度に比例する．しかし，たくさんの電荷が存在している状態を電気力線から出発してもっと数学的に展開するのは困難に思える．実際，ファラデー自身は，もっといろいろな状況を解析しやすい数学的な表示法をみつけたいと思っていて，その実現をマックスウェルに期待したと言われている[4]．

　1850 年頃ファラデーは磁力の変化から電流が生じるといういわゆる電磁誘導の現象を発見（認識）した．この現象は簡単に言えば，円状の導線に磁石を近づける（あるいは遠ざける）と導線内に電流が流れるというものである．ファラデーは，磁気的な力に対して電気力線と同じような発想の磁力線を使って，電磁誘導の背後にある法則を次のように表した（**ファラデーの法則**とよんでいる）．

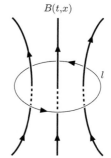

(13.7)
　　　磁力の向きに沿って曲線を描くと，磁石の端から始まってもう一方の端までつながる．空間にはこのような曲線（磁力線）がびっしりあって，途中で磁力線が発生したり消滅したりすることはない．そして，磁力線の本数の密度がちょうど磁力の強さを表している．磁石を動かすことで，導線内（導線を境界とする曲面）を通り抜けている磁力線の本数が変化する．この本数の時間に関する変化率に比例した電流が流れる．

　マックスウェルは，この磁力線は何かの流れを表していると考えた．結論を言えば，この「流れ」は膨張したり収縮したりしない流体（つまり非圧縮性流体[5]）であり，磁力線は，第 9 章で定義した「流体の流線」である．以下の定理 13.1 で「磁力線は何かの流れの流線である」とするとよいことを確かめる．マックスウェルは，この「流れ」の速度を使ってファラデーの法則を数式で表示し，それを電磁気の基礎方程式にしようとした[6]．以下で，この数式表示をベクトル場の知識を使って説明したい．

　しばらくの間，ファラデーが考えた磁力線の存在を仮定して，それに付随する「流れ」の速度（ベク

---

　　4) 「あとがき」の文献 [14] の第 6 章などを参照．
　　5) 第 9 章の (9.8) を参照．
　　6) マックスウェルは，本章で言うベクトル場の方程式に焼き直せるバイクゥータ代数上の方程式として表示した．

トル場)がどのような性質をもつのかを考えてみよう．この仮定には，「磁力線の密度」の存在も含むものとする．すなわち，各時刻 t と位置 x において，次のように定義される「磁力線の密度」とよばれるものが存在していると仮定する．磁力線の本数を小数に対しても考えることにして，x を通る磁力線に垂直な曲面（ここでは一辺が ε の正方形 Q^ε とする）をとり，ここを通り抜ける磁力線の本数を N_{Q^ε} とし（図参照）

$$(13.8) \qquad d(t,x) = \lim_{\varepsilon \to 0} \frac{N_{Q^\varepsilon}}{|Q^\varepsilon|}$$

を「(t,x) における磁力線の密度」と定義する[7]．

　　各 (t,x) において，向きが磁力線の向きで大きさが磁力線の密度に一致しているようなベクトル場 $B(t,x)$ を導入する．この $B(t,x)$ を速度場と考え，上記の「流れ」を表しているとものとする．このように，磁力線の存在から「流れ」（ベクトル場 $B(t,x)$）を決めると，この流れは非圧縮性[8]になる．なぜなら，任意に閉じた曲面 S をとり，磁力線が入り込んでくる部分を S^+，出ていく部分を S^- とし，それぞれの部分の本数 $N^\pm$ を考える．磁力線の本数が維持されるならば $N^+ + N^- = 0$ である．x における磁力線の向きを $b(t,x) \ (= |B|^{-1}B)$ とすると，定理 9.1 より $N^\pm = \displaystyle\int_{S^\pm} d(t,x)\, b(t,x) \cdot n(x)\, dS_x^\pm$ となる（$n(x)$ は $x \ (\in S)$ における S の内向き単位法ベクトル）．また，磁力線が S に接している部分を S^0 とすると，$\displaystyle\int_{S^0} d(t,x)\, b(t,x) \cdot n(x)\, dS_x^0 = 0$ である．したがって，$S = S^+ \cup S^- \cup S^0$ であり $B(t,x) = d(t,x)b(t,x)$ であるから $\displaystyle\int_S B(t,x) \cdot n(x)\, dS_x = 0$ が成立する．これは任意に取った S に対して成立するので，流れは非圧縮性である．

　　このように，磁力線の存在を出発点として「流れ」を考えるというのが一つの行き方ではあるが，ベクトル場 $B(t,x)$ を出発点として（つまり，$B(t,x)$ を空間の状態を表す表示物と考える），ベクトル場 $B(t,x)$ の流線を磁力線と定義すると，磁力線に期待したいことはすべてなりたつ．しかも，ベクトル場から出発する方が数学的な解析はやりやすいのである．特に，基本法則を偏微分方程式で表示し，現象の数量的な解析を行おうとすると，この方がやりやすい．

　　本書ではこの立場をとることにし，空間の性質として，各時刻 t において**磁場**とよばれるベクトル場 $B(t,x)$ が存在すると仮定する．また，$B(t,x)$ は 3 次元空間 $\mathbb{R}_x^3$ $(x = {}^t(x_1, x_2, x_3))$ における 3 次元ベクトル場とする．

---

[7] 厳密に言えば，各 (t,x) において非負の実数値 $d(t,x)$（磁力の大きさ）が定義されており，$\displaystyle\int_{Q^\varepsilon} d(t,x)dQ_x^\varepsilon$ を，Q^ε を通る本数とよぶ．当然，このとき (13.8) が成立する．

[8] 第 9 章の (9.8) に関する説明を参照.

定理 13.1   ベクトル場 $B(t,x)$ は，各 t において $\mathrm{div}\, B(t,x) = 0$ をみたしているとする．任意の t, x^0 に対して次の方程式で定義される曲線 $q(s; t, x^0)\, (= q(s))$ を考える．

$$(13.9)\qquad \begin{cases} \dfrac{dq}{dt}(s) = B(t, q(s)), \\[2mm] q(t) = x^0. \end{cases}$$

この方程式の解は唯一つ存在する．すなわち，曲線群 $\{x|\ x = q(s; t, \tilde{x}),\ s \in \mathbb{R}\}_{t \in \mathbb{R}, \tilde{x} \in \mathbb{R}^3}$ を考えたとき，各曲線は途中で枝分かれしたり，あるいは交わったりすることはない．また，写像 $x \mapsto y = q(s; t, x)\ (t, s$ は固定) によって曲面 S_x を $\tilde{S}_y$ に移したとき[9]，

$$(13.10)\qquad \int_S B(t,x) \cdot n(x)\, dS_x = \int_{\tilde{S}} B(t,y) \cdot n(y)\, d\tilde{S}_y$$

が成立する．

注意 13.1 $d(t,x) = |B(t,x)|$ とおき，曲面 S に対して，$N_S = \displaystyle\int_S d(t,x) \cos\theta(t,x)\, dS_x$ ($\theta(t,x)$ は $x\, (\in S)$ における S への法線と $B(t,x)$ のなす角度) を「S を通る曲線 $q(s)$ の本数」と定義すれば，(13.8) と同じ等式がなりたつ．したがって，ベクトル場の存在から出発してその流線を**磁力線**と思えば，磁力線に対してファラデーが考えたことが実現している．

定理 13.1 の証明   (13.9) の方程式は第 9 章の (9.1) と同じ形の方程式なので，解の存在と一意性は保証される．

　等式 (13.10) が成立することを確かめよう．S が $\tilde{S}$ になるまで移動することでつくられる立体を V とする．V の境界で S と $\tilde{S}$ を除いた部分 W は磁力線（曲線 $x = q(s)$）で構成されている．したがって，(13.9) の解の一意性から，W を通る磁力線が V の外に出ることはない．ゆえに，$s = t$ のとき，S を通り過ぎた磁力線は V から出ることはできない．しかも，非圧縮性から S におけるフラックス $\displaystyle\int_S B(t,x) \cdot n(x)\, dS_x$（磁力線の本数）は維持されるはずである．よって，(13.10) が成立する．

（証明終り）

次に荷電粒子の流れ（電流）について考えよう．場の考え方に立つと，この流れは空間の状態で決まると解釈することになる．時刻 t における位置 x の電場を $E(t,x)$ とする．この電場において，単位電荷が径路 l に沿って B から A まで移動したとする（t は固定して考える）．このとき，この電荷は各 $x\, (\in l)$ において力 $E(t,x)$ を受けるので，電荷は線積分 $\displaystyle\int_{l_{B \to A}} E(t,x) \cdot k(x)\, dl_x$ の仕事を受ける[10]

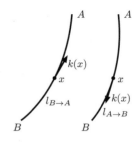

（図参照）．この仕事 $\left(= -\displaystyle\int_{l_{A \to B}} E(t,x) \cdot k(x)\, dl_x\right)$ を，A からみた B の**電位差**（**電圧**）とよんでいる．つまり，この電圧とは単位電荷が B から A まで移動することで生じる仕事（エネ

---

[9] $y = q(s; t, x)$ が $\tilde{S}_y$ の近くで局所座標系になっていると仮定する．
[10] $l_{B \to A}$ は線積分の向き（$k(x)$ の向き）を B から A への向きに取るという意味である．

ルギー）を意味する[11]．また，これが正であれば径路 l にある正の電荷は B から A の向きに移動しようとする．

　今閉じた曲線 l で囲まれた曲面 S があるとする．このとき，単位電荷が l を一周することによって発生する電圧（仕事）は $-\int_l E(t,x)\cdot k(x)\,dl_x$ である（線積分の向きは時計と反対回りにとる）．ファラデーが発見した電磁誘導は，導線内で荷電粒子の移動が起こるということであるから，導線の周辺に電場が発生していることを意味している．そして，この電場による電圧と電流は比例関係にあると思われる．

　以上のことから，ファラデーの法則が意味するところを電場 $E(t,x)$ と磁場 $B(t,x)$ を使って表現すると，「閉じた曲線 l で囲まれた曲面 S において，l を 1 周することで生じる電圧は，S における磁場のフラックスを時間 t で微分した量に比例する」ということになるだろう．ここで，比例定数が 1 になるように $B(t,x)$ が定義されているとする．数式で表現すれば次の通りである．

$$(13.11)\qquad \frac{d}{dt}\int_S B(t,x)\cdot n(x)\,dS_x = -\int_l E(t,x)\cdot k(x)\,dl_x.$$

　S の形がいろいろに換わっても等式 (13.11) は常に成立するということから，$B(t,x)$ と $E(t,x)$ の関係式が偏微分方程式として表せる．このことは次節で説明したい．

　(13.11) において，t の微分 $\dfrac{d}{dt}$ と x の積分とは交換可能である．下記の例題 13.2 はこのことを確かめるものである．この交換により，積分形の等式である (13.11) を偏微分の等式に書き換えることができる（次節の定理 13.2 を参照）．

例題 13.2　W を $\mathbb{R}_x^n$ $(x = {}^t(x_1,\cdots,x_n))$ 内の有界な領域とする．(t,x) $(t \in \mathbb{R})$ の関数 $f(t,x)$ について，次の等式が成立することを示せ．

$$(13.12)\qquad \frac{d}{dt}\int_W f(t,x)\,dx = \int_W \partial_t f(t,x)\,dx.$$

　第 4 章の定理 4.1 より，

$$f(t+h,x) - f(t,x) = h\,\partial_t f(t,x) + R(h;t,x),\quad |R(t,x)| \leq Ch^2$$

が成立する．ここで，C は h, x $(\in W)$ によらない正定数である．したがって，$\left|\int_W h^{-1}R(t,x)\,dx\right|$

$\leq \int_W C|h|dx = C|W||h| \overset{h\to 0}{\longrightarrow} 0$ となることに注意すると

$$\lim_{h\to 0}\frac{1}{h}\left\{\int_W f(t+h,x)\,dx - \int_W f(t,x)\,dx\right\} = \int_W \partial_t f(t,x)\,dx$$

が得られる．よって，(13.12) が成立する．

（例題 13.2 の説明終り）

　極限操作が重なっているとき[12]，その順序は常に交換できるとは限らない．交換可能である

---

11)　A を基準としたとき，$E(t,x)$ に関する B における位置エネルギーと言ってもよい．
12)　微分も積分もある種の極限操作を伴うものであることに注意せよ．

ことを証明するには，例題 13.2 のように何らかの一様性（例題 13.2 では C が h, x によらないこと）を使うことが多い．例題 13.2 にあるような微分と積分の順序交換は，線積分や曲面上の積分においても成立する．

13.2 マックスウェルの方程式

　磁力と電流に関わる法則は，前節のファラデーの法則だけではない．ファラデーによる電磁誘導の実験が行われる少し以前，アンペールは電流が磁力を生み出すことを発見している．この現象は，電流が流れている導線のまわりには，円状の磁力（磁力線）が発生するというものである．さらに，これを利用して電磁石も造られていた．マックスウェルは，この現象の法則を「場の考え方」に立って記述しようとした．つまり，前節で行ったように，磁場や電場を流れの一種とみてその「流速」を使って数式表示しようということである．この表示は，電流が物質内を流体のような流れとなっている場合にも通用する形で記述すると，以下のようなものになる．

　時刻 t，位置 x における電流の速度を $J(t,x)$[13]，磁場を $B(t,x)$ とする．時刻 t において，曲面 S を通る電流は $\displaystyle\int_S J(t,x) \cdot n(x)\, dS_x$ （$n(x)$ は $x\ (\in S)$ における S への単位法ベクトル）である（図参照）．$J(t,x)$ が t によらないとき，$\displaystyle\int_S J \cdot n(x)\, dS_x$ は，S の境界 l

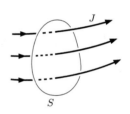

を一周する線積分 $\displaystyle\int_l B \cdot ds$ と比例しているという法則がなり立っている（比例定数を μ とする）．さらに，マックスウェルは，電場 $E(t,x)$ が t によるときは，$\partial_t E(t,x)$ に比例して電場の変化が電流と同じ働きをすることに気が付き，これを変位電流とよんだ（比例定数を ε とする）．結局，次の方程式が成立している（**アンペールの法則**）．

$$(13.13) \qquad \int_S \left(\varepsilon\, \partial_t E(t,x) + J(t,x) \right) \cdot n(x)\, dS_x = \mu \int_l B(t,x) \cdot k(x)\, dl_x.$$

ここで，$n(x)$ と $k(x)$ は右ネジの関係（第 11 章の定理 11.1 を参照）に取ってある．また，ε, μ は空間内の物質の種類で決まる定数であり，ε は誘電率，μ は透磁率とよばれる[14]．

　電磁気現象で最も基本となる法則は，これと前節のファラデーの法則である．これに，前節で述べた「電場の発散は電気密度に等しい」ということ（等式 (13.5) (13.6)）が加わる．さらに，

$$(13.14) \qquad \text{磁場の発散は常に 0 である，すなわち } \operatorname{div} B(t,x) = 0$$

ということが加わってくる．電場については，電荷がそれを生み出している．電場の湧き出し点は電荷であるとも言える．磁場においても，電荷に相当するような粒子（磁気単極子）があってもよさそうに思えるが，現実はそのようなものは発見されていない．電場 $E(t,x)$ 磁場 $B(t,x)$ 電流 $J(t,x)$ は，以上に述べた等式（連立方程式）をみたしながら変化しているというのである．

---

[13] 電流は微小な粒子の流れであるとしてその速度を $J(t,x)$ としている．

[14] ε は物質の構成粒子の分極などで決まるものであり，μ は構成粒子の磁場に対する反応の度合いで決まるものである．場所によってこれらの値が変わる場合は，上記の等式において $\displaystyle\int_l \varepsilon \partial_t E(t,x) \cdots$，$\displaystyle\mu \int_l B(t,x)$ は $\displaystyle\int_l \varepsilon(x) \partial_t E(t,x) \cdots$，$\displaystyle\int_l \mu(x) B(t,x) \cdots$ と書かなくてはならない．

(13.11) や (13.13) は積分の形式で書かれているが，これを同等な微分の形式に書き直すことができる．その基礎となるのは次の定理である．

定理 13.2　$H(t,x), K(t,x)$ を 3 次元ベクトル場とする．閉じた曲線 l を境界にもつ任意の曲面 $S\ (\subset \mathbb{R}^3_x)$ に対して，S での積分 $\displaystyle\int_S H(t,x)\cdot n(x)\,dS_x$（$n(x)$ は $x\ (\in S)$ における S への単位法ベクトルである）と l を一周する線積分 $\displaystyle\int_l K(t,x)\cdot k(x)\,dl_x$ について

$$(13.15)\qquad \frac{d}{dt}\int_S H(t,x)\cdot n(x)\,dS_x = a\int_l K(t,x)\cdot k(x)\,dl_x$$

がなりたつならば[15]，次の等式が成立する．

$$(13.16)\qquad \partial_t H(t,x) = a\,\mathrm{curl}\,K(t,x).$$

この逆もなりたつ．

証明　任意の S に対して (13.15) が成立しているとしよう．例題 13.2 で示したように，$\dfrac{d}{dt}\displaystyle\int_S H(t,x)\cdot n(x)\,dS_x = \int_S \partial_t H(t,x)\cdot n(x)\,dS_x$ がなりたつ．第 11 章の定理 11.1 より $\displaystyle\int_l K(t,x)\cdot k(x)\,dl_x = \int_S \mathrm{curl}\,K(x)\cdot n(x)\,dS_x$ が成立する．したがって，任意の S に対して $\displaystyle\int_S \big(\partial_x H(t,x) - \mathrm{curl}\,K(x)\big)\cdot n(x)\,dS_x = 0$ となる．任意のベクトル場 $F(x)$ について次のことがいえる．

$$(13.17)\qquad \begin{array}{l} F(x) \text{ が，任意の } S \text{ に対して } \displaystyle\int_S F(x)\cdot n(x)\,dS_x = 0 \text{ をみたすならば，}\\ \text{すべての } x \text{ に対して } F(x) = 0 \text{ でなければならない．}\end{array}$$

これを認めると（証明は後でする），すべての x に対して $\partial_x H(t,x) - \mathrm{curl}\,K(x) = 0$ となり，(13.16) が得られる．

　(13.17) を背理法で確かめよう．今ある x^0 に対して $F(x^0) \neq 0$ であるとしよう．$F(x^0)$ に垂直で微小な曲面 S をとると，$F(x)$ は x に対してなめらかである（連続としている）としているから，S 上で常に $F(x)\cdot n(x) > 0$（または < 0）である．したがって，$\displaystyle\int_S F(x)\cdot n(x)\,dS_x > 0$（または < 0）である．つまり，(13.17) に反することになり，矛盾である．ゆえに，(13.17) は正しい．
　以上の逆は読者にまかせたい．

（証明終り）

　定理 13.2 より，ファラデーの法則の数式表現である (13.11) およびアンペールの法則である (13.13) と同等になる偏微分方程式が得られる．さらに，電磁気の法則には，電場と磁場の発散に関するもの (13.6) (13.14) が加わる．上記のものを集約すると次の通りになる．

---

[15] ここで，右辺の線積分の進み方を表す $k(x)$ は，$n(x)$ と右ネジの関係にあるように選んでいる．

$$(13.18)\quad \begin{cases} \partial_t B(t,x) + \operatorname{curl} E(t,x) = 0, \\ \varepsilon\,\partial_t E(t,x) - \mu\operatorname{curl} B(t,x) + J(t,x) = 0, \\ \operatorname{div} E(t,x) = 4\pi c\,p(x), \quad \operatorname{div} B(t,x) = 0 \end{cases}$$

この方程式は，**マックスウェル方程式**とよばれており，電磁気現象の解析の基礎となっている．この方程式を出発点として，電磁波の存在，その反射や屈折などさまざまな具体的な現象が数量的に解析できるのである（章末問題 13.3 をみよ）．

> **例題 13.3**　空間内には電荷はなく電流も流れていない状態だとして，マックスウェル方程式 (13.18) の解の各成分は波動方程式（第 12 章の (12.16) を参照）をみたすことを示せ．

電荷がないことから $\operatorname{div} E(t,x) = 0$ である（(13.6) を参照）．さらに磁場についても $\operatorname{div} B(t,x) = 0$ が成立している（(13.14) を参照）．電流は流れていないので，マックスウェル方程式 (13.18) は

$$(13.19)\qquad \partial_t B(t,x) + \operatorname{curl} E(t,x) = 0,$$

$$(13.20)\qquad \partial_t E(t,x) - k\operatorname{curl} B(t,x) = 0. \quad (k = \varepsilon^{-1}\mu)$$

となる．(13.19) と (13.20) にそれぞれ $k\operatorname{curl}$ と ∂_t をかけ，両式を加えると，$\partial_t^2 E(t,x) + k\operatorname{curl}\operatorname{curl} E(t,x) = 0$ が得られる．$\operatorname{curl}\operatorname{curl} E = \operatorname{grad}\operatorname{div} E - \Delta E$ [16)]であり，$\operatorname{div} E = 0$ であるので，$\partial_t^2 E(t,x) - k\Delta E(t,x) = 0$ が得られる．同様にして $\partial_t^2 B(t,x) - k\Delta B(t,x) = 0$ が成立する．したがって，$B(t,x), E(t,x)$ の各成分は波動方程式をみたす．

（例題 13.3 の説明終り）

空間には電荷が存在せず電流も流れていないとすると，方程式 (13.18) の解には次のような特長的なものが存在する．$h(s)$ を $\mathbb{R}$ 上の関数，$\theta \in \mathbb{R}^3$, $|\theta| = 1$ とし，

$$(13.21)\qquad E(t,x) = h(x\cdot\theta - \alpha t)E_0, \quad B(t,x) = h(x\cdot\theta - \alpha t)B_0$$

という形の関数を考える．ここで，α は正定数であり，恒等的に $\dfrac{dh}{ds}(s) = 0$ とはなっていないとする．α, E_0, B_0 が

$$(13.22)\qquad \alpha = \sqrt{k} \text{ であり } \theta, B_0, E_0 \text{ が互いに直交している}$$

ならば，(13.21) は (13.18) の解になる．この証明は（章末問題 13.3 において）読者にまかせたい．

(13.21) がどんな特長をもっているか調べてみよう（(13.22) はみたされているとする）．$h(x\cdot\theta - \alpha t)$ は θ に垂直な平面上で値が一定である．t の変化とともに，この平面を θ の向きに速さ α で移動（進行）させていくと，$h(x\cdot\theta - \alpha t)$ の値は変わらない．一般に，t を固定したとき解の値が一定である場所（曲面）を**波面**とよんでいる．結局，(13.21) の形の解は，波面が平面（平面波）であり，速さ α で θ の向きに進行していくようなものだと言える．さらにこ

[16)] $\operatorname{grad}\operatorname{div}$ は行列の形をしており，i 行 j 列成分が $\partial_{x_i}\partial_{x_j}$ であることに注意せよ．

のとき，磁場，電場，θ は互いに直交している．進行方向に対して解の値（ベクトル）の向きが直交しているような解を横波とよんでいる．通信などに使われている電波は，$h(s) = \sin ks$ としたときの上述のような解と考えられる．

　波面が平面ではない解も存在しそうに思われる．例えば，球面が進行するような波（球面波）は，実際の現象として存在が期待される．しかしながら，上記の平面波のように単純な表示式でこの種の存在を正当化することはできない．適用範囲が広くしばしば利用される手法は，漸近解（近似解）の構成である．それは，$h(s)$ を三角関数（$\sin ks$）などとし，(13.21) において $\theta \cdot x$ の代わりに考察したい波面に対応する関数 $\varphi(x)$ を選んで，k（振動数）を大きくしたとき真の解になるような近似解をつくるというものである．「あとがき」にある参考文献 [7] には，この発想に基づく解の構成法が一般論として解説されている（第 10 章参照）．

───────────── 章末問題 ─────────────

13.1　空間 $\mathbb{R}^n$ $(n \geq 2)$ において，距離 r にある 2 つの電荷同士（電気量は q_1, q_2）は，次のクーロンの法則のような力をおよぼしあうとする．力の大きさは $q_1 q_2 \, r^{-\alpha}$（α は正定数）に比例し，電荷が異符号のときは引力，同符号のときは斥力となる．この法則の下で，ベクトル場 $E(x)$ を次のように定義する．x に単位電荷を置いたとき，この電荷が受ける力を $E(x)$ とする．この $E(x)$ において，電荷密度 $d(x)$ に関する次の等式が成立するどうか調べよ（「成立する」ような α の値を求め，理由も述べよ）．

$$\int_S E(x) \cdot p(x) \, dS_x = c \int_V d(x) \, dx \qquad (c \text{ は正定数}) .$$

ここで，V は任意の閉じた曲面 S で囲まれた有界な領域であり，$p(x)$ は $x \ (\in S)$ における S の外向き単位法ベクトルである．

13.2　関数 $f(x, y)$ $(x \in \mathbb{R}^n, y \in \mathbb{R}^m)$ に対して次の等式が成立することを示せ．

$$\partial_x^\alpha \int_V f(x, y) \, dy = \int_V \partial_x^\alpha f(x, y) \, dy$$

ここで V は積分が考えられる $\mathbb{R}_y^m$ 内の領域である．

13.3　次の方程式について以下の問に答えよ．

$$\begin{cases} \partial_t B(t, x) + \operatorname{curl} E(t, x) = 0, & t \in \mathbb{R}, \ x \in \mathbb{R}^3, \\ \partial_t E(t, x) - k \operatorname{curl} B(t, x) = 0, & t \in \mathbb{R}, \ x \in \mathbb{R}^3 \qquad (k \text{ は正定数}) . \end{cases}$$

(1)　$E(t, x) = h(x \cdot \theta - ct) E^0$, $B(t, x) = h(x \cdot \theta - ct) B^0$ $(c > 0, \ \theta = {}^t(\theta_1, \theta_2, \theta_3), \ |\theta| = 1)$ が解ならば，$(k^2 - c)(I - P(\theta)) B^0 = 0$, $(k^2 - c)(I - P(\theta)) E^0 = 0$ が成立することを示せ．ここで，I は単位行列（対角成分が 1 で他の成分は 0 である行列）であり，$P(\theta)$ は i 行 j 列成分が $\theta_i \theta_j$ である行列[17] である．

───────────────────────────

[17] $P(\theta)$ は線型写像 $x \mapsto (x \cdot \theta)x$ の表現行列であり，いわゆる空間 $\{s\theta\}_{s \in \mathbb{R}}$ への射影子である．

(2) 前問 (1) の $E(t,x)$, $B(t,x)$ が解になるのは, θ, E^0, B^0 が互いに直交しているときであることを示せ（本問は (13.22) の証明である）. ここで, $h(s)$ は恒等的に 0 とはなっていない関数である.

(3) 問 (1) において, $c=0$ のとき $E(t,x)$, $B(t,x)$ は解になることがあるか, どちらであっても理由も述べよ. さらに, 解になるとき θ, E^0, B^0 が互いに直交することになるか.

13.4 D を $\mathbb{R}_x^3$ 内の有界な領域とし, D の境界を S とする. 次の方程式に関する以下の問に答えよ.

$$
\begin{cases}
\partial_t B(t,x) + \operatorname{curl} E(t,x) = 0, & t \in \mathbb{R}, \ x \in D, \\
\partial_t E(t,x) - \operatorname{curl} B(t,x) = 0, & t \in \mathbb{R}, \ x \in D, \\
\operatorname{div} E(t,x) = 0, \quad \operatorname{div} B(t,x) = 0, & t \in \mathbb{R}, \ x \in D, \\
E(t,x) = 0, \quad B(t,x) = 0, & t \in \mathbb{R}, \ x \in S.
\end{cases}
$$

(1) $U(t,x) = \begin{pmatrix} E(t,x) \\ B(t,x) \end{pmatrix}$ とおいて, 方程式 $\partial_t B(t,x) + \operatorname{curl} E(t,x) = 0$, $\partial_t E(t,x) - \operatorname{curl} B(t,x) = 0$ を $\partial_t U(t,x) - L(\partial_x) U(t,x) = 0$ という形に書いたとすると, 行列 $L(\partial_x)$ はどのような形をしているか.

(2) （第 12 章の (12.19) のような) 定常解 $U(t,x) = \varphi(t) V(x)$ を考えると（恒等的に $\varphi(t) = 0$ であるものは除く）, $V(x)$ は次の方程式をみたすことを示せ.

(13.23)
$$
\begin{cases}
L(\partial_x) V(x) = c V(x), & x \in D \quad (c \text{ は定数}), \\
A(\partial_x) V(x) = 0, & x \in D, \\
V(x) = 0, & x \in S.
\end{cases}
$$

ここで, $A(\partial_x)$ の i 行 j 列成分は, $i=1$, $j=1,2,3$ のとき ∂_{x_j} であり, $i=2$, $j=4,5,6$ のとき $\partial_{x_{j-3}}$ である 2×6-行列である. 他の成分は 0 である.

(3) 関数の値を実数に限るとすると, (13.23) の定数 c が 0 でない実数ならば, （0 でない）解 $V(x)$ は存在しないことを示せ[18]（ヒント $\displaystyle\int_D L(\partial_x) V(x) \cdot L(\partial_x) V(x) \, dx$ を考えよ）.

---

[18] 関数の値を複素数の範囲で考えると, 純虚数 ($\neq 0$) に対して解 $V(x)$ が存在し得ることが知られている.

第 14 章

惑星の運動

　ニュートンは微分積分を現象解析の基本道具として導入した．このとき，対象となった現象は惑星の運動である．本章では，この運動の基本法則がどんなものかを考えるとともに，その際微分積分がどのように関わるかをみてみたい．特に，惑星の基本法則として知られているケプラーの法則を取りあげる．ニュートンは，この法則がより基本的な法則（仮定）から数理的に導かれることを示したのである．そのときの数学が今日の解析学（微分積分学）の出発点になっている．

14.1　中心力場

　地球などの惑星の運動は，太陽との万有引力に拘束されながら周期運動していると考えられる．太陽は惑星と比べると質量が圧倒的に大きい．したがって，惑星から太陽への影響はほとんど無視できるろう．さらに，そのことから太陽はどこか定点に位置しているとしていいだろう．今，その定点は空間 $\mathbb{R}^3_x$ の原点であるとしよう．また，惑星同士は十分離れていてお互い影響し合っていないと思っていいだろう．以下，個々の惑星の運動は，それ自身と太陽との関係だけで決まるという前提で考察する．

　ある惑星（例えば地球）に注目して，それが位置 x $(= {}^t(x_1, x_2, x_3)$ 位置ベクトル) にあるときに受ける力 $F(x)$ は，太陽との万有引力だけであるとする．原点に太陽があるとしているとき，この $F(x)$ を具体的に書くと

$$(14.1) \qquad\qquad F(x) = -\gamma \frac{Mm}{|x|^2} n(x)$$

となる（詳しくは次節で触れる）．ここで，γ は重力定数，M は太陽の質量，m は惑星の質量，$n(x)$ $(= {}^t(n_1(x), n_2(x), n_3(x)))$ は x 原点（太陽）から（惑星）へ向かう単位ベクトル（つまり $n(x) = |x|^{-1}x$）である．

　一般に，質点の受ける力が常に定点の方向を向いていて，その大きさが定点までの距離だけで決まっているような場合を（そのような力が働いている空間を），中心力場とよんでいる．定点が原点であるとして，x におけるこの受ける力 $v(x)$ $(= {}^t(v_1(x), v_2(x), v_3(x)))$ が，

$$(14.2) \qquad\qquad v(x) = r(|x|)n(x) \quad (r(s) \text{ は実数値関数 })$$

となっている場合である．(14.1) の状況はこの実例である．

例題 14.1　中心力場は保存系であることを証明せよ．

第 11 章の例題 11.2 で示したように，$v(x) = r(|x|)n(x)$ について，$\operatorname{curl} v(x) = 0$ を示せばよい．第 i 成分が 1 であり，残りの成分は 0 である列ベクトルを e^i とする．$\partial_{x_i} n(x) = \partial_{x_i}(|x|^{-1}x) = -|x|^{-2}\dfrac{x_i}{|x|}x + \dfrac{1}{|x|}e^i$ となるから

$$\partial_{x_i}\{r(|x|)n_j(x)\} = (\partial_{x_i}r(|x|))n_j(x) + r(|x|)\partial_{x_i}n_j(x)$$
$$= \frac{dr}{ds}(|x|)\frac{x_i}{|x|}n_j(x) + r(|x|)\left(-|x|^{-2}\frac{x_i}{|x|}x_j + \frac{1}{|x|}\delta_{ij}\right)$$

となる．ここで，$\delta_{ii} = 1$ であり，$i \neq j$ のとき $\delta_{ij} = 0$ である．

$$\partial_{x_2}v_3(x) - \partial_{x_3}v_2(x) = \frac{dr}{ds}(|x|)\frac{x_2}{|x|}|x|^{-1}x_3(x) - r(|x|)\left(|x|^{-2}\frac{x_2}{|x|}x_3\right)$$
$$-\frac{dr}{ds}(|x|)\frac{x_3}{|x|}|x|^{-1}x_2(x) + r(|x|)\left(|x|^{-2}\frac{x_3}{|x|}x_2\right) = 0$$

となっている．第 2 成分および第 3 成分について同様の計算をすると，どちらも 0 であることが分かる．したがって，$x \neq 0$ において $\operatorname{curl} v(x) = 0$ である．

（例題 14.1 の説明終り）

3 次元空間はいろいろな（3 次元的な）方向の移動が可能な空間である．しかし，実際の惑星は 1 つの平面上を動いている（図参照）．この平面を公転面（軌道面）とよんでいる．実は，惑星の加速度は受ける力に比例しているので（次節のニュートンの第 2 運動法則を参照），このような運動しかできないのである．すなわち，次の定理がなりたつ．

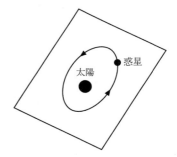

定理 14.1　中心力場において，その力場による力を受けて（1 つの）質点が移動している．質点の加速度と受ける力とは比例しているとする．このとき，質点は中心力場を定めている定点を含む 1 平面内で移動する．

証明　x において質点が受ける力は $G(x) = r(|x|)n(x)$ である（(14.2) 参照）とする（このように仮定しても一般性を失わない）．時刻 t における質点の位置を $x = u(t)$ であるとする．定理の証明は，「$u(t)$ と $u'(t)$ $\left(= \dfrac{du}{dt}(t)\right)$ のどちらにも常に直交する定ベクトル（$= a$）が存在する」ことを示せばよい．なぜなら，$a \cdot (u(t) - u(0)) = a \cdot \displaystyle\int_0^t u'(s)\,ds = 0$ となり，任意の t に対して点 $u(t)$ は点 $u(0)$ を含み a に垂直な平面内にあることになるからである．このような定ベクトルの存在は，$u(t)$ と $u'(t)$ の外積 $u(t) \times u'(t)$ を調べることで確かめることができる．つまり，$u(t) \times u'(t)$ は $u(t)$ と $u'(t)$ が定める平面に常に垂直であるから，$u(t) \times u'(t)$ が t に

関して一定であることを示せばよいことになる[1]. それは, $u(t) \times u'(t) = a$ (定ベクトル) と
すれば, 原点を含む a に垂直な平面は常に位置ベクトル $u(t)$ を含んでいるあるからである.

$u''(t) = c\,G(u(t)) = c\,r(|u(t)|)|u(t)|^{-1}u(t)$ (c は定数) と書けるから,

$$\frac{d}{dt}\Big(u(t) \times u'(t)\Big) = u'(t) \times u'(t) + u(t) \times u''(t)$$

$$= u'(t) \times u'(t) + u(t) \times c\,G(u(t))$$

$$= u'(t) \times u'(t) + c\,r(|u(t)|)\,|u(t)|^{-1}u(t) \times u(t)$$

が成立する. ここで, 外積 $f(t) \times g(t)$ の微分が $f'(t) \times g(t) + f(t) \times g'(t)$ となること[2]を使っ
ていることに注意しよう. 同じベクトル同士の外積は 0 になるので, 上式は 0 である. よっ
て, $u(t) \times u'(t)$ は t に関して一定である. したがって, $u(t) \times u'(t)$ は常に $u(0) \times u'(0)$ に等
しく, t に関して一定である.

(証明終り)

例題 14.2 定理 14.1 のときと同じ状況で移動している質点があるとする. この質点が
ある経路をへて元の位置にもどってきたとすると, その速さは元のときと同じであること
を示せ.

質点がたどった経路を l とする. l は閉じた曲線になる. 中心力場を定める定点は原点 $x = 0$
にあるとし, この力場を $G(x)$ で表す. 時刻 t における質点の位置を $x = u(t)$ とすると,
$\dfrac{d^2u}{dt^2}(t) = c\,G(u(t))$ が成立する. $t = t_0$ のとき l をたどり始め, $t = t_1$ のとき元の位置にも
どってきたとする. すなわち, $u(t_0) = u(t_1)$ とする. $G(x)$ は保存系になるので (例題 14.1 を
参照), $\displaystyle\int_l G(x) \cdot k(x)\,dl_x = 0$ である. したがって, 線積分 $\displaystyle\int_l G(x) \cdot k(x)\,dl_x$ を $u(t)$ で表して
(第 8 章の (8.3) を参照)

$$0 = \int_{t_0}^{t_1} c^{-1}\frac{d^2u}{dt^2}(t)\frac{du}{dt}(t)\,dt = \int_{t_0}^{t_1} c^{-1}\frac{d}{dt}\Big\{2^{-1}\Big(\frac{du}{dt}(t)\Big)^2\Big\}\,dt = \Big(\frac{du}{dt}(t_1)\Big)^2 - \Big(\frac{du}{dt}(t_0)\Big)^2$$

が得られる. ゆえに, 質点の速さは元の位置のときと変わらない.

(例題 14.2 の説明終り)

14.2 ケプラーの法則

太陽の周りにはいくつかの惑星が回っている. 16 世紀の頃から地球もその 1 つであるという
こと (地動説) が, 天文学者の間では常識になってきた. しかも, あまり意識されていなかっ
たようだが, 惑星の軌道は 1 つの平面内にある. 前節でみたように (定理 14.1), これは各惑
星が太陽との万有引力だけに拘束されて移動しているとすれば当然のことである. 17 世紀初
め, ケプラーは, 当時としては非常に精密な観測の結果から次の明快な法則を発見した.

---

[1] $u(t)$ と $u'(t)$ が平行になるような場合でも以下の証明は有効である.
[2] 第 10 章の (10.10) にある行列 $R(a)$ を使って, 外積 $a \times b$ を $R(a)b$ と表せば, 証明できる.

ケプラーの法則

(i) 惑星の軌道は，太陽を焦点とする楕円である（図参照）.

(ii) 惑星が軌道上を掃過する面積速度[3]は一定である.

(iii) 惑星の周期の2乗は軌道（楕円）の長軸の3乗に比例する.

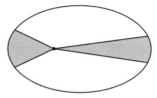

ケプラーはこれがなぜなりたつかというようなことは追求しなかった.（ii）より，惑星が太陽に近い所では，遠い所に比べて速く移動することに注意しよう.

17世紀後半，ニュートンはこのケプラーの法則が次の運動の法則と引力の法則から数学的に導けることを示した.

ニュートンの第2運動法則

物体が受ける力[4]とその時の加速度は比例する（その比例定数を質量とよぶ）.

万有引力の法則

2つの物体は互いに引き合う. その大きさは両者の質量の積に比例し，
距離の2乗に反比例する.

この単純とも言える非常に基礎的な法則（数学的に言えば仮定）から，数学を使うことで具体的な現象の法則（しかも数量的な法則）が導けるということは，当時の物理学者に非常に注目された. それは，数学を使うことで非常に原則的な法則から詳細な法則が得られるという方向（目標）が提示されたという点にである. ニュートンは，四則計算では的確に表しにくい「加速度」の表現道具として，関数の時間に対する微分を導入した. この導入で数学を使った現象解析の対象が飛躍的に広がった. そして，ニュートンが示した現象解析への究明方針は，様々な物理現象の解析に採用されていった. そして，微分およびそれと密接な関係にある積分に関する数学（つまり解析学）は物理学と一体的に発展していった. 18世紀後半にはさまざまな物理現象に対して数量的に精密な解析ができるようになった. さらに，19世紀後半からはこの成果が工業的な技術に利用されるようになり，現代の科学技術の発展につながっていったのである. 以下において，前節の考察をふまえて，上記の「ニュートンの第2運動法則」と「万有引力の法則」から「ケプラーの法則」導いてみる.

原点には質量 M の質点が固定されているとし，これとの万有引力に拘束されながら運動している質点 m（質量も m で表す）があるとする. 前節の定理14.1より，この運動は1つ平面内で起こる. この平面に（2次元直交）座標 x $(= {}^t(x_1, x_2))$ が取ってあるとする. m が位置 x にあるとき，m に働く万有引力 $F(x)$ は

$$(14.3) \qquad F(x) = -\gamma \frac{Mm}{|x|^2} n(x), \qquad n(x) = \frac{1}{|x|} x \qquad (\gamma は重力定数とよばれる定数)$$

で表される. さらに，そのとき m に働く力 F と m の加速度 a は $F = ma$ という関係にあるというのがニュートンの第2運動法則である.

---

[3] 惑星と太陽を結んだ線分が単位時間に通り過ぎる部分の面積のこと.
[4] 受けている力（ベクトル）の和，つまり合力と言うべきである.

時刻 t における m の位置を $x = u(t)$ とする．ニュートンの第 2 運動法則は $F(u(t)) = m\dfrac{d^2u}{dt^2}(t)$ を意味するから，(14.3) よりすべての t に対して

$$\text{(14.4)} \qquad \frac{d^2u}{dt^2}(t) + \frac{a}{|u(t)|^2}n(u(t)) = 0, \quad a = \gamma M$$

が成立する．これが，$u(t)$ に対する制約式である．この微分方程式の解 $u(t)$ に対して，t を動かしたときの点 $u(t)$ が描く軌跡が m の軌道である．以下では，m は無限の遠方に遠ざかることもないし，どこまでも原点に近づくこともないと仮定する．示したいことは次の定理である．

定理 14.2　$u(t)$ を方程式 (14.4) の解とする．このとき，次のこと（ケプラーの法則）が成立する．

(i)　点 $u(t)$ の描く軌道（すなわち $\{x|\ x = u(t),\ t \in \mathbb{R}\}$）は楕円である．

(ii)　点 $u(t)$ が掃過する面積速度は一定である．

(iii)　点 $u(t)$ の運動は周期運動であり，その周期の 2 乗は軌道（楕円）の長径の 3 乗に比例する．

この定理の証明には，極座標 (r, θ) を導入するとやりやすい．証明の前に，極座標の導入で得られるいくつかの結果（証明で使うもの）を述べておこう．x_1, x_2 と r, θ の関係式は $x_1 = r\cos\theta,\ x_2 = r\sin\theta$ である（第 5 章の例 5.1 を参照）．楕円とは，2 定点（G, K とする）への距離の和が一定であるような点 P の全体で定義される．G, K は焦点とよばれる．もし，G が原点にあり，x_1-軸が直線 GK と一致するように座標軸がとってあるとすれば，楕円は極座標 (r, θ) を使って

$$\text{(14.5)} \qquad r = \frac{l}{1 - e\cos\theta} \qquad (l, e \text{ は定数で } l > 0,\ 0 \le e < 1 \text{ をみたす})$$

と表される（証明は第 5 章の例題 5.1 を参照）．

t における m の位置は，極座標を使って $r = p(t),\ \theta = \varphi(t)$ であるとする．

例題 14.3　$u(t)$ が (14.4) をみたすとする．次の等式がなりたつことを示せ．

$$\text{(14.6)} \qquad \frac{du}{dt}(t) = \frac{dp}{dt}(t)\tilde{n}(\varphi(t)) + p(t)\frac{d\varphi}{dt}(t)\tilde{n}^\perp(\varphi(t)),$$

$$\text{(14.7)} \qquad \frac{d^2u}{dt^2}(t) = \left\{\frac{d^2p}{dt^2} - p(t)(\frac{d\varphi}{dt}(x))^2\right\}\tilde{n}(\varphi(t))$$
$$+ \left\{2\frac{dp}{dt}(t)\frac{d\varphi}{dt}(t) + p(t)\frac{d^2\varphi}{dt^2}(t)\right\}\tilde{n}^\perp(\varphi(t)).$$

ここで，$\tilde{n}(\theta) = {}^t(\cos\theta, \sin\theta),\ \tilde{n}^\perp(\theta) = {}^t(-\sin\theta, \cos\theta)$ である．

$u_1(t) = p(t)\cos\varphi(t),\ u_2(t) = p(t)\sin\varphi(t)$ であるから，

(14.8)
$$\frac{du_1}{dt}(t) = \frac{dp}{dt}(t)\cos\varphi(t) - p(t)\sin\varphi(t)\frac{d\varphi}{dt}(t),$$

(14.9)
$$\frac{du_2}{dt}(t) = \frac{dp}{dt}(t)\sin\varphi(t) + p(t)\cos\varphi(t)\frac{d\varphi}{dt}(t)$$

が成立する. よって (14.6) が得られる. さらに, (14.8), (14.9) の両辺を微分することで (14.7) が得られる.

（例題 14.3 の説明終り）

注意 14.1　例題 14.3 は直交座標で表されている速度と加速度を, 極座標による位置表示で表したときの変換式を与えている. この変換式は極座標を使うときよく使われるものである.

定理 14.2 の証明　上記の例題 14.3 にある式等はそのまま使うことにする. $n(u(t)) = \tilde{n}(\varphi(t))$ に注意すると, (14.7) を (14.4) に代入して

$$\left\{\frac{d^2p}{dt^2} - p(t)(\frac{d\varphi}{dt}(x))^2 + \frac{a}{|u(t)|^2}\right\}\tilde{n}(\varphi(t)) + \left\{2\frac{dp}{dt}(t)\frac{d\varphi}{dt}(t) + p(t)\frac{d^2\varphi}{dt^2}(t)\right\}\tilde{n}^\perp(\varphi(t)) = 0$$

が得られる. $\tilde{n}(\theta)\cdot\tilde{n}(\theta) = \tilde{n}^\perp(\theta)\cdot\tilde{n}^\perp(\theta) = 1$, $\tilde{n}(\theta)\cdot\tilde{n}^\perp(\theta) = 0$ であるので, 上式の両辺と $\tilde{n}(\varphi(t))$ および $\tilde{n}^\perp(\varphi(t))$ との内積を取ることにより次の等式が成立することが分かる.

(14.10)
$$\frac{d^2p}{dt^2}(t) - p(t)(\frac{d\varphi}{dt}(t))^2 + \frac{a}{p(t)^2} = 0,$$

(14.11)
$$2\frac{dp}{dt}(t)\frac{d\varphi}{dt}(t) + p(t)\frac{d^2\varphi}{dt^2}(t) = 0.$$

$\frac{1}{p(t)}\frac{d}{dt}\left(p(t)^2\frac{d\varphi}{dt}(t)\right) = 2\frac{dp}{dt}(t)\frac{d\varphi}{dt}(t) + p(t)\frac{d^2\varphi}{dt^2}(t)$ であるから, (14.11) より, $\frac{d}{dt}\left(p(t)^2\frac{d\varphi}{dt}(t)\right) = 0$ である. これがなりたつ必要十分条件は, $p(t)^2\frac{d\varphi}{dt}(t)$ が定数ということである. すなわち

(14.12)
$$p(t)^2\frac{d\varphi}{dt}(t) = b \quad (b \text{ は } 0 \text{ でない任意定数})$$

である.

実際の惑星の動きから, 質点 m は時間 t とともに, 偏角 $\varphi(t)$ が増える（または減る）向きに移動してくはずである. すなわち, $\frac{d\varphi}{dt}(t) \neq 0$ ということである. 今, 常に $\frac{d\varphi}{dt}(t) > 0$ であると仮定する（$\frac{d\varphi}{dt}(t) < 0$ でもよい）. このように仮定すると, 逆関数 $\varphi^{-1}(\theta)$ が存在することになる. $t = \varphi^{-1}(\theta)$ を $r = p(t)$ に代入することで, 制約式 (14.10) (14.12) から r と θ の関係式（つまり目標としている (14.5)）が得られるはずである. ちょうど, (14.10) (14.12) は軌道の媒介変数表示を与えるものだということである.

$q(\theta) = \dfrac{1}{p(\varphi^{-1}(\theta))}$ を導入すると, 上記の r と θ の関係式が具体的に明らかになる. (14.12) より $\frac{d\varphi}{dt}(t) = \dfrac{b}{p(t)^2}$ である. したがって, $p(t) = \dfrac{1}{q(\theta)}$ を t で微分して (14.12) を使うと

$$\frac{dp}{dt}(t) = -\frac{1}{q(\varphi(t))^2}\frac{dq}{d\theta}(\varphi(t))\frac{d\varphi}{dt}(t) = -b\frac{dq}{d\theta}(\varphi(t))$$

が成立する. さらに, この式を微分して, (14.12) を使うことで

$$\frac{d^2p}{dt^2}(t) = -b\frac{d^2q}{d\theta^2}(\varphi(t))\frac{d\varphi}{dt}(t) = -b^2\frac{d^2q}{d\theta^2}(\varphi(t))q(t)^2$$

が得られる．これと $\dfrac{d\varphi}{dt}(t) = \dfrac{b}{p(t)^2}$ を (14.10) に代入して，$-\{b^2\dfrac{d^2q}{d^2\theta}(\varphi(t)) + b^2q(\varphi(t)) - a\}q(\varphi(t))^2 = 0$ が成立することが分かる．したがって，$q(\theta)$ に対する方程式

$$(14.13) \qquad \frac{d^2q}{d^2\theta}(\theta) + q(\theta) = \frac{a}{b^2}$$

が導ける．$\dfrac{a}{b^2} = 0$ とすれば，これはよく知られた単振動の方程式である．単振動の方程式の一般解は $\alpha\cos(\theta+\beta)$（$\alpha,\ \beta$ は任意定数）であり，$\dfrac{a}{b^2}$ は (14.13) の 1 つの解（特殊解）である．よって (14.13) の一般解は $q(\theta) = \dfrac{a}{b^2} + \alpha\cos(\theta+\beta)$ で与えられる[5]．

　ここで，質点は原点のまわりを何周も回ることを想定しなければならないので，θ は実数全体の値を取り得るものと考えなければならない．しかも，その際常に $q(\theta) > 0$ でなければならないので，α は $\left|\dfrac{\alpha b^2}{a}\right| < 1$ をみたす定数である必要がある．また，β については，座標軸を取りかえることにより，$\beta = 0$ とすることができる．さらに，$\theta = 0$ のとき，質点は原点から最もはなれているとする（原点と焦点および座標系の取り方がそのようになっているとする）．これは，$\theta = 0$ のとき $r\ (= q(\theta)^{-1})$ が最大になっている，つまり $q(\theta)$ が最小になっていることであり，$\alpha \le 0$ であることを意味している．したがって，質点 m の軌道を表す方程式[6]，つまり r と θ の関係式は

$$(14.14) \qquad r = \frac{\dfrac{b^2}{a}}{1 - e\cos\theta} \quad (0 \le e = -\frac{\alpha b^2}{a} < 1)$$

ということとなる．これは，(14.5) と同じ形であるので，m の軌道は楕円である．

　以上の考察においては，惑星の運動を想定しているので，m は $t \to \infty$ のときどこまでも原点に近づくということもないし，限りなく遠ざかるということもないとしていた．つまり，次のことを仮定していた．

　　t によらない正定数 L が存在して $L^{-1} \le |u(t)| \le L$ となっている．

厳密な議論にするには，この仮定をみたす (14.13) の任意の解 $u(t)$ は，「軌道が楕円である」もの以外には存在しないということを確認しておかなければならない．上述の考察において，どの部分でこの確認を意識しなくてはならないかは読者にまかせたい．

　定理 14.2 の (ii) は，m に働く力が中心力場によるものであればなりたつことである．この証明は読者にまかせたい（章末問題 14.2 を参照）．

　定理 14.2 の (iii) について考えよう．周期を T とすると，$\displaystyle\int_0^T \frac{1}{2}p(t)^2\left|\frac{d\varphi}{dt}(t)\right| dt$ は軌道の楕

---

[5] $\dfrac{d^2q}{d^2\theta}(\theta) + q(\theta) = \dfrac{a}{b^2}$ の解が 1 つみつかれば（今の場合は $q(\theta) = \dfrac{a}{b^2}$ がそうである），この方程式の一般解は，この解と方程式 $\dfrac{d^2q}{d^2\theta}(\theta) + q(\theta) = 0$ の一般解の和で表せる．$\dfrac{d^2q}{d^2\theta}(\theta) + q(\theta) = 0$ の一般解は $\alpha\cos(\theta+\beta)$ である（章末問題 14.4）．

[6] $r = p(t)\ (= 1/q(\varphi(t)))$，$\theta = \varphi(t)$ から t を消去して得られる r と θ の関係式と考えてもよい．

円が囲む面積 S に等しい. 今, $p(t)^2 \dfrac{d\varphi}{dt}(t)$ は一定 $(= b \neq 0)$ であるので, 常に $\dfrac{d\varphi}{dt}(t) \neq 0$ となり, この符号は変わらない. ここでは, $b > 0$ とする. したがって, 常に $\dfrac{d\varphi}{dt}(t) > 0$ であり, $\dfrac{1}{2}Tb = S$ が成立する.

質点が原点から最も離れるのは, (14.14) において $\theta = 0$ のときであり, 最も近づくのは $\theta = \pi$ のときである. すなわち, 極座標で $\left(\dfrac{c}{1+\alpha c}, 0\right)$, $\left(\dfrac{c}{1-\alpha c}, \pi\right)$ $\left(c = \dfrac{b^2}{a}\right)$ の位置にあるときである. これらの点をそれぞれ P_+, P_- とする. 軌道 (楕円) 上の点で最も直線 P_+P_- (図参照) から離れる点 (2 点ある) を Q, Q′ とする. 直線 P_+P_- と直線 QQ′ の交点を R とする. R に関して原点 O の対称な点を O′ とする. O, O′ は楕円の焦点である. 折れ線 OQO′ の長さ $\overline{OQO'}$ と折れ線 OP_+O' の長さ $\overline{OP_+O'}$ は等しい (楕円の定義より). したがって, $4\overline{OQ} = 2\overline{OQO'} = \overline{OP_+O'} + \overline{O'P_-O} = 2(\overline{OP_+} + \overline{OP_-}) = 2\overline{P_+P_-}$ が成立する. よって, 次の等式が成立する.

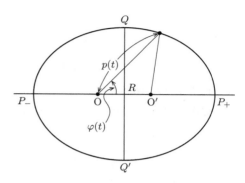

(14.15)
$$\overline{OQ} = \frac{1}{2}\left(\frac{c}{1+\alpha c} + \frac{c}{1-\alpha c}\right) = \frac{c}{1-\alpha^2 c^2} = \frac{1}{2}\overline{P_+P_-}.$$

また, $2\overline{OR} = \overline{OO'} = \overline{OP_+} - \overline{O'P_+}$, $\overline{O'P_+} = \overline{OP_-}$ である. ゆえに,

$$\overline{OR} = \frac{1}{2}\left(\frac{c}{1+\alpha c} - \frac{c}{1-\alpha c}\right) = \frac{-\alpha c^2}{1-\alpha^2 c^2}.$$

が得られる. したがって, 次の式が成立する.

(14.16)
$$\overline{QQ'} = 2\sqrt{\overline{OQ}^2 - \overline{OR}^2} = 2\sqrt{\frac{c^2}{(1-\alpha^2 c^2)^2} - \frac{\alpha^2 c^4}{(1-\alpha^2 c^2)^2}} = 2c\sqrt{\frac{1}{1-\alpha^2 c^2}}.$$

また, (14.15) より $\sqrt{\dfrac{1}{1-\alpha^2 c^2}} = \sqrt{\dfrac{1}{2c}\overline{P_+P_-}}$ である. これと (14.16) より $\overline{QQ'} = \sqrt{2c\,\overline{P_+P_-}}$ であることが分かる. ところで, S は $\pi \dfrac{\overline{QQ'}}{2}\dfrac{\overline{P_+P_-}}{2}$ に等しい (第 6 章の例題 6.1 を参照) ので, $S = \pi\, 2^{-\frac{3}{2}}\, c^{\frac{1}{2}}\,\overline{P_+P_-}^{\frac{3}{2}}$ である. さらに, $T = \dfrac{2S}{b} = 2(ac)^{-\frac{1}{2}}S$ であった. したがって, 結局次の等式がなりたつ.

$$T = \pi(2a)^{-\frac{1}{2}}\overline{P_+P_-}^{\frac{3}{2}}.$$

楕円の長径は $\overline{P_+P_-}$ であるので定理 14.2 の (iii) が得られた.

(証明終り)

──────────────── **章末問題** ────────────────

14.1 空間 $\mathbb{R}^3_x$ において,時刻 t における質点の位置が $x = u(t)$ であるとする.このとき,ある定ベクトル $a\,(\neq 0)$ に対して $\dfrac{d^2 u}{dt^2}(t)$ は常に直交していて,$\dfrac{du}{dt}(0) \neq 0$ が a に直交しているならば,質点は点 $u(0)$ を含み a に垂直な平面内を動いている.このことを示せ.

14.2 質点 m が中心力場の力を受けて運動しており,m の受ける力と加速度は比例しているとする.この軌道面[7]に極座標 (r, θ) を導入する.中心力場の定点は原点 $(r = 0)$ にあるとする.時刻 t における m の位置は,$r = p(t)$, $\theta = \varphi(t)$ であるとする.このとき,m が掃過する面積速度は一定であることを示せ.

14.3 $x_1 x_2$-空間に極座標 (r, θ) $(x_1 = r \cos\theta,\ x_2 = r \sin\theta)$ が導入されているとする.点 P が,P と原点 O $(r = 0)$ までの距離と,P と x_1-軸上の点 K(x_1-軸座標を $d\,(>0)$ とする)までの距離の差 $|PK - PO|$ が一定であることをみたす必要十分条件を,極座標 (r, θ) で表すと次のようになることを示せ.

$$r = \frac{a}{1 + e\cos\theta} \quad (a, e \text{ は } a > 0, |e| > 1 \text{ をみたす定数である}).$$

(上記の点 P が定める軌跡は,いわゆる**双曲線**である.双曲線は,太陽との引力で移動する物体の軌道として許されるものである(この検証は読者にまかせたい).さらに,$|e| > 1$ であるので,θ がある値に近づくとき,$r \to \infty$ になってしまう.つまり,周期運動せず,太陽の周辺を通りすぎるだけである.)

14.4 方程式 $\dfrac{d^2 q}{d\theta^2}(\theta) + q(\theta) = c,\ \theta \in \mathbb{R}$(c は定数)について次の問に答えよ.

(1) $v(\theta)$ を 1 つの解(特殊解)とすると,一般解 $q(\theta)$ は次のように書けることを示せ.

$$q(\theta) = v(\theta) + w(\theta).$$

ここで $w(\theta)$ は方程式 $\dfrac{d^2 w}{d\theta^2}(\theta) + w(\theta) = 0$(c = 0 としたもの)の任意の解(一般解)である.

(2) 上問 (1) の一般解 $q(\theta)$ は,任意定数 α, β を使って次のように表せることを示せ.

$$q(\theta) = c + \alpha\cos(\theta + \beta).$$

---

[7] 軌道は一平面内にあることに注意せよ(定理 14.1 を参照).

第 15 章（補章）

距離空間

　数学的な解析をするとき，抽象的な集合に何か近さの尺度を導入することが少なくない．この「近さ」の尺度を一種の距離と考えて，さまざまな解析に共通的に利用できるように定義したものが，一般的な集合における「距離」である．本章では，この一般的な「距離」に関する基本事項を説明するとともに，その具体例などについて解説したい．

15.1　距離と点列

　微分方程式について解の存在を示すということは，何か関数の集合の中で制約式（微分方程式）をみたす関数をみつけることを意味する．そのとき，例えば積分などを使って，その関数の存在を具体的に示すことができる場合もあるが，そのようなことが期待できないことが少なくない．具体的な表示を通さない方法として，第 9 章の定理 9.1 ではある関数の列をつくり，それをあたかも $\mathbb{R}^n$ の点列のようにみなしてその極限が解になっているというような手法を使った（次節において詳しく触れる）．第 7 章の「逆関数」の存在証明においても（定理 7.2），写像の列を作って似た手法を使った．以下において，一般的な集合における距離の定義および点列の基本事項，さらにそれらの実例などについて説明したい．一般的な距離の定義は，さまざまな議論をするとき共通的に要請したい内容を抽出したものである．

　集合 H があり，任意の $f, g \in H$ に対して 1 つの実数 $d(f, g)$ が定まっているとする．このとき，次の条件がみたされているならば，$d(f, g)$ を**距離**とよび，「H は**距離空間**である」という．

(15.1) $\qquad d(f, g) \geq 0 \ (d(f, g) = 0$ となるのは $f = g$ のときに限られる$)$,

(15.2) $\qquad d(f, g) = d(g, f)$,

(15.3) $\qquad d(f, h) \leq d(f, g) + d(g, h)$ 　（**三角不等式**とよぶ）.

距離空間においては，H の各元は点とよばれる．上記の条件は，よく使われる $\mathbb{R}^n_x$ の距離 $d(x, y) = \sqrt{(x_1 - y_1)^2 + \cdots + (x_n - y_n)^2} \ (x = {}^t(x_1, \cdots, x_n), \ y = {}^t(y_1, \cdots, y_n))$ については当然みたされている．

例 15.1　区間 $I = [a, b]$ 上の連続関数の全体を $C^0(I)$ で表す．$f(t), g(t) \in C^0(I)$ に対して

$$d(f, g) = \max_{t \in I} |f(t) - g(t)|$$

とおく[1]と，これは (15.1)〜(15.3) をみたす.

(15.1), (15.2) は明らかなので，(15.3) のみ確かめておこう. $s\ (\in I)$ がどこにあっても

$$|f(s)-g(s)| \leq |f(s)-h(s)| + |h(s)-g(s)| \leq \max_{t\in I}|f(t)-h(t)| + \max_{t\in I}|h(t)-g(t)|$$

が成立する. したがって，上記の不等式において，$|f(s)-g(s)|$ を $\max_{t\in I}|f(t)-g(t)|$ に置き換えても成立する. ゆえに (15.3) がなりたつ.

次節では例 15.1 の $d(f,g)$ を近さの尺度として使う. そこでは性質 (15.1)〜(15.3) が基本的な役割を果たす. (15.1)〜(15.3) はいろいろな解析において共通して求めたい性質なのである.

上述の距離を使って点列の収束（極限）は次のように定義される. 点列 $\{f_k\}_{k=1,2,\cdots}$ が**収束列**であるとは

$$\lim_{k\to\infty} d(f_k,f) = 0 \text{ となるような } f \text{ が存在する}$$

ときをいう. 上式の f（極限）は一意的である. つまり，点列が異なる 2 点に同時に収束するということは起こらない. 距離は，実際実行する解析をどのようなやり方でやるかということから具体的に決まってくるものである. ただ集合に距離を導入するというだけならば，常に距離は定義可能である. すなわち，$f\neq g$ のとき $d(f,g)=1$, $f=g$ のとき $d(f,g)=0$ と定めればよい[2].

集合 $S\ (\subset H)$ が与えられているとする. S 内の点列が収束するとき，その極限が必ず S 内にあるような場合，「S は**閉集合である**」という[3]. S の補集合（全体から S を除いた集合）が閉集合のとき，「S は**開集合である**」という.

微分方程式の解の存在を示すとき，何か具体的な点列を作りその極限が解になっているというようなやり方を取ることがよくある（次節の話はそうである）. しかし，これが有効であるためには，点列の収束がいえなければならない. 実はこれはなかなかやっかいなことなのである. 上述のように「点列の収束」には極限の存在を前提にしているのであるが，この存在の証明が簡単ではないからである. このような場合，次に定義する「基本列」であることを示し，考えている距離空間では「基本列」と「収束列」が同等であることを証明するというやり方をとる.

点列 $\{f_n\}_{n=1,2,\cdots}$ が**基本列**（コーシー列）であるとは

任意の $\varepsilon\ (>0)$ に対して，N が存在して $n,m\geq N$ のとき常に $d(f_n,f_m)<\varepsilon$

が成立するときをいう[4]. 距離空間 H で基本列であることと収束列であることが常に同等になっているとき，「H は**完備である**」と言う. 収束列ならば常に基本列になるので（証明は読者にまかせたい），完備性は「基本列ならば必ず収束列である」ということが実質的な主張である.

例 15.2　$x,y\in\mathbb{R}^n$ に対して $d(x,y)=\sqrt{(x_1-y_1)^2+\cdots+(x_n-y_n)^2}$ $(x={}^t(x_1,\cdots,x_n), y={}^t(y_1,\cdots,y_n))$ とすると，$d(x,y)$ は完備な距離になる.

---

[1] 関数 $h(t)$ が閉区間 I で連続ならば，常に $\max_{t\in I}|h(t)|$ が有限値で存在することが分かっている.
[2] このときは，点列 $\{f_k\}_{k=1,2,\cdots}$ の f への収束は，「k が十分大きくなれば常に $f_k=f$ となる」という極めて限定的なものになってしまう.
[3] S の境界点がすべて S 自身に含まれているという感じの集合である.
[4] これは，n が大きくなればなるほど，f_n はどこかに集中してしまっているという感じのことを言っている.

$\mathbb{R}^n$ の距離はいろいろ考えられ，上記のもの以外では $\tilde{d}(x,y) = \max\limits_{1 \leq i \leq n} |x_i - y_i|$ などがよく使われる．この距離は，上記の $d(x,y)$ と同等である，つまり $C^{-1}d(x,y) \leq \tilde{d}(x,y) \leq C\,d(x,y)$ となる正定数 C が存在する．一般に2つの距離が同等であれば，どちらの距離であっても，収束列あるいは基本列であることに関して差は出ない（章末問題 15.1）．

　例 15.2 の証明は読者にまかせたい（章末問題 15.1）が，その証明は $n=1$ のとき（つまり実数）の完備性が基本になる．実数の完備性を追及しようとすると，結局，実数をどのように定義するかということが問題になる．標準的な定義は，有理数の集合は分かっているものとし，それからつくられる「デデキントの**切断**」とよばれる集合をつくり，それを実数の集合とみなす（定義する）ことである．この集合に我々のイメージする距離が反映するような距離を定義して，その下で完備性を厳密に証明するということができる．このあたりの詳しい議論については，例えば，「あとがき」参考文献 [1] の第1章補足などを参照してほしい．

例 15.3 区間 $I = [a,b]$ 上の連続関数の全体 $C^0(I)$ は，距離 $d(f,g) = \max\limits_{t \in I} |f(t) - g(t)|$ に関して完備になる．

　上記の「完備性」を確かめておこう．$\{f_n(t)\}_{n=1,2,\ldots}$ を $C^0(I)$ の基本列とする．任意に固定された $s\ (\in I)$ に対して $|f_n(s) - f_m(s)| \leq \max\limits_{t \in I} |f_n(t) - f_m(t)| = d(f_n, f_m)$ が成立するので，$\{f_n(s)\}_{n=1,2,\ldots}$ は実数の基本列である．実数の完備性から，各 $s\ (\in I)$ に対して $\lim\limits_{n \to \infty} f_n(s)$ が存在する．この極限値を $f(s)$ とする．この $f(s)$ が，s を動かしたとき $C^0(I)$ に属することを言えばよい．それには，t を固定したとき，任意の $\varepsilon\ (> 0)$ に対して

(15.4) 　　　$\delta > 0$ が存在して，$|t - s| < \delta$ のとき $|f(t) - f(s)| < \varepsilon$ が成立する

ことを示すとよい．

　$t \in I$ を任意に固定しておく．次の不等式がなりたつ．

$$(15.5) \qquad |f(t) - f(s)| \leq |f(t) - f_m(t)| + |f_m(t) - f_m(s)|$$
$$(15.6) \qquad + |f_m(s) - f_n(s)| + |f_n(s) - f(s)|.$$

(15.6) の第1項について，$|f_m(s) - f_n(s)| \leq d(f_m, f_n)$ であり，$\{f_n\}_{n=1,2,\ldots}$ が基本列であるということから，$m, n \geq N$ のとき s の位置によらず常に $|f_m(s) - f_n(s)| < 4^{-1}\varepsilon$ が成立するような N が存在する．m, n は $m, n \geq N$ となるようにしておく．

　(15.5) の右辺の第1項については，$\lim\limits_{m \to \infty} f_m(t) = f(t)$ であるので，任意の $\varepsilon\ (> 0)$ に対して m が十分大きければ $|f(t) - f_m(t)| < 4^{-1}\varepsilon$ となる．これが成立するように $m\ (\geq N)$ を固定しておく．(15.5) 右辺の第2項について，$f_m(t)$ の連続性より，$\delta\ (> 0)$ が存在して s が $|s - t| < \delta$ をみたすならば，$|f_m(t) - f_m(s)| < 4^{-1}\varepsilon$ が成立する．

　(15.6) の第2項について，$\lim\limits_{n \to \infty} f_n(s) = f(s)$ であるので，$n\ (\geq N)$ が十分大きければ $|f(s) - f_n(s)| < 4^{-1}\varepsilon$ となる．

　以上のことから，s が $|t - s| < \delta$ の範囲にあれば，(15.5) の右辺および (15.6) の各項はすべて $4^{-1}\varepsilon$ より小さくなるようにできる．したがって，$|t - s| < \delta$ のとき $|f(t) - f(s)| < \varepsilon$ が成

立する. すなわち, (15.4) が得られた.

（例 15.3 の説明終り）

　集合がベクトル空間であるとき，以下で述べるノルムを使って，距離を定義することが多い．まず，ベクトル空間（線型空間）の定義をはっきりさせておこう．集合 H が（抽象的な）**ベクトル空間**であるとは，任意の $f, g \in H$ に対して，和 $f + g$ および任意のスカラー c に対して積 cf が定義されており，次の条件がなりたっているときをいう．

  (1) $f + g = g + f$, 　$(f + g) + h = f + (g + h)$,
  (2) 任意の f, g に対して $f + h = g$ となる h が存在する（差 $h = g - f$ の存在）,
  (3) $1f = f$, 　$(a + b)f = af + bf$, 　$(ab)f = a(bf)$ 　（a, b はスカラー）.

　ベクトル空間の各元 f に対して実数 $\|f\|$ が定まっているとする．次の条件がみたされているならば，$\|f\|$ を**ノルム**とよぶ．

(15.7)　　　　　　$\|f\| \geq 0$（$\|f\| = 0$ となるのは $f = 0$ のときに限られる）,

(15.8)　　　　　　$\|cf\| = |c|\|f\|$ 　（c はスカラー）,

(15.9)　　　　　　$\|f + g\| \leq \|f\| + \|g\|$ 　（三角不等式とよぶ）.

ノルムが定義されている空間を**ノルム空間**とよんでいる．ベクトル空間 H にノルムが定義されているとき，$\|f - g\|$ $(f, g \in H)$ は距離になる．ノルム空間では，特にことわらなければこの距離が使われる．完備なノルム空間は**バナッハ空間**とよばれる．

　ベクトル空間には，第 12 章の「補足（フリーエ級数）」にあるようにしばしば（抽象的な）内積が導入される（第 12 章では $\displaystyle\int_a^b f(t)g(t)\,dt$ を導入した）．ベクトル空間 H の任意の元 f, g に対してスカラー (f, g) が定まっており，次の条件がみたされるとき，(f, g) を**内積**とよんでいる．

  (a) $(f, f) \geq 0$ （$(f, f) = 0$ となるのは $f = 0$ のときに限られる）,
  (b) $(f, g) = \overline{(g, f)}$, 　$(f + g, h) = (f, h) + (g, h)$,
  (c) $(cf, g) = c(f, g)$ （c はスカラー）.

ここで，(b) にある $\overline{(\cdot, \cdot)}$ は $(\cdot, \cdot)$ の複素共役を表す．スカラーを実数で考えているときは，$\overline{(\cdot, \cdot)} = (\cdot, \cdot)$ である．スカラーを実数に限定しいることを特に明示したいときは，接頭語として「実」を入れる（実ベクトル空間など）．本書では，スカラーはすべて実数の範囲で考えているので，「実」という語は入れていない．

　内積 (f, g) が定義されているとき，$\|f\| = \sqrt{(f, f)}$ はノルムになる（証明は読者にませたい）．内積が定義されているときは，ことわりなしにこのノルム $\|f\|$ が，さらに距離には $\|f - g\|$ が使われることが多い．ベクトル空間がこの距離で完備なとき，**ヒルベルト空間**とよばれる．

例 15.4　複素数の組の全体 $\mathbb{C}_z^n$ $(z = (z_1, \cdots, z_n))$ は，内積 $z \cdot w = \displaystyle\sum_{i=1}^n z_i \bar{w}_i$ によりヒルベルト空間になる．（証明は読者にまかせたい）

例 15.5 $C^0(I)$ $(I = [a, b])$ の元 $f(t), g(t)$ に対して $(f, g) = \int_a^b f(t)g(t)dt$ とおくと（スカラーは実数とする），(f, g) は内積になる．しかし，$C^0(I)$ は完備ではない．つまり，ヒルベルト空間ではない．

例 15.5 の (f, g) が内積になることは，第 12 章の定理 12.2 の証明などにおいてすでにみてきた（「完備ではない」ことの証明は章末問題 15.2 (2) を参照）．

例題 15.1 $C^0(I)$ $(I = [0, 1])$ の次の関数列 $\{f_k(t)\}_{k=1,2,\cdots}$ を考える．

$$f_k(t) = \begin{cases} 1 - kt & (0 \leq t \leq k^{-1}), \\ 0 & (k^{-1} \leq t \leq 1). \end{cases}$$

この関数列は，距離 $\max_{t \in I} |f(t) - g(t)|$ に関しては収束列とはならないが，例 15.5 にある内積による距離 $\int_0^1 |f(t) - g(t)| \, dt$ に関しては収束して $\lim_{k \to \infty} f_k(t) = 0$ となることを示せ．

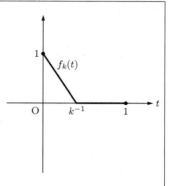

仮に $\{f_k\}_{k=1,2,\cdots}$ が距離 $\max_{t \in I} |f(t) - g(t)|$ に関して収束するとし，$\lim_{k \to \infty} f_k(t) = f(t)$ であるとする．$s > 0$ のとき，$k \geq s^{-1}$ であれば $f_k(s) = 0$ となる．s $(0 < s \leq 1)$ を任意に固定する．このとき

$$|f(s)| \leq |f(s) - f_k(s)| + |f_k(s)| \leq \max_{t \in I} |f(t) - f_k(t)| + |f_k(s)| \overset{k \to \infty}{\longrightarrow} 0$$

が成立する．したがって，$s > 0$ のとき $f(s) = 0$ である．また，$f_k(0) = 1$ であるから

$$|f(0) - 1| \leq |f(0) - f_k(0)| + |f_k(0) - 1| \leq \max_{t \in I} |f(t) - f_k(t)| \overset{k \to \infty}{\longrightarrow} 0$$

がなりたつ．よって $f(0) = 1$ である．以上のことから $f(t)$ は $t = 0$ で連続にならないことになる．これは $f(t) \in C^0(I)$ に反する．ゆえに距離 $\max_{t \in I} |f(t) - g(t)|$ に関して $\{f_k\}_{k=1,2,\cdots}$ は収束列とならない．

一方，$\{f_k\}_{k=1,2,\cdots}$ を距離 $\int_0^1 |f(t) - g(t)|$ で測ると

$$\int_0^1 |f_k(t) - 0| dt = \int_0^{\frac{1}{k}} |1 - kt| dt = \frac{1}{2k} \overset{k \to \infty}{\longrightarrow} 0$$

となる．したがって，$\{f_k\}_{k=1,2,\cdots}$ は 0 に収束している．

（例題 15.1 の説明終り）

関数の集合に対してどのような距離を選ぶかは，どのような解析をしたいかで決まってくる．例えば，第 12 章の「補足（フーリエ級数について）」では例 15.5 にあるような積分を使った距離を導入した．けれども，例 15.5 で言うように，この距離では $C^0(I)$ は完備にはならない．しかも，完備であることは解析上，期待したいところである．なぜなら，完備であってはじめ

て保証される命題や定理を使いたいからである．この問題を解消するため，$C^0(I)$ を含む完備な距離空間を新たに構成して，その距離を $C^0(I)$ に限定すると，積分を使った距離（例 15.5 にあるもの）と同じになっているようにする．このような集合を構成することは可能であり，それは $L^2(I)$（「エルツー」と発音）という記号で表される．しかし，この集合に属する関数には本書で定義する積分が適用できないものが存在してしまう．したがって，厳密な議論をしようと思うと，積分の定義を拡張することから始めないといけない．この拡張された積分はルベーグ積分とよばれている．詳しくは，「あとがき」の参考文献 [9] などをみてほしい．

15.2 逐次近似法

第 9 章の定理 9.1 では次のタイプの微分方程式を考えた．

$$(15.10) \quad \begin{cases} \dfrac{du}{dt}(t) = v(t, u(t)), & a < t < b, \\ u(\tilde{t}) = \tilde{x} & (a < \tilde{t} < b). \end{cases}$$

定理 9.1 の証明のアイデアは以下のようなものであった．まず，(15.10) の解の存在証明を，積分方程式

$$(15.11) \quad u(t) = \tilde{x} + \int_{\tilde{t}}^t v(s, u(s))\, ds$$

の解の存在証明に帰着する．さらに，この積分方程式の解の存在は，漸化式

$$u^1(t) = \tilde{x}, \quad u^{k+1}(t) = \tilde{x} + \int_{\tilde{t}}^t v(s, u^k(s))\, ds \quad (k = 1, 2, \cdots)$$

で定義される関数列 $u^1(t), u^2(t), \cdots, u^k(t), \cdots$ が何かに収束しており，その極限が (15.11) の解であるという言い方で証明する[5]．上記のような漸化式を作って（つまり第 k 項を使って第 $k+1$ 項を定めて）近似の度合を高めていく方法を**逐次近似法**とよんでいる．

逐次近似法を使って，(15.11) を含む少し一般的な方程式について解の存在を証明してみることにする．H をバナッハ空間とし，ノルムは $\|f\|$ であるとする．

今，バナッハ空間 H から H への写像 T が与えられているとする．このとき，次の定理が成立する．

定理 15.1 T は H から H への写像であり，次の条件をみたすとする．H の閉集合 S と定数 α $(0 \le \alpha < 1)$ が存在して

任意の $f \in S$ に対して $Tf \in S$,

任意の $f, g \in S$ に対して $\|Tf - Tg\| \le \alpha \|f - g\|$　　（T は**縮小写像**とよばれる）

が成立する．このとき，次の等式をみたす u（**不動点**）が S 内に唯一つ存在する．

$$u = Tu.$$

---

[5] 上式において，極限 $u(t) = \lim\limits_{k \to \infty} u^k(t)$ が存在するとして，$u^k(t)$, $u^{k+1}(t)$ を $u(t)$ に置き換えると，(15.11) と同じ式なることに注意せよ．

定理 15.1 の証明の前に，この定理から「任意の $\tilde{x}\,(\in \mathbb{R}^n)$ に対して方程式 (15.11) の解が唯 1 つ存在する」ことがいえることを示しておこう．

ベクトル $x = {}^t(x_1,\cdots,x_n)$ のノルム $|x|$ は $\max\limits_{1\le i\le n}|x_i|$ で定義しておく．各成分が $C^0(I)$ ($I = [a,b]$) に属するベクトル値関数 $w(t) = {}^t(w_1(t),\cdots,w_n(t))$ の全体を H で表す（$H = C^0(I)\times\cdots\times C^0(I)$）．例 15.3 より，$H$ は距離 $\|w-u\| = \max\limits_{t\in I}|w(t)-u(t)|$ [6] に関して完備になることに注意しよう．

L を任意に固定された定数（≥ 1）とし，$S = \{w|\ \|w\|\le 2L\}$ とおく．S は閉集合である．$\tilde{x}\,(\in\mathbb{R}^n)$ は $|\tilde{x}|\le L$ をみたしているとして，写像 T を
$$(Tw)(t) = \tilde{x} + \int_a^t v(s,w(s))\,ds$$
と定義する．(15.11) の解はこの写像 T の不動点ということになる．

定理 15.1 の条件がみたされることを確かめよう．$w\in S$ ならば
$$\|Tw\| \le \|\tilde{x} + \int_a^t v(s,w(s))\,ds\|$$
$$\le |\tilde{x}| + (\max_{s\in I}|v(s,w(s))|)(b-a) \le L + \max_{s\in I,|x|\le 2L}|v(s,x)|(b-a)$$
が成立する．したがって，

(15.12) $\qquad a,b$ を $\max\limits_{s\in I,|x|\le 2L}|v(s,x)|(b-a)\le L$ となるように取る

と「$w\in S$ ならば $Tw\in S$」がなりたつ．

次に T が縮小写像であることを示そう．
$$\|Tu-Tw\| \le \max_{t\in I}\left|\int_a^t \{v(s,u(s))-v(s,w(s)\}ds\right|$$
$$\le \max_{s\in I}|v(s,u(s))-v(s,w(s))|(b-a).$$
第 4 章の定理 4.1 より，$|v(s,x))-v(s,y)| \le \max\limits_{s\in I,|z|\le 2L}|\partial_x v(s,z))||x-y|$ [7] がなりたつので，

(15.13) $\qquad a,b$ を $\max\limits_{t\in I,|z|\le 2L}2L|\partial_x v(t,z)|(b-a)\le 2^{-1}$ となるように取る

と，$\|Tu-Tw\| \le 2^{-1}\|u-w\|$ が成立する．よって，T は縮小写像である．したがって，(15.11) に対して定理 15.1 が適用できる．

以上のことから，方程式 (15.11) の解が唯 1 つ存在することが言える．定理 15.1 のみでは，(15.10) において t の範囲は初期値 $\tilde{x}$ などに依存したものになってしまう．しかし，適当な条件の下では (15.10) の区間 (a,b) はあらかじめ与えられたもので（初期値によらない形で）解の存在と一意性が得られる．このことについて少し考察しておきたい．

関数 $u^k(t)$ ($k=1,2$) は区間 I^k で定義されており，共に $\dfrac{du}{dt}(t) = v(t,u(t))$ の解になっているとする．今，$I^1\cap I^2\,(\ne \phi)$ の 1 点 $\bar{t}$ で $u^1(t)$ と $u^2(t)$ が一致したとすると，定理 15.1 にある

---

[6] 誤解がないときは，関数 $f(t)$ の「(t)」は省略する

[7] ここで，i 行 j 列成分が a_{ij} である行列 A に対して，$|A|$ は $\max\limits_{i,j=1,\cdots,n}|a_{i,j}|$ を表す．

解の一意性から $\bar{t}$ を含むある区間で両者は一致する．この区間の端点を (15.10) の $\tilde{t}$ と考え，同じ議論をすることでさらに広い区間で $u^1(t)$ と $u^2(t)$ は一致する．このようなことを繰り返すことで結局 $I^1 \cap I^2$ で $u^1(t) = u^2(t)$ でなければならないことが分かる．ここで，$I^1 \cup I^2$ で定義された関数 $u(t)$ を，I^k では $u(t) = u^k(t)$ $(k = 1, 2)$ となるように決めると，$u(t)$ は $I^1 \cup I^2$ で $\dfrac{du}{dt}(t) = v(t, u(t))$ をみたすことになる．つまり，**解の延長**（定義域の拡張）が可能であるということになる．

しかし，このような延長がどこまでもできるかというと，その保証はない[8]．解の定義域の拡張幅は上述の (15.12) と (15.13) が成立するかどうかに関係してくる．例えば，t, x によらない定数 C_1, C_2 が存在して $|v(t, x)| \le C_1(|x| + 1)$, $|\partial_x v(t, x)| \le C_2$ が成立するならば，(15.10) の $\tilde{x}$ によらない形で a, b を定めることができる．したがって，このようなときは一定の幅で解の延長が可能となり，解の定義域は $(-\infty, \infty)$ としてよいことになる．

定理 15.1 の証明　$u^0 \in S$ とし，$k = 1, 2, \cdots$ に対して

$$u^1 = Tu^0, \cdots, u^k = Tu^{k-1}, \quad k = 1, 2, \cdots$$

とすると，$\{u^k\}_{k=1,2,\cdots} \subset S$ である．この点列は基本列になる，すなわち任意の $\varepsilon\ (> 0)$ に対して N が存在して

$$k, l \ge N \text{ のとき常に } \|u^k - u^l\| < \varepsilon$$

が成立することを示そう．

$\|u^{k+1} - u^k\| = \|Tu^k - Tu^{k-1}\| \le \alpha \|u^k - u^{k-1})\| \le \cdots \le \alpha^k \|u^1 - u^0\|$ となるから，$k > l \ge N$ のとき

$$\|u^k - u^l\| \le \|u^k - u^{k-1}\| + \|u^{k-1} - u^{k-2}\| + \cdots + \|u^{l+1} - u^l\|$$

$$\le (\alpha^{k-1} + \alpha^{k-2} + \cdots + \alpha^l) \|u^1 - u^0\| = \Big(\sum_{j=0}^{k-l-1} \alpha^j \Big) \alpha^l \|u^1 - u^0\|$$

$$= \frac{1 - \alpha^{k-l}}{1 - \alpha} \alpha^l \|u^1 - u^0\| \le \frac{1}{1 - \alpha} \alpha^N \|u^1 - u^0\|$$

が成立する．$0 \le \alpha < 1$ であるので，N を十分大きくとれば $\dfrac{1}{1 - \alpha} \alpha^N \|u^1 - u^0\| < \varepsilon$ が成立し，$k, l \ge N$ のとき $\|u^k - u^l\| < \varepsilon$ がなりたつ．

以上のことから，$\{u_k\}_{k=1,2,\cdots}$ は基本列であり，完備性からこの極限 $u = \lim\limits_{k \to \infty} u_k$ が存在する．さらに，S は閉集合であるから $u \in S$ である．また，T は連続写像（すなわち $\lim\limits_{k \to \infty} Tu_k = T(\lim\limits_{k \to \infty} u_k)$）である．これは，$k \to \infty$ のとき $\|Tu_k - Tu\| \le \alpha \|u_k - u\| \to 0$ よりしたがう．これらのことから，$u_k = Tu_{k-1}$ において，$k \to \infty$ のとき，左辺は u に，右辺は Tu に収束する．したがって，$u = Tu$ である．

また，この u の一意性は次のことから得られる．$u = Tu$, $w = Tw$ だとすれば $\|u - w\| = $

---

8) 方程式によっては，解の定義域が有限区間 (a, b) であって，これ以上定義域が拡張できないこともある．例えば，解 $u(t)$ が $t \to b$ のとき $u(t) \to \infty$ となるような場合である．

$\|Tw - Tu\| \le \alpha\|u - w\|$ となるから $(1 - \alpha)\|u - w\| = 0$ である. $(1 - \alpha) \ne 0$ なので $\|u - w\| = 0$ である. よって, $u - w = 0$ つまり $u = w$ となる.

（証明終り）

例題 15.2 行列 A の i 行 j 列成分 a_{ij} $(i, j = 1, \cdots, n)$ が条件 $\displaystyle\max_{i=1,\ldots,n}\sum_{j=1}^{n}|a_{ij}| \le \alpha < 1$ をみたすとする. このとき, 任意に固定した b $(\in \mathbb{R}^n)$ に対して $x = Ax + b$ をみたす x $(= {}^t(x_1, \cdots, x_n))$ が $\mathbb{R}^n$ 内でただ 1 つ存在することを示せ.

この例題は, $n = 1$ のとき図形的には次のようなことを言っている. xy-平面において, $|a| < 1$ のとき, 2 つの直線 $y = x$, $y = ax + b$ は必ずただ一点で交わる（図参照）. 例題 15.2 は $n \ge 2$ のときでも似たことが起こることを主張している. この証明には, 写像 $x \mapsto Ax + b$ が定理 15.1 で言う縮小写像になっていることを示せばよい.

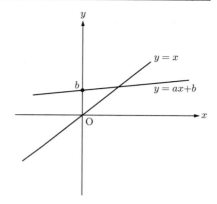

$x \in \mathbb{R}^n$ のノルム $|x|$ は $\displaystyle\max_{i=1,\ldots,n}|x_i|$ であるとする. このノルムによる距離で $\mathbb{R}^n$ は完備である.

$$|Ax - Ay| = \max_{i=1,\ldots,n}\left|\sum_{j=1}^{n}a_{ij}(x_j - x_j)\right| \le \max_{i=1,\ldots,n}\sum_{j=1}^{n}|a_{ij}||x_j - y_j|$$

$$\le \max_{i=1,\ldots,n}\left(\sum_{j=1}^{n}|a_{ij}|\right)\left(\max_{j=1,\ldots,n}|x_j - y_j|\right) \le \alpha|x - y|$$

となるから, 写像は縮小写像である.

（例題 15.2 の説明終り）

例題 15.3 $F(x, y)$ を $\mathbb{R}^n \times \mathbb{R}^n$ から $\mathbb{R}^n$ への写像とする. $F(x^0, y^0) = 0$, $\det \partial_y F(x^0, y^0) \ne 0$ ならば, x^0 の近くで定義された写像 $h(x)$ $(\in \mathbb{R}^n)$ で, 常に $F(x, h(x)) = 0$ となるものがただ 1 つ存在することを示せ.

$x = {}^t(x_1, \cdots, x_n)$ に対して $|x| = \displaystyle\max_{i=1,\ldots,n}|x_i|$ とする. 次のような $n \times n$-行列 $J(x, y)$ が存在する（第 3 章の注意 3.1 を参照）.

$$F(x, y) = F(x, y^0) + J(x, y)(y - y^0), \quad J(x, y^0) = \partial_y F(x, y^0)$$

具体的に書けば $J(x, y)$ の i 行 j 列成分 J_{ij} は $J_{ij} = \displaystyle\int_0^1 \partial_{y_j}F_i(x, y^0 + (y - y^0)s)\,ds$ である. (x, y) は $I \times \tilde{I}$ $\left(I = [x^0 - \varepsilon, x^0 + \varepsilon], \tilde{I} = [y^0 - \tilde{\varepsilon}, y^0 + \tilde{\varepsilon}]\right)$ の範囲を動くものとする. $\det \partial_y F(x^0, y^0) \ne 0$ なので, ε (> 0), $\tilde{\varepsilon}$ (> 0) が小さければ, $J(x, y)$ の逆行列 $J^{-1}(x, y)$ が存在する.

今，例題 15.3 でいう $h(x)$ が存在すれば，$\big(F(x,h(x))=\big)\ F(x,y^0)+J(x,h(x))(h(x)-y^0)=0$ がなりたつので，

(15.14) $$h(x)=y^0-J(x,h(x))^{-1}F(x,y^0)$$

が成立する．これを $h(x)$ に対する方程式と考え，方程式 (15.11) のときのように，定理 15.1 を使って $h(x)$ の存在を示すことにする．

$S=C^0(I)\times\cdots\times C^0(I)\cap\{f(x)\big|\ |f(x)-y^0|\le\tilde\varepsilon,\ x\in I\}$ とする．S から $C^0(I)\times\cdots\times C^0(I)$ への写像 T を

$$Tf(x)=y^0-J(x,f(x))^{-1}F(x,y^0),\ \ f(x)\in S$$

と定義する．$F(x^0,y^0)=0$ だから，ε を十分小さくとれば，$\big|J(x,f(x))^{-1}F(x,y^0)\big|\le\tilde\varepsilon$ となり，$f(x)\in S$ より $Tf(x)\in S$ がしたがう．

$n\times n$-行列 A（i 行 j 列成分は a_{ij} である）に対して $|[A]|=\max\limits_{i,j=1,\dots,n}|a_{ij}|$ とおくと，$|Ax|\le n^2|[A]||x|$ が成立する．また，$|[J(x,y)^{-1}-J(x,\tilde y)^{-1}]|\le C_1|y-\tilde y|$，$|F(x,y^0)|\le C_2|x-x^0|\le C_2\varepsilon$ がなりたつ．よって，ε を十分小さくとると，$f(x),g(x)\in S$ に対して

$$
\begin{aligned}
|Tf(x)-Tg(x)|&=|\{J(x,f(x))^{-1}-J(x,g(x))^{-1}\}F(x,y^0)|\\
&\le n^2|[J(x,f(x))^{-1}-J(x,g(x))^{-1}]||F(x,y^0)|\\
&\le n^2C_1|f(x)-g(x)|C_2\varepsilon\le 2^{-1}|f(x)-g(x)|,\ \ x\in I
\end{aligned}
$$

がなりたつ．したがって，$C^0(I)\times\cdots\times C^0(I)$ のノルム $\|f(x)\|$ を $\|f(x)\|=\max\limits_{x\in I}|f(x)|$ ととると，S は閉集合になり，

$$\|Tf(x)-Tg(x)\|\le 2^{-1}\|f(x)-g(x)\|,\ \ f(x),g(x)\in S$$

が成立する．ゆえに，写像 T に対して定理 15.1 が適用できて，方程式 (15.14) の解がただ 1 つ存在する．

（例題 15.3 の説明終り）

例題 15.3 の主張は，**陰関数の定理**とよばれ，いろいろなところで使われている．

——————————————— 章末問題 ———————————————

15.1　$x,y\in\mathbb{R}^n$ に対して $d(x,y)=\max\limits_{i=1,\cdots,n}|x_i-y_i|$, $\tilde d(x,y)=\sum\limits_{i=1}^{n}|x_i-y_i|$ とおく．次の問に答えよ．

(1) $d(x,y)$, $\tilde d(x,y)$ が距離になることを示せ．さらに，両者は同等になる，つまり $C^{-1}\tilde d(x,y)\le d(x,y)\le C\,\tilde d(x,y)$ となる正定数 C が存在することを示せ．

(2) 2 つの距離が同等であれば，どちらかの距離で基本列になれば，他の距離でも基本列になることを示せ．

(3) 距離 $\tilde d(x,y)$ に関して $\mathbb{R}^n$ は完備になることを示せ．ただし，$\mathbb{R}^1$ のときの完備性は認めることにする．

15.2 $C^0(I)$ $(I = [-1, 1])$ において，距離を $d(f, g) = \int_{-1}^{1} |f(t) - g(t)| dt$ で定義する．次の問に答えよ．

(1) $f_k(t) = 1$ $(-1 \leq t < 0)$, $-kt + 1$ $(0 \leq t < k^{-1})$, 0 $(k^{-1} \leq t \leq 1)$ とすると，$\{f_k\}_{k=1,2,\cdots}$ は，$d(f, g)$ に関して基本列になることを示せ．

(2) 距離 $d(f, g)$ に関して $C^0(I)$ は完備にはならないことを示せ．

15.3 x^0 $(\in \mathbb{R}_x^n)$ の近く $U = \{x = {}^t(x_1, \cdots, x_n); |x - x^0| \leq \varepsilon\}$ $(\varepsilon > 0)$ で定義された $\mathbb{R}_y^n$ への連続写像を考え，その全体を H で表す．次の問に答えよ[9]．

(1) $h(x) = {}^t(h_1(x), \cdots, h_n(x))$ $(\in H)$ に対して，$\|h\| = \max_{x \in U, 1 \leq i \leq n} |h^i(x)|$ とおく．このとき，$\|h\|$ は H のノルムになること，さらに H は距離 $\|h - \tilde{h}\|$ に関して完備になることを示せ．

(2) $R(y)$ は $\mathbb{R}_y^n$ から $\mathbb{R}^n$ への連続写像であり，$|y| \leq 4L$, $|\tilde{y}| \leq 4L$ をみたす $y, \tilde{y}$ に対して
$$|R(y) - R(\tilde{y})| \leq \frac{1}{2}|y - \tilde{y}|$$
が成立するとする．h^0 $(\in H)$ は $\|h^0\| \leq L$, $\|R(h^0)\| \leq L$ をみたすとし，$h^i(x)$ $(i = 1, 2, \ldots)$ を
$$h^i(x) = h^0(x) + R(h^{i-1}(x))$$
と定義する．このとき $\|h^i\| \leq 2L$ $(i = 0, 1, \ldots)$ が成立することを示せ．

(3) 上記の写像列 $\{h^i\}_{i=1,2,\cdots}$ は H の基本列（収束列）になることを示せ．さらに，$h(x) = \lim_{i \to \infty} h^i(x)$ とすると，$i \to \infty$ のとき $R(h^i(x))$ は $R(h(x))$ に収束することを示せ．

15.4 $v(t, x)$ $(t \in \mathbb{R}, x \in I = [0, a])$ を n 次元ベクトル場とし，t, x によらない定数 α が存在して，$|\partial_{x_i} v(t, x)| \leq \alpha$ $(i = 1, \cdots, n)$ をみたしているとする．ベクトル値関数 $w(t) = {}^t(w_1(t) \cdots, w_n(t))$ $(\in H = C^0(I) \times \cdots \times C^0(I))$ のノルム $\|w\|$ は $\max_{t \in I, 1 \leq i \leq n} |w_i(t)|$ であるとする．$\tilde{x}$ を任意に固定されたベクトル $(\in \mathbb{R}^n)$ とし，H から H への写像 T を
$$Tw(t) = \tilde{x} + \int_0^t v(s, w(s)) \, ds$$
と定義する．次の問に答えよ．

(1) $u^0 = \tilde{x}, u^1 = Tu^0, \cdots, u^k = Tu^{k-1}$ $(k = 1, 2, \cdots)$ とすると，これは次の不等式をみたすことを示せ．
$$|u^{k+1}(t) - u^k(t)| \leq \int_0^t \alpha |u^k(s) - u^{k-1}(s)| \, ds \quad (\alpha \text{ は } s, t \text{ によらない定数})$$

(2) 上記の $\{u^k\}_{k=0,1,\ldots}$ が次の不等式をみたすことを示せ．
$$\|u^{k+1} - u^k\| \leq \frac{\alpha^k}{k!} \|u^1 - u^0\|.$$

(3) 上記の $\{u^k\}_{k=0,1,\ldots}$ は H の基本列であることを示せ．

---

[9] 本問は，第 7 章定理 7.2 の証明において定義した写像列 $\{h_i^*(x)\}_{i=1,2,\ldots}$ が収束する（$\lim_{i \to \infty} h_i^*(x)$ が存在する）ことの証明でもある

章末問題の解説

【第 0 章】

0.1 （答）$\begin{pmatrix} y_1 \\ y_2 \end{pmatrix} = \begin{pmatrix} \frac{1}{5} & \frac{1}{2} \\ \frac{3}{10} & \frac{2}{5} \end{pmatrix} \begin{pmatrix} x_1 \\ x_2 \end{pmatrix}$

V_R の量は $(1 \ \ 1) \begin{pmatrix} \frac{1}{5} & \frac{1}{2} \\ \frac{3}{10} & \frac{2}{5} \end{pmatrix} \begin{pmatrix} x_1 \\ x_2 \end{pmatrix} = \frac{1}{2}x_1 + \frac{9}{10}x_2.$

0.2 A, P の座標をそれぞれ (a_1, a_2, a_3), (x_1, x_2, x_3) とし，定ベクトルを (p_1, p_2, p_3) とすると，(1) は $p_1(x_1 - a_1) + p_2(x_2 - a_2) + p_3(x_3 - a_3) = 0$ で表現されることに注意せよ．

0.3 考えている平面は $x_1 + 2x_2 + (x_3 - 1) = 0$ で表されることに注意せよ．（答）$x_1 + 2x_2 = 1$ かつ $x_3 = 0$

0.4 条件をみたす平面は，一般性を失うことなく，$x_1 + a_2 x_2 + a_3 x_3 + b = 0$ とおけることに注意せよ．（答）$x_1 + x_2 - x_3 - 1 = 0$（この平面は条件をみたす唯一のものであることを示してみよ．）

【第 1 章】

1.1 $x_2 = 0$ として $\partial_{x_1} f(0)$, $\partial_{x_1} g(0)$ について調べてみよ．（答）どちらの関数も微分可能でない．

1.2 (1)（答）$2ax_1 + bx_2$　　(2)（答）b　　(3)（答）$k = l$ のとき $2a_{kk}$, $k < l$ のとき a_{kl}

1.3 定理 1.1 を使うとよい．（答）$\dfrac{6}{\sqrt{5}}$

1.4 命題は正しくない．$f(x) = x_1^2$ は 2 次式であるが，$\partial_{x_1} \partial_{x_2} f(x) = 0$ となることに注意せよ（反例がある）．

【第 2 章】

2.1 $\dfrac{d}{dx_1} h(x_1, x_1 - 1)$ の正負を調べるとよい．（答）1

2.2 円筒を媒介変数 θ を使って表示すると，$\{(x_1, x_2, x_3) | \ x_1 = \cos\theta, \ x_2 = \sin\theta, \ -\pi < \theta \leq \pi, \ -\infty < x_3 < \infty\}$ となる．この表示より，l までの高さ $h(\theta)$ は $h(\theta) = -\sqrt{2}^{-1}\cos\theta - \sqrt{2}^{-1}\sin\theta$ となることに注意せよ．（答）3

2.3 （答）$\begin{pmatrix} \tilde{t} \\ \tilde{x} \end{pmatrix} = k \begin{pmatrix} 1 & -\frac{v}{c^2} \\ -v & 1 \end{pmatrix} \begin{pmatrix} t \\ x \end{pmatrix}$, xt-空間の移動については，$x > 0$ の向きに速さ

$\dfrac{k^2}{k^2+1}v$ $\left(>\dfrac{1}{2}v\right)$ の移動になる.

2.4　(1) 任意の関数 $v(x)$ に対して $\partial_t\{v(q(t;z))\}=\sum\limits_{i=1}^{n}a_i(\partial_{x_i}v)(q(t;z))$（定理 2.1 を参照）であることに注意せよ.

(2) $a,b^1,\cdots,b^{n-1}$ が 1 次独立であるので，逆行列 $(a,b^1,\cdots,b^{n-1})^{-1}$ が存在し，$q^{-1}(x)=(a,b^1,\cdots,b^{n-1})^{-1}(x-x^0)$ となることに注意せよ. また，上問の注意において，$v(x)=\bar{u}(q^{-1}(x))$ とおくことで，$\partial_t\{\bar{u}(q^{-1}(q(t;x)))\}=\dfrac{d}{dt}\{\bar{u}(t,z)\}=\sum\limits_{i=1}^{n}a_i\partial_{x_i}\{\bar{u}(q^{-1}(x))\}$ が得られることに注意せよ.

【第 3 章】

3.1　$g(t;x)=e^{|a+t(x-a)|}$ としたとき，誤差は $\max\limits_{|x-a|\le 200^{-1}}\max\limits_{0\le t\le 1}\left|\dfrac{d^2g}{dt^2}(t;x)\right|$ 以下であること（定理 3.1 の証明を参照），$\partial_{x_i}\partial_{x_j}e^{|x|}=e^{|x|}|x|^{-3}\sum\limits_{i,j=1}^{2}\left(|x|^2\delta_{ij}+|x|x_ix_j-x_ix_j\right)$ であることに注意せよ.（答）$e^{\sqrt{2}}+e^{\sqrt{2}}\sqrt{2}^{-1}(x_1+x_2-2)$　　誤差は $10^{-1}|x-a|$ 以下になる.

3.2　(1)（答）$\left(x_1-\dfrac{1}{\sqrt{3}}\right)+\left(x_2-\dfrac{1}{\sqrt{3}}\right)+\left(x_3-\dfrac{1}{\sqrt{3}}\right)=0$

(2) まず，点 $(1,2,3)$ における S の接平面の方程式を求めよ. この方程式については，変数変換 $x_1=y_1$, $x_2=2y_2$, $x_3=3y_3$ を使ってみよ.（答）$\pm\left(\dfrac{6}{7},\dfrac{3}{7},\dfrac{2}{7}\right)$

3.3　(1)（答）$\begin{pmatrix}\partial_r h_1 & \partial_\omega h_1\\ \partial_r h_2 & \partial_\omega h_2\end{pmatrix}=\begin{pmatrix}\cos\omega & -r\sin\omega\\ \sin\omega & r\cos\omega\end{pmatrix}$

(2)（答）$\partial_\omega\tilde{u}(r,\omega)=0$

(3)（答）$x_1\partial_{x_2}u(x_1,x_2)-x_2\partial_{x_1}u(x_1,x_2)=0$

3.4　(1) $e^i={}^t(e_1^i,\cdots,e_n^i)$ とすると，$e^i\cdot e^j=\delta_{ij}$ は $\sum\limits_{k=1}^{n}e_k^i e_k^j=\delta_{ij}$ を意味する. $dg_i\in T^*$ とみたとき，任意の $D_\theta\in T$（T は $x=0$ における接空間）に対して $dg_i(D_\theta)=(D_\theta g_i)(0)=\theta\cdot e^i$ となるので，$dg_i(\partial_{x_j})=(\partial_{x_j}g_i)(0)=e_j^i$ が成立する. したがって，$\sum\limits_{i=1}^{n}e_i^k dg_i(\partial_{x_j})=\sum\limits_{i=1}^{n}e_i^k e_j^i=\delta_{kj}$ となる. これは，$\sum\limits_{i=1}^{n}e_i^k dg_i$ $(k=1,\ldots,n)$ が $\partial_{x_k}^*$ $(=dx_k)$ に等しいこと，つまり ∂_{x_k} $(k=1,\ldots,n)$ の双対基になっている（dg_i の 1 次結合で $\partial_{x_k}^*$ が得られる）ことを意味する. 以上のことより，dg_i $(i=1,\ldots,n)$ が T^* の基底になることが分かる.

(2) $dx_i=\sum\limits_{j=1}^{n}e_j^i dg_j$ $(i=1,\ldots,n)$ であることから $\sum\limits_{i=1}^{n}\theta_i dx_i=\sum\limits_{j=1}^{n}\left(\sum\limits_{i=1}^{n}\theta_i e_j^i\right)dg_j=\sum\limits_{j=1}^{n}\omega_j dg_j$ となるので，$\omega_j=\sum\limits_{i=1}^{n}\theta_i e_j^i$ が成立する. このことに注意せよ.（答）$\tilde{J}=(e^1,\cdots,e^n)$

【第 4 章】

4.1 （1）（答）$\sqrt{2}+\dfrac{x_1+x_2-2}{\sqrt{2}}+\dfrac{\sqrt{2}-1}{4}(x_1-1)^2+\dfrac{\sqrt{2}-1}{4}(x_2-1)^2-\dfrac{1}{2}(x_1-1)(x_2-1)$

（2）（答）$2-2x_1+x_2+2(x_3-1)+2x_1^2+2x_1x_2+(x_3-1)^2$

4.2 $\cos t$ を $t=0$ でテーラー展開することにより，$\cos t=1-t^2+R(t)$, $|R(t)|\le C|t|^3$ が得られることに注意せよ．（答）$1-\dfrac{x_1^4}{2}-\dfrac{x_2^4}{2}-x_1^2x_2^2$

4.3 定理 4.3 を参照せよ.

（1）（答）$x_1=x_3=0, x_2=1$ で極小値 1 をとる（他には極値はない）.

（2）$\partial_x f(x_1,x_2)=0$ となる (x_1,x_2) は，$(x_1,x_2)=(-1,\pm2)$, $(1,0)$, $(-3,0)$ である．$(-1,\pm2)$, においては，ヘッセ行列の固有値は異符号となる．よって，（定理 4.3（2）より）極値をとらない．$(1,0)$, $(-3,0)$ においてはヘッセ行列の行列式は正であり，例題 4.3 の考察が使える．（答）$(x_1,x_2)=(1,0)$ で極小値 $-\dfrac{5}{3}$ をとり，$(x_1,x_2)=(-3,0)$ で極大値 9 をとる（他に極値はない）

4.4 例題 4.4 の説明にある座標変換 ${}^t(x_1,x_2,x_3)=\left(e^1,\ e^2,\ e^3\right){}^t(y_1,y_2+1,y_3)$ を導入して，同じような考え方を参考にするとよい．（答）$\dfrac{1}{2}$

【第 5 章】

5.1 （1）（答）$w(x)=\dfrac{1}{2}\begin{pmatrix}1&1&-1\\-1&1&-1\\0&0&2\end{pmatrix}\begin{pmatrix}x_1\\x_2\\x_3\end{pmatrix}$

（2）（答）$\partial_{y_1}\tilde{u}(y)-\partial_{y_2}\tilde{u}(y)=0$

5.2 $\begin{pmatrix}x_1-2\\x_2\end{pmatrix}=\begin{pmatrix}-\sin ct&\cos ct\\\cos ct&\sin ct\end{pmatrix}\begin{pmatrix}y_1\\y_2+1\end{pmatrix}$ となることに注意せよ.

（1）（答）$(x_1,x_2)=(2,0)$ を中心とする半径 $\sqrt{2}$ の円

（2）（答）$y_1=2\sin ct+vt\cos ct$, $y_2=-2\cos ct+vt\sin ct$

5.3 （1）$\cos^2\omega+\sin^2\omega=1$ であること，さらに $u(x_1,x_2)$ に対して $\tilde{u}(r,\theta)=u(r\cos\theta, r\sin\theta)$ とし r,θ を x_1,x_2 の関数とみると $\dfrac{\partial u}{\partial x_i}=\dfrac{\partial \tilde u}{\partial r}\dfrac{\partial r}{\partial x_i}+\dfrac{\partial \tilde u}{\partial \theta}\dfrac{\partial \theta}{\partial x_i}$ となることに注意せよ．（答）∂_{x_1} は $\cos\theta\,\partial_r-r^{-1}\sin\theta\,\partial_\theta$ に，∂_{x_2} は $\sin\theta\,\partial_r+r^{-1}\cos\theta\,\partial_\theta$ になる.

（2）（答）$(\Delta u)(r\cos\theta,r\sin\theta)=\partial_r^2\tilde{u}(r,\theta)+r^{-1}\partial_r\tilde{u}(r,\theta)+r^{-2}\partial_\theta^2\tilde{u}(r,\theta)$（ここで $\tilde{u}(r,\theta)=u(r\cos\theta,r\sin\theta)$）

（3）（答）$(\Delta u)(r\cos\varphi\cos\theta,r\cos\varphi\sin\theta,r\cos\varphi)=\partial_r^2\tilde{u}(r,\theta,\varphi)+2r^{-1}\partial_r\tilde{u}(r,\theta,\varphi)+r^{-2}\partial_\varphi^2\tilde{u}(r,\theta,\varphi)+r^{-2}\cot\varphi\,\partial_\varphi\tilde{u}(r,\theta,\varphi)+r^{-2}(\sin^2\varphi)^{-1}\partial_\theta^2\tilde{u}(r,\theta,\varphi)$（ここで $\tilde{u}(r,\theta,\varphi)=u(r\cos\varphi\cos\theta,r\cos\varphi\sin\theta,r\cos\varphi)$）

5.4 （1）$\det(\partial_s k(0,y'),\partial_{y_1}k(0,y'),\cdots,\partial_{y_{n-1}}k(0,y'))\ne 0$, $y'\in V'$ であることに注意し，例題 5.5 の説明を参考にせよ.

(2) 考えている方程式は $\dfrac{d}{ds}u(k(s,y'))=1,\ u(k(0,y'))=0\ (y'\in V')$ と変換されることに注意せよ.

【第 6 章】

6.1 (1) 結局,「点列 $\{a_n\}_{n=1,2,\dots}$, $\{b_n\}_{n=1,2,\dots}$ が収束するならば, 点列 $\{a_n+b_n\}_{n=1,2,\dots}$, $\{c\,a_n\}_{n=1,2,\dots}$ は収束し, $\displaystyle\lim_{n\to\infty}(a_n+b_n)=\lim_{n\to\infty}a_n+\lim_{n\to\infty}b_n$, $\displaystyle\lim_{n\to\infty}c\,a_n=c\lim_{n\to\infty}a_n$ である」ことを示すことに帰着される.

(2) 収束列 $\{a_n\}_{n=1,2,\dots}$, $\{b_n\}_{n=1,2,\dots}$ について,「n が十分大きいとき常に $a_n\le b_n$ ならば, 極限値について $\displaystyle\lim_{n\to\infty}a_n\le\lim_{n\to\infty}b_n$ が成立する」ということに帰着されることに注意しよう. このことは極限値の一意性からしたがうことを示してみよ. さらに, この一意性の証明はどうすればよいかも考えてみよ.

6.2 x'-空間 $(x'=(x_1,\cdots,x_{n-1}))$ において, K' を ta' だけ平行移動した集合 $K'+ta'$ について $|K'+ta'|=|K'|$ が成立すること, および K の特性関数を $c_K(x',x_3)\ (x'=(x_1,\cdots,x_{n-1}))$ とすると, $|K|=\displaystyle\int_0^{a_n}\left(\int_{\mathbb{R}^2}c_K(x',x_{x_3})\,dx'\right)dx_3$ であることに注意せよ.

6.3 容器の特性関数を $\varphi(x',x_3)\ (x'=(x_1,x_2))$ とすると, 液面が $x_3=\tilde{h}$ にあるときの液体の体積は $\displaystyle\int_0^{\tilde{h}}\left(\int_{\mathbb{R}^2}\varphi(x',x_{x_3})\,dx'\right)dx_3$ であり, $\displaystyle\int_{\mathbb{R}^2}\varphi(x',x_{x_3})\,dx'=\pi(\sqrt{x_3})^2$ である. したがって, 液体を注入し始めて t 秒後の液面を $h(t)$ とすると, $\displaystyle\int_0^{h(t)}\pi(\sqrt{x_3})^2\,dx_3=1000\,t$ が成立する. このことに注意せよ.

6.4 $\tilde{x}\ (\in S)$ における S の単位法ベクトルを $n(\tilde{x})\ (=(n_1(\tilde{x}),n_2(\tilde{x}),n_3(\tilde{x})))$ とすると $n(\tilde{x})=\sqrt{1+|\partial_{x'}g(\tilde{x}')|^2}^{-1}(-\partial_{x'}g(\tilde{x}'),1)$ と書けること, $n(\tilde{x})$ に垂直な平面内の領域 $\tilde{S}$ を平面 $x_3=0$ に射影した領域を $\tilde{S}'$ とすると $n_3(\tilde{x})|\tilde{S}|=|\tilde{S}'|$ が成立すること(定理 6.2 を参照)に注意せよ.

【第 7 章】

7.1 (1) $x_1=r\cos\theta,\ x_2=r\sin\theta$ とし, $r,\ \theta$ に変数変換してみよ.(答)$\dfrac{\pi}{3}$

(2) $t=x_1-x_2,\ s=x_1+x_2$ とおき, $s,\ t$ に変数変換してみよ.(答)$\dfrac{\pi^3}{48}$

7.2 $f(x)=\{(x_1+x_2)^2+x_2^2+1\}^{-1}$ と書けることに注意して, $x_1=r\cos\theta-r\sin\theta,\ x_2=r\sin\theta$ と変数変換してみよ.(答)π

7.3 $V=\{x|\ x=y_1e^1(t)+y_2e^2(t)+{}^t(t,0,t^2),\ 0\le y_1\le1,\ 0\le y_2\le1,\ 0\le t\le1\}$ と表せる. V の特性関数を $c_V(x)$ とすると, V の体積は $\displaystyle\int_{\mathbb{R}^3}c_V(x)\,dx$ となる. この積分を変数 $y_1,\ y_2,\ t$ で書き換えてみよ.(答)$\dfrac{10}{3}$

7.4 (1) 次の行列の等式に注意せよ.

$$
\begin{pmatrix} {}^t(\partial_y h_1) \\ \vdots \\ {}^t(\partial_y h_1) \end{pmatrix} \begin{pmatrix} \partial_y h_1 & \cdots & \partial_y h_n \end{pmatrix} = \begin{pmatrix} \partial_{y_1} h_1 & \cdots & \partial_{y_n} h_1 \\ \vdots & & \vdots \\ \partial_{y_1} h_n & \cdots & \partial_{y_n} h_n \end{pmatrix} \begin{pmatrix} \partial_{y_1} h_1 & \cdots & \partial_{y_1} h_n \\ \vdots & & \vdots \\ \partial_{y_n} h_1 & \cdots & \partial_{y_n} h_n \end{pmatrix}
$$

$$
= \begin{pmatrix} \partial_y h_1 \cdot \partial_y h_1 & \cdots & \partial_y h_1 \cdot \partial_y h_n \\ \vdots & & \vdots \\ \partial_y h_n \cdot \partial_y h_1 & \cdots & \partial_y h_n \cdot \partial_y h_n \end{pmatrix}.
$$

（ここで $h_i(y)$ の (y) を省略している．）

(2) $|\det \partial_y h(y)| = |\partial_y h_1(y)| \cdots |\partial_y h_n(y)|$ に注意して，例題 7.3 の説明を参考にせよ．

【第 8 章】

8.1 $t = 0$ のとき P が $(\cos\omega_0, \sin\omega_0)$ $(-\pi \le \omega_0 < \pi)$ にあるとすると，$U(T) = \int_0^T \sin\omega t \sin(\omega t + \omega_0) dt$ となることに注意せよ．

（答）$t = 0$ のとき P の位置が $(\cos\omega_0, \sin\omega_0)$ $(-2^{-1}\pi \le \omega_0 \le 2^{-1}\pi)$ にあるとき正になる．なぜなら，$T^{-1}U(T) = T^{-1}\int_0^T \sin\omega t \sin(\omega t + \omega_0)\, dt = \dfrac{1}{2}\cos\omega_0 - (2T)^{-1}\int_0^T \cos(2\omega t + \omega_0)\, dt \xrightarrow{T\to\infty} 2^{-1}\cos\omega_0$ となるから．

8.2 「ヤコビ行列が対称行列ならばベクトル場が保存系である」については定理 8.1 を使うとよい．この逆については，「保存系ベクトル場はポテンシャル関数で表される」こと（定理 8.2）を使うとよい．

8.3 $F(x) = -c(|x| - r)|x|^{-1}x$ と表せることと $\partial_x|x| = |x|^{-1}x$, $\partial_x|x|^{-1} = -|x|^{-3}x$ となることに注意して，定理 8.2 を使うとよい．

8.4 (1) $v(x) = |x|^{-1}h(|x|){}^t(-x_2, x_1)$ と書けることに注意して，$\int_l v(x)\cdot k(x)\,dl_x$ について定理 8.1 を使うことを考えよ．（答）保存系ではない．なぜなら，$l_1 = \{x = 2\,{}^t(\cos\theta, \sin\theta),\ 0 \le \theta \le 2^{-1}\pi\}$, $l_3 = \{x = 3\,{}^t(\cos\theta, \sin\theta),\ 0 \le \theta \le 2^{-1}\pi\}$, $l_2 = \{x = (x_1, 0),\ 2 \le x_1 \le 3\}$, $l_4 = \{x = (0, x_2),\ 2 \le x_2 \le 3\}$ とすると，$l = l_1 \cup l_2 \cup l_3 \cup l_4$ において

$$
\int_l v(x) \cdot k(x)\, dl_x = \int_{l_1} {}^t(\sin\theta, -\cos\theta) \cdot 2\,{}^t(\sin\theta, -\cos\theta)\, d\theta + \int_{l_2} {}^t(0, -1) \cdot {}^t(1, 0)\, dx_1 +
$$

$$
\int_{l_3} {}^t(\sin\theta, -\cos\theta) \cdot 3\,{}^t(-\sin\theta, \cos\theta)\, d\theta + \int_{l_4} {}^t(1, 0) \cdot {}^t(0, -1)\, dx_2 = -2^{-1}\pi \ne 0 \text{ となるから}{}^{10)}.
$$

(2) q および $\tilde{q}$ による電場に対応するポテンシャル関数の和を考えよ．（答）保存系である．ポテンシャル関数は $-cq|x|^{-1} - c\tilde{q}|x - a|^{-1}$ $(a = {}^t(r, 0, 0))$ である．

---

10) 後にある第 11 章の (11.6) を使って curl $v(x) \ne 0$ を示してもよい．

【第9章】

9.1 (1) $u_1(t) = t + c$ となることに注意して，$\dfrac{du_2}{dt}(t) = 2u_1(t)$ を解くとよい.

(2) $\dfrac{d}{dt}\left(u_1(t)^2 + u_2(t)^2\right) = 0$ を示すとよい. あるいは，$u_i(t)$ $(i = 1, 2)$ が方程式 $\dfrac{d^2 u_i}{dt^2}(t) + u_i(t) = 0$ をみたすことを使ってもよい.

9.2 $\partial_{x_i}(|x|^{-k}) = -k|x|^{-k-2}x_i$ となることに注意して，発散の定義にしたがって計算するとよい.   (1) (答) 0 (2) (答) $(n-k)|x|^{-k}$

9.3 $\displaystyle\int_{S^\varepsilon} v(x) \cdot p(x)\, dS_x^\varepsilon = \sum_{i=1}^{n} \left\{ \int_{S_{i+}^\varepsilon} v(x) \cdot p(x)\, d(S_{i+}^\varepsilon)_x + \int_{S_{i-}^\varepsilon} v(x) \cdot p(x)\, d(S_{i-}^\varepsilon)_x \right\}$ $\Big(S_{i\pm}^\varepsilon = \{ x \in S^\varepsilon;\ x_i = \pm\dfrac{\varepsilon}{2} \} \Big)$ と分割し，各 $\displaystyle\int_{S_{i\pm}^\varepsilon} v(x) \cdot p(x)\, d(S_{i\pm}^\varepsilon)_x$ を変数 x_i とそれ以外の変数の累次積分（第6章の定理6.1を参照）の形で書いてみよ.

9.4 $\displaystyle\int_S v(x) \cdot p(x)\, dS_x$ を直接計算するか，定理9.3を使うとよい.
(1) (答) 0 (2) (答) 3 (3) (答) 3

【第10章】

10.1 (1) 線積分の定義に立ち返って示すならば次のような議論になる. $[\tilde{x}_1 - 2^{-1}r,\ \tilde{x}_1 + 2^{-1}r]$ の n 等分点を $\bar{x}_0 (= \tilde{x}_1 - 2^{-1}r),\ \bar{x}_1, \cdots, \bar{x}_n (= \tilde{x}_1 + 2^{-1}r)$ とし，$x_\pm^i = (\bar{x}_i,\ \tilde{x}_2 \mp 2^{-1}r)$ とおくと，$\displaystyle\lim_{n\to\infty} \sum_{i=0}^{n-1} v(x_\pm^i) \cdot k(x_\pm^i)|x_\pm^{i+1} - x_\pm^i| = \mp \int_{\tilde{x}_1 - \frac{r}{2}}^{\tilde{x}_1 + \frac{r}{2}} v_1(x_1, x_2 \pm 2^{-1}r)\, dx_1$ であることを示すことになる. その際，$k(x_\pm^i) = {}^t(\pm 1, 0)$ であることに注意せよ.

(2) 定理4.1より，$-\{v_1(x_1, \tilde{x}_2 - 2^{-1}r) - v_1(x_1, \tilde{x}_2 + 2^{-1}r)\} = \partial_{x_2} v_1(\tilde{x}_1, \tilde{x}_2)(x_1 - \tilde{x}_1)r + R(x_1),\ |R(x_1)| \le Cr^2$ が成立することに注意せよ.

10.2 (1) (答) ${}^t(2, 2, 2)$ (2) (答) $4|x|^{-4}\, {}^t(x_2 x_3, -x_1 x_3, -x_1 x_2)$

10.3 (1) (答) $\partial_{x_3} g(x_3)\, {}^t(-a_2, a_1, 0)$ (2) (答) ${}^t(-x_1 \partial_{x_3} g(x_3), -x_2 \partial_{x_3} g(x_3), 2g(x_3))$

10.4 「$\nabla \times v = {}^t(\partial_{x_2} v_3 - \partial_{x_3} v_2,\ \partial_{x_3} v_1 - \partial_{x_1} v_3,\ \partial_{x_1} v_2 - \partial_{x_2} v_1)$，$\nabla \cdot f = {}^t(\partial_{x_1} f, \partial_{x_2} f, \partial_{x_3} f)$」であることにしたがって計算するとよい.

【第11章】

11.1 例題10.4の解説にあるように，curl, div curl, div grad を，$\partial_{x_1}, \partial_{x_2}, \partial_{x_3}$ を成分とする行列（あるいは行列の積）で表してみよ.

11.2 定理11.1を使うとよい.

11.3 方程式を変数 $y_i = a_i^{-1} x_i$ $(i = 1, 2, 3)$ に関するものに変換し，(11.24) (11.26) に対する考察を参考にするとよい.

11.4 定理11.2の証明のアイデアを参考にするとよい.

【第12章】

12.1 (1) 微分演算には線型性（微分 D に対して $D(\alpha u + \beta v) = (\alpha Du + \beta Dv)$ が成立）があることに注意せよ.

(2) 各 t ごとに $u(t,x)$ のグラフを考えたときグラフは $x > 0$ の向きに平行移動していくので, $t > 0$ では常に $u(t,x) = 0$ $(x \le 0)$ となっていることに注意せよ.

(3) $f(x + ct)$ に対して上記 (2) のときと類似の考察をし, 上記 (1) の結果を利用するとよい. このとき, 解の一意性が使われることに注意せよ.

12.2 (1) 各 t ごとに $u(t,x)$ のグラフを考えたとき, $\partial_x u(t,\tilde{x})$ は $\tilde{x}$ におけるグラフの接線の傾きであることに注意せよ.

(2) 前問 12.1 に対する考察と類似のことを行うとよい.

(3) 例題 12.2 の説明を参考にするとよい.

12.3 $f(x) = \sum_{i=1}^{m} \alpha_i \cos \frac{\pi x}{a} i$, $u(t,x) = \sum_{i=1}^{m} \alpha_i \cos(\frac{\pi ct}{a} i) \cos(\frac{\pi x}{a} i)$ を方程式に代入してみよ. 証明を完結させるには, 「解の一意性」が要ることに注意せよ.

12.4 (1) $u(t,x) = \varphi(t) v(x)$ を方程式に代入してみよ. また, 常に $f(t) = g(x)$ が成立しているとき, $f(t)$ が t に依存する, すなわち $f(t_1) \ne f(t_2)$ となる t_1, t_2 が存在するとするならば, 「$f(t_1) = g(x) = f(t_2)$ であって $f(t_1) \ne f(t_2)$ である」ということになっていまうことに注意せよ.

(2) 部分積分を使うことで, $\int_D (\Delta v(x) - c\,v(x)) v(x)\,dx = -\int_D (|\partial_x v(x)|^2 + c\,v(x)^2)\,dx = 0$ となる. このことと, D で常に $|\partial_x v(x)|^2 + c\,v(x)^2 \ge 0$ あることとを使うとよい.

(3) 部分積分により $\int_D \Delta v_1(x)\,v_2(x)\,dx = \int_D v_1(x)\,\Delta v_2(x)\,dx$ となるから, $\int_D c_1 v_1(x) v_2(x)\,dx = \int_D v_1(x) c_2 v_2(x)\,dx$ が成立し, $(c_1 - c_2)\int_D v_1(x)\,v_2(x)\,dx = 0$ が得られることに注意せよ.

【第13章】

13.1 例題 13.1 の説明を参考にするとよい. 連続的な密度の議論を点状の電荷の議論に持ちこむ考え方については, 例題 11.3 の説明をみるとよい. 結局, $\mathbb{R}^n_x$ 内に 1 個の電荷が存在しているときの $E(x)$ について, 電荷が位置している場所以外で $\operatorname{div} E(x) = 0$ が成立するか否かに帰着されることに注意せよ.

13.2 例題 13.2 の説明を参考にせよ.

13.3 (1) $E(t,x) = h(x \cdot \theta - c\,t) E^0$, $B(t,x) = h(x \cdot \theta - c\,t) B^0$ を方程式に代入して, B^0, E^0 のみの等式を求め, $R(\theta)^2 = -I + P(\theta)$ を使うとよい（$\operatorname{curl} = R(\partial_x)$）.

(2) 方程式に行列 $P(\theta)$ を左からかけた等式を考え, $P(\theta)R(\theta) = 0$ となることに注意すると, $P(\theta)B^0 = 0$, $P(\theta)B^0 = 0$ が得られる. これより $B^0 = (I - P(\theta))B^0$, $E^0 = (I - P(\theta))E^0$ となることと $P(\theta)\theta = \theta$ であることに注意して, $\theta \cdot B^0$, $\theta \cdot E^0$ を調べよ.

また, $-cB^0 + R(\theta)E^0 = 0$, $-cE^0 - kR(\theta)B^0 = 0$ となるので, $(cB^0) \cdot (cE^0) = -(R(\theta)E^0) \cdot$

$(kR(\theta)B^0) = (R(\theta)^2 E^0) \cdot (c^2 B^0)$ が成立すること，および $R(\theta)^2 = P(\theta) - I$ であることに注意すると，$B^0 \cdot E^0 = 0$ が得られる．

(3)（答）E^0, B^0 が θ と同じ方向のとき，$B(t,x)$, $E(t,x)$ は解になる．

13.4 (1)（答）$\begin{pmatrix} 0 & R(\partial_x) \\ -R(\partial_x) & 0 \end{pmatrix}$　ここで $R(\partial_x) = \begin{pmatrix} 0 & -\partial_{x_3} & \partial_{x_2} \\ \partial_{x_3} & 0 & -\partial_{x_1} \\ -\partial_{x_2} & \partial_{x_1} & 0 \end{pmatrix}$ である

（$R(\partial_x) = \mathrm{curl}$）.

(2) 等式 $\varphi(t)^{-1}\dfrac{d\varphi}{dt}(t)V(x) = L(\partial_x)V(x)$ が成立することに注意して，（上述の）問 12.4 (1) に対する解説を参考にせよ．　（答）$\dfrac{d\varphi}{dt}(t) - c\varphi(t) = 0$ $(t \in \mathbb{R})$ かつ $L(\partial_x)V(x) - cV(x) = 0$ $(x \in D)$, $V(x) = 0$ $(x \in S)$ （c は定数）

(3) ${}^tL(\partial_x)\{L(\partial_x)V(x)\} = -L(\partial_x)\{L(\partial_x)V(x)\} = \Delta V(x)$ および $c^2\displaystyle\int_D V(x) \cdot V(x)\,dx =$ $\displaystyle\int_D L(\partial_x)V(x) \cdot L(\partial_x)V(x)\,dx = -\int_D V(x) \cdot {}^tL(\partial_x)\{L(\partial_x)V(x)\}\,dx$ であることに注意し，第 12 章の章末問題 12.4 (2) の解答を参考にするとよい．

【第 14 章】

14.1 $u(t) = u(0) + \dfrac{du}{dt}(0) + \displaystyle\int_0^t (t-s)\dfrac{du}{ds}(s)\,ds$ を使うと，ベクトル $u(t) - u(0)$ は常に a と直交していることが分かる．したがって，$x = u(t)$ で表される点は，常に点 $u(0)$ を含み a に垂直な平面上にあることになる．

14.2 直交座標 $x = {}^t(x_1, x_2)$ における質点の位置を $x = u(t)$ とすると，例題 14.3 にある等式 (14.9) がなりたつこと，および「面積速度」は $\dfrac{1}{2}p(t)^2\dfrac{d\varphi}{dt}(t)$ であることに注意せよ．

14.3 P の極座標を (r, θ) とすれば $\mathrm{PK} = \sqrt{(r\cos\theta - d)^2 + r^2\sin^2\theta}$ がなりたつこと，および $\mathrm{PK} = \mathrm{PO} \pm l$ （l は $l < d$ をみたす定数）とおけることに注意し，$\mathrm{PK}^2 = (\mathrm{PO} \pm l)^2$ を計算してみよ．

14.4 (1) 方程式 $\dfrac{d^2w}{d\theta^2}(\theta) + w(\theta) = 0$ について，任意の $w_0, w_1 \in \mathbb{R}$ に対して初期条件 $w(0) = w_0, \dfrac{dw}{d\theta}(0) = w_1$ をみたす解 $w(\theta)$ がただ 1 つ必ず存在することが分かっている[11]．したがって，任意の $q_0, q_1 \in \mathbb{R}$ に対して $w(\theta)$ の初期条件を $w(0) = q_0 - v(0)$, $\dfrac{dw}{d\theta}(0) = q_1 - \dfrac{dv}{d\theta}(0)$ とすると，$q(\theta) = v(\theta) + w(\theta)$ は，方程式 $\dfrac{d^2q}{d\theta^2}(\theta) + q(\theta) = c$ の一般解，すなわち初期条件 $q(0) = q_0$, $\dfrac{dq}{d\theta}(0) = q_1$ をみたす解になる．以上のことに注意せよ．

(2) 上記の初期条件 $w(0) = w_0, \dfrac{dw}{d\theta}(0) = w_1$ に対する解 $w(\theta)$ は，$w(\theta) = w_0\cos\theta + w_1\sin\theta = \sqrt{w_0^2 + w_1^2}^{\,-1}\left(\cos\beta\cos\theta - \sin\beta\sin\theta\right)$ $(\beta = \cos^{-1}(w_0\sqrt{w_0^2 + w_1^2}^{\,-1}), -\frac{\pi}{2} \leq \beta \leq 0)$ と表せることに注意せよ．

---

[11] 例えば「微分積分入門－現象解析の基礎－」（曽我日出夫著　学術図書出版社）の第 7 章（定理 7.1）をみよ．

【第15章（補章）】

15.1 (1) $j = 1, \ldots, n$ に対して $|x_j - y_j| \leq \max\limits_{i=1,\cdots,n} |x_i - y_i| \leq \sum\limits_{i=1}^{n} |x_i - y_i|$ が成立することに注意せよ.

(2) $d(x,y) \leq C\tilde{d}(x,y)$ を仮定する. $\{x^k\}_{k=1,2,\ldots}$ が $\tilde{d}(x,y)$ に関して基本列ならば, 任意の $\varepsilon\,(>0)$ に対して, $k, l \geq N$ のとき $\tilde{d}(x^k, x^l) < C^{-1}\varepsilon$ となるような N が存在する. このことから $\{x^k\}_{k=1,2,\ldots}$ が $d(x,y)$ に関して基本列となることが, 基本列の定義にしたがって示せる.

(3) $x^k = {}^t(x_1^k, \cdots, x_n^k)\,(k=1,2,\ldots)$ が基本列ならば, 各 i について $\{x_i^k\}_{k=1,2,\ldots}$ が $\mathbb{R}$ 内の基本列になることに注意せよ.

15.2 (1) $k, l \geq N$ のとき $d(f_k, f_l) \leq \int_0^{\frac{1}{N}} 1\, dt$ が成立することに注意せよ.

(2) $\lim\limits_{k\to\infty} d(f_k(t), f(t)) = 0$ となる $f(t)$ が存在すれば, $f(t) = 1\,(t<0)$ かつ $f(t) = 0\,(t>0)$ でなくてはならなくなり, $f(t) \in C^0(I)$ と矛盾することに注意せよ.

15.3 (1) 各 x において $|h_i(x)| \leq \|h\|\,(i=1,\ldots,n)$ が成立すること, $\|h - \tilde{h}\|$ に関して $\{h^k\}_{k=1,2,\ldots}$ が基本列ならば $\{h_i^k\}_{k=1,2,\ldots}\,(i=1,\ldots,n)$ が $C^0(I)$ の $(\max\limits_{x\in I}|f(x)-g(x)|$ に関して) 基本列なることに注意せよ.

(2) $\|h^k - h^{k-1}\| = \|R(h^{k-1}) - R(h^{k-2})\| \leq \frac{1}{2}\|h^{k-1} - h^{k-2}\|\,(k=2,3,\ldots)$ となることから, $\|h^k - h^{k-1}\| \leq \left(\frac{1}{2}\right)^{k-1}\|h^1 - h^0\|$ が得られること, $\|h^k\| \leq \|h^k - h^{k-1}\| + \|h^{k-1} - h^{k-2}\| + \cdots + \|h^1 - h^0\|$ が成立することに注意せよ.

(3) $k > l \geq N$ のとき $\|h^k - h^l\| \leq \left(\frac{1}{2}\right)^N \left\{1 + \frac{1}{2} + \cdots + \left(\frac{1}{2}\right)^{k-l}\right\}\|h^1 - h^0\|$ が成立することに注意せよ.

15.4 (1) $u^{k+1}(t) - u^k(t) = \int_0^t \{v(s, u^k(s)) - v(s, u^{k-1}(s))\}\, ds$ に注意して, 不等式 $|v(s,x) - v(s,y)| \leq \alpha|x-y|$ を使うとよい.

(2) (1) の不等式を $k = 1, 2, \ldots$ について逐次使うと, $|u^{k+1}(t) - u^k(t)| \leq \int_0^t \alpha \int_0^{s^1} \alpha |u^{k-1}(s^2) - u^{k-2}(s^2)|\, ds^2 ds^1 \leq \cdots \leq \int_0^t \alpha \int_0^{s^1} \cdots \int_0^{s^{k-1}} \alpha |u^1(s^k) - u^0(s^k)|\, ds^k \cdots ds^2 ds^1$ $(k \geq 2)$ が得られることに注意せよ.

(3) (2) の不等式を使うと, $k > l \geq N$ のとき $\|u^k - u^l\| \leq \|u^k - u^{k-1}\| + \cdots + \|u^{l+1} - u^l\| \leq \left(\frac{\alpha^{k-1}}{(k-1)!} + \frac{\alpha^{k-2}}{(k-2)!} + \cdots + \frac{\alpha^l}{l!}\right) \leq e^\alpha \frac{\alpha^N}{N!} \xrightarrow{N\to\infty} 0$ が成立することに注意せよ.

あとがき

　本書は，多変数の微分積分を題材にしている．この種の本は多数あり，著者は全体を認識しているわけではないが，本書に関連する書籍をいくつかあげてみたい．物理学との関係を意識しながらほぼすべての微分積分の基礎事項をていねいに論じている本として次のようなものがある．

[1] 「数学解析 上・下」（数理解析シリーズ 1）　溝畑茂 著　朝倉書店

[2] 「微積分学講義 上・中・下」　Howard Anton, Irl Bivens and Stephan Davis 著
　　西田吾郎 監修　井川満 畑政義 森脇淳 訳　京都大学学術出版会

[1] は本書の執筆においてもいろいろ参考にした．[2] は，たくさんの演習問題とともに，様々な内容をていねいに説明している．どちらの書も大部で全部を読むのはなかなかたいへんではあるが，これらの本の内容が習得できれば数学上の基礎としては文句のないところである．

　本書が扱う内容を前提としてさらに専門的な内容と言えば，まずは偏微分方程式の研究があげられる．この方面の基礎を解説している本として次のものがある．

[3] 「偏微分方程式論入門」　井川満 著　裳華房

これより高度なことを論じている本として次のものがある．

[4] 「偏微分方程式論」溝畑茂 著　岩波書店

　偏微分方程式を論じるには，解が所属する関数の集合がどんなものかを明確にしておかなければならない．[3][4] には，この集合に関する基礎事項（超関数，ソボレフ空間等）の解説にかなりのページ数がさかれている．関数の集合の理解はさまざまな偏微分方程式の研究に必須なものである．[3][4] では偏微分方程式の研究で古くから積み上げられてきた成果が整理解説されている．これらの書籍の内容と重なっている部分が多いが，偏微分方程式論の全般を扱った英語の本として次のものがある．

[5] 「Partial Differential Equations」(第 2 版) (Graduate Studies in Mathematics)
　　L. C. Evans 著　Amer. Mathematical Society

数学の本格的な研究内容を知るためには，どうしても英語等の外国語で書かれた書籍や論文を読まなくてはならない．したがって，早くから [5] のような英文の本を読んでみるのは，英語の読解力を付ける意味からもいい方法であるだろう．[3] [4] あるいは [5] の内容が習得できれば，本格的な研究の理解が可能になってくるであろう．

第10章の最後に触れたフーリエ変換や第12章の補足で解説したフーリエ級数は，偏微分方程式の解析において強力な手段となっている．この種の手段はフーリエ解析とよばれている．工学系学生向けに，フーリエ解析と偏微分方程式の基礎を解説した入門書として次の本がある．

[6] 「工科のための偏微分方程式」岩下弘一 著 数理工学社

ここには基礎的な内容がていねいな証明とともに解説されている．フーリエ変換は（関数の）集合から集合へのある種の写像であるが，この変換により偏微分の演算が関数の独立変数をかけるという演算に換わる．すなわち，フーリエ変換を $F: f(x) \to \hat{f}(\xi)$ とすると，$F(\partial_{x_j} f(x)) = i\xi_j \hat{f}(\xi)$ となる．このことにより，変数 x と ξ に関して局所的に分析することが可能となり，線型の偏微分方程式に対してそれまでにない精密な解析ができるようになった[12]．この「(x, ξ) のある種の関数」をかけることでつくられる写像は擬微分作用素とよばれており，さまざまな分野で利用されている．汎用性の高い擬微分作用素について解説している本として次のものがある．

[7] 「擬微分作用素」熊ノ郷準 著 岩波書店

ここでは，あまり前知識がなくとも読めるように擬微分作用素の基礎やその利用例がていねいに説明されている．フーリエ解析に関わるさまざまな事項を多くの実例とともに解説している本として次のものがある[13]．

[8] 「フーリエ解析大全 上・下」T.W. ケルナー著 高橋陽一郎 訳 朝倉書店

擬微分作用素などを使った偏微分方程式の研究においては，第15章（補章）で説明したように，関数の集合に距離を持ちこんで関数列の収束性を調べることが多い．このように関数の集合を調べることを関数解析とよんでおり，さまざまな分野で基礎的な道具となっている．また，関数解析においては，積分は本書で定義したもの（リーマン積分）より拡張されたもの（ルベーグ積分）を使わなければならないことが少なくない．ルベーグ積分や関数解析の基礎事項を全般的にまとめた本として次のものがある．

[9] 「函数解析の基礎 上・下」A.N. コルモゴロフ S.V. フォーミン 著 山崎三郎 訳
    岩波書店

この本には，関数の集合を扱う研究における常識ともいえることが整理解説されている．

本書は数学的な視点で書いているが，物理学に関係することを多く取り上げた．数学と物理学が密接な関係にある分野を数理物理学あるいは物理数学とよんでいる[14]．この分野に関係する書籍をいくつか紹介したい．ニュートンらによって始まった微分積分を利用した力学は，いわゆる古典力学とよばれる一つの分野に発展した．この分野の数学的な基礎を具体例とともに解説している本として次のものがある．

---

[12] これを超局所解析などとよんでいる．
[13] 翻訳上の問題で原著（「Fourier Analysis」T.W. Körner 著 Cambridge Univ. Press）をみることを奨める人もいる．
[14] 数理物理学は数学を主要な手法とする物理学を，物理数学は物理学で使われる数学全般を意味する．

[10] 「古典力学の数学的方法」V.I アーノルド著　安藤韶一　蟹江幸博　丹羽敏雄 訳
　　 岩波書店

ここでは，変分法やそれに関連して現れるオイラー・ラグランジュの方程式についていろいろ
な具体例とともに解説されている．第9章で考えた流線は，ベクトル場から定まる常分方程式
の解曲線であった．いろいろな常微分方程式を考え，その解曲線（軌道）の集合がどのような
幾何学的な特徴を持っているかを究明することは，古典力学（解析力学）の重要な問題である．
[10]では，古典力学に関係する幾何学的な考察についても解説されている．次の本は，解析力
学の研究を常微分方程式の基礎とともに解説している．

[11] 「常微分方程式と解析力学」伊藤秀一 著　共立出版

　フーリエ解析や擬微分作用素などを使って，線型の偏微分方程式に対して組織的な解析が進
められたが，その成果は上述の [3]〜[6] でいろいろ紹介されている．さらに，初学者向きでは
ないが，次の本には総論的に線型偏微分方程式に関する手法と結果が論述されている．

[12] 「The analysis of linear partial differential operators, I〜IV」L. Hörmander 著
　　 Springer-Verlag

線型偏微分方程式に対するさまざまな結果が得られた頃，非線型偏微分方程式に対しても積極
的に研究され始めた．この研究では，非線型写像に関する精密な分析が主要な手段の一つであ
る．次の本には，この分析の基礎およびそれに必要な関数解析がていねいに説明されている．
さらに，その応用として，いくつかの非線型問題が解説されている．

[13] 「応用解析ハンドブック」増田久弥 編著　丸善出版

　本書の第13章では電磁気の話題を場の考え方に基づいて考察した．次の本は，この考え方
を提唱したファラデーとマックスウェルの仕事を伝記的に紹介している．

[14] 「物理学を変えた二人の男」ナンシー・フォーブズ　ベイジル・メイホン 著
　　 米沢富美子　米沢恵美 訳　岩波書店

ある理論が出来上がっていく人間の営みがよく表されたものである．電磁気の現象を，本書よ
り物理学的な側面を重視して分かりやすく解説したものとして次の本がある．

[15] 「電磁気 上・下」（バークレー物理学コース2）飯田修一 監訳　丸善出版

これはベクトル解析を具体的なイメージとともに理解するための本としても役に立つと思われ
る．本書ではあまり触れることができなかったが，微分積分の利用により詳細な解析が可能に
なった現象として流体の現象がある．流体に関する力学は流体力学とよばれ，物理学の重要な
研究分野になっている．流体力学の基礎を解説しているものとして次の本がある．数学が流体
の現象解析にどのように利用されているかを知るのにも役立つと思われる．

[16] 「流体力学 」（新物理学シリーズ）巽友正 著　培風館

索　引

著者略歴

曽我日出夫

1979 年　大阪大学大学院理学研究科　博士後期課程修了　理学博士
1992 年　茨城大学教育学部教授
2014 年　茨城大学退職　同大学名誉教授

多変数微分積分入門 ── 現象解析の基礎 II──

2024 年 4 月 20 日　第 1 版　第 1 刷　印刷
2024 年 4 月 30 日　第 1 版　第 1 刷　発行

著　　者　　曽我日出夫
発 行 者　　発田和子
発 行 所　　株式会社 学術図書出版社

〒113-0033　　東京都文京区本郷 5 丁目 4-6
TEL 03-3811-0889　　振替 00110-4-28454
印刷　中央印刷（株）

定価はカバーに表示してあります.

Ⓒ H. SOGA　2024　Printed in Japan
ISBN978-4-7806-1229-5　C3041